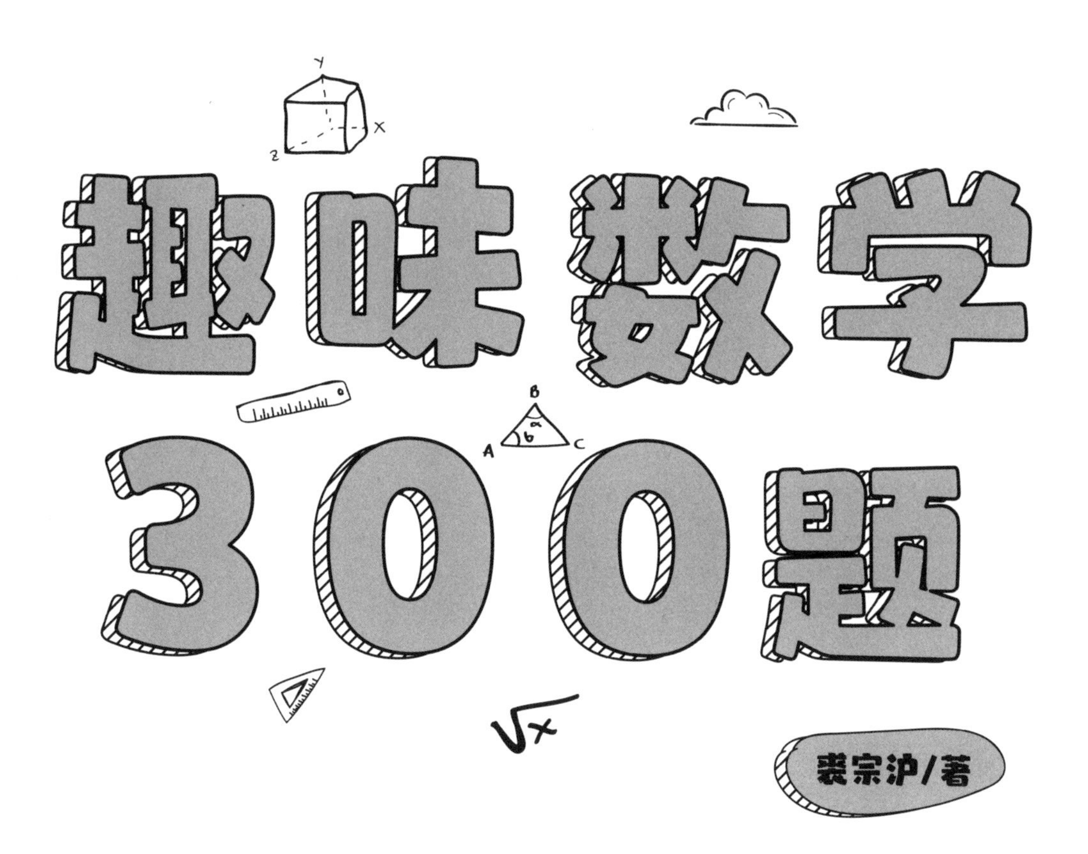

清華大學出版社
北京

图书在版编目（CIP）数据

趣味数学300题/裘宗沪著．—北京：清华大学出版社，2022.7（2022.9重印）
ISBN 978-7-302-61125-7

Ⅰ．①趣…　Ⅱ．①裘…　Ⅲ．①数学—青少年读物　Ⅳ．①O1-49

中国版本图书馆CIP数据核字（2022）第111217号

责任编辑：胡洪涛
封面设计：于　芳
责任校对：赵丽敏
责任印制：朱雨萌

出版发行：清华大学出版社
网　址：http://www.tup.com.cn，http://www.wqbook.com
地　址：北京清华大学学研大厦A座　　邮　编：100084
社总机：010-83470000　　邮　购：010-62786544
投稿与读者服务：010-62776969，c-service@tup.tsinghua.edu.cn
质量反馈：010-62772015，zhiliang@tup.tsinghua.edu.cn
印刷者：北京富博印刷有限公司
装订者：北京市密云县京文制本装订厂
经　销：全国新华书店
开　本：165mm×235mm　　印　张：21　　字　数：311千字
版　次：2022年7月第1版　　印　次：2022年9月第2次印刷
定　价：79.00元

产品编号：096486-01

感谢清华大学出版社重新出版我的旧作，希望爱思索的朋友能喜欢，体会其中趣味！

袁宗沪

2022.6.19

序

本书自1981年由中国少年儿童出版社首次出版之后，一共重印了九次，几乎每一年都要重印一次，总印数接近一百万册，当时已算比较畅销的图书。为此，我特别要在此感谢两位曾经一起共事的同志：一位是中国少年儿童出版社的责任编辑赵世洲先生，他为这本书做了大量的文字润色，并进行了严谨认真的编校工作；另一位是上海少年儿童出版社的毛荣坤先生，他为这本书做了很多精彩的插画。正是他们二位的共同努力，才使得这本书的整体风格显得生动、活泼，而备受人们尤其是小读者们的喜爱。

1986年，"华罗庚金杯少年数学邀请赛"拉开了小学数学竞赛的序幕，嗣后小学数学奥林匹克竞赛也接踵而至，全国小学数学竞赛蔚然成风。因为我是这两个竞赛的创办人之一，所以由我编写的这本《趣味数学300题》很快被很多学生和家长看作是竞赛的辅导材料，认为这本书中的题目极有可能在数学竞赛中被当作试题。于是1990年，在这本书的合同到期我拿回版权之后，尽管中国少年儿童出版社向我谈了很多次继续再版的想法，我还是坚持不再出版了。我不想给学生、家长们以误导，认为做会了这本书里的题就能在小学生数学竞赛中取得好成绩，而且这也离我当初编写本书的意图相去甚远。所谓的趣味数学的"趣味"是要在慢慢地思考中细细体味的。如果把趣味数学等同为竞赛题目，被限制在很短的时间内求出解答，而省略掉本来有趣的思维过程，所谓的"趣味"也就荡然无存了。

于是从1990年至今，这本书再也没有再版过。除了不愿意通过再版成为小学数学奥林匹克的辅导教材之外，我也不希望在题海无边的学习压力下再给学生加重负担。此外，由于这本书的很多内容涉及初中数学，甚至对初中学生而言都有难度，我听到了一些老师和学生的意见，觉得应该对这本书做一次修改之后再版。随着时代的进步，的确应该为这本书增加些新的

内容，例如足球比赛就可以产生许多有趣的题目，只是由于工作繁忙，不得时间和机会来完成这样的修改。

2004年，我不再担任中国数学奥林匹克委员会的工作，觉得似乎可以腾出时间来好好整理这本书了，当时开明出版社的戴海荣同志给了我很多帮助，但最终还是因为一些杂事的干扰而耽搁下来。

2006年初，我患脑血栓，半身不遂，自己完成修改已经不可能了，再版的想法就此终止。承蒙开明出版社焦向英社长和台湾九章出版社孙文先先生的看重，希望《趣味数学300题》就照原书继续出版，于是我在个别的章节增添了两三个题目，才有了本书事隔多年后的重新出版。我也希望这本书的再版能够实现我的一个愿望——让小读者们不再混淆趣味数学和数学竞赛这两个完全不同的概念，并从这本书中真正体会到“数学好玩”(陈省身先生的话)。

与同类书最大的不同之处是这本书在解题思路上的分析比较多，对题目答案的分析比较详细，重视解题的过程。只是因为年时久远，很多题目的解法不一定精彩，我也没有能力再给出更新、更好的解法呈现给各位读者，于是还要请读者们在阅读本书的过程中，除了体会已给解法的思路之外，能够再多换角度、多换方法思考其他解法，想出更为精彩的解答，这样对你们也是一个很大的提高。

最后还要说明的是，由于这本书是在20多年前编写的，因此题目中所涉及的一些名词和说法会有些过时(比如当时买东西以“分”为单位)，我也没有进行修改，留下的这些历史痕迹也许还能够让我们看到这20年间社会的变化，细细体味，也是一件很有意思的事情。

本书几乎是原样再版，恳请广大读者们的谅解和包容。愿你们仍然能够从这本书中获得一些快乐和启发，这将是我最大的欣慰。这篇序言由我口述，由开明出版社的张展同志执笔写就，简明流畅地表达了我的拙见，谨向她致谢。

裘宗沪

2007年5月

目录

第1章　给小学的同学们

小学的同学们，你们是含苞欲放的花朵，美好的未来将寄托于你们的身上。实现美好的一切必须进行创造性的劳动。“创造”，首先要善于思考。趣味数学是“思想体操”，多做一些趣味数学的题目，会使你们的思路活跃和开阔起来。这一章是为你们而写的，解这些题并不要求很深的知识，只要你们肯动脑筋，就能做得很好。由这里开始，你们将逐渐能按顺序地解答以后各章的题目。

编这一章还有一个附带的目的，通过各式各样的题目，让大家知道趣味数学的一些特点，了解它和课堂上的数学练习有哪些差别。这样你们就能体会到这本书对辅助正课学习的积极作用了。

酒杯移位

用4根火柴可以分别摆成两个小酒杯的样子,“杯”中放一枚硬币。不论哪个酒杯只要移动2根火柴,就可以使“酒杯”移位,并且使硬币在“杯”旁。

你能做到吗?

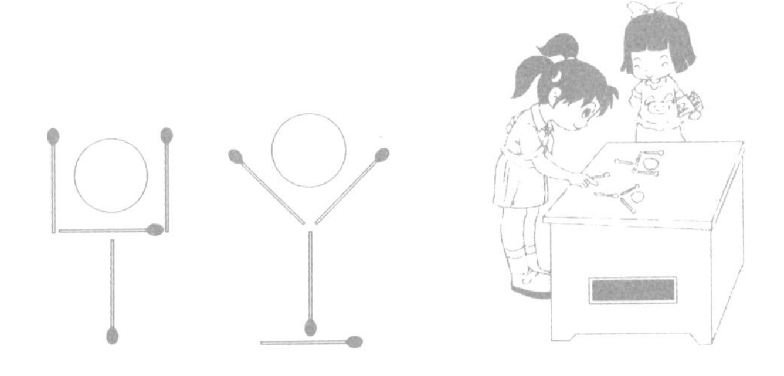

15个正方形

11根火柴组成一个图形,有点像“房子”。请你移动2根火柴,使它变成含有11个正方形的图形。

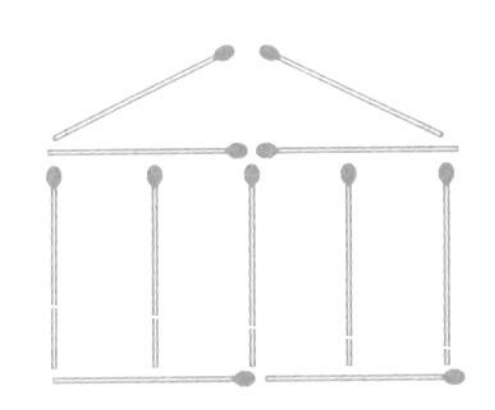

要是移动4根火柴,可以变成含有15个正方形的图形。该如何做呢?

请注意大正方形套着小正方形的情形。

8个等式

选用加号、减号、乘号、除号和括号当中的某些符号,可以将4个4组成一个等式,运算结果等于1。你看:

$$(4+4)\div(4+4)=1$$

有趣的是：采用这样的办法，还可以把4个4组成8个等式，结果分别是从2～9八个数。

想想看，这8个等式怎么列？

4　5个5等于24

$$5\quad 5\quad 5\quad 5\quad 5=24$$

请你在这个等式中填入减号、乘号、除号和括号，使等式成立。

提示：在运算过程中，会出现小数。

5　放哨

有15名少先队员，在一块方形的玉米地四周放哨。队长决定，每一条边都应该有5名队员看守。他布置各哨位的人数，果然达到了要求。请看下图。

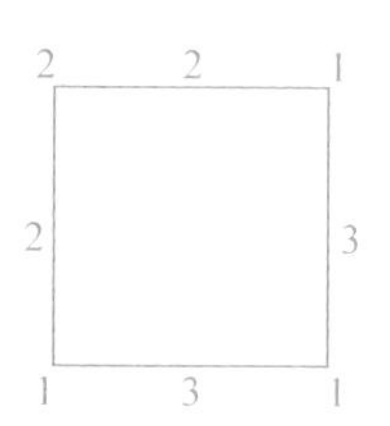

后来，又来了2名队员，队长调整了哨位上的人数，每边仍然是5名队员看守。

过了不久，抽走了4名队员，队长又一次调整哨位上的人数，每边仍然是5名队员看守。

队长是怎么调整哨位的？

6　4个等式围一圈

请看下图，方框的每一边都是一个等式，只是还没填上数字。请你将1～8八个数字填进去，使4个等式成立。

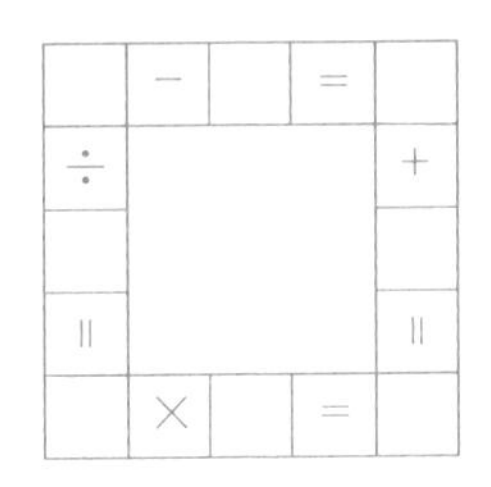

做数学题，要善于寻找突破口，才能较快地找到正确的答案。要是不加分析，胡乱填几个数字，再来凑结果，会浪费很多时间。好好想一想，突破口在哪里呢？

7 填数字

请将1～8八个数字填到图里。有一个要求：每一线段两端的2个数字之差必须大于1。

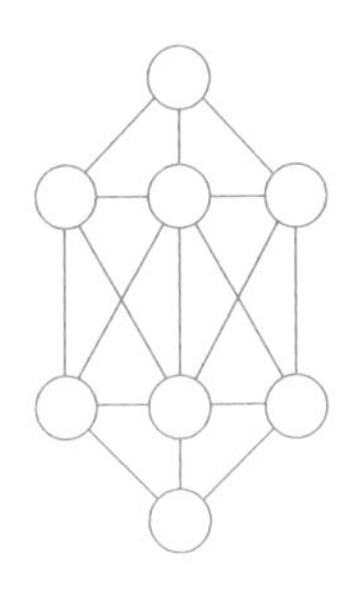

8 消防设备

9座仓库，有13条路连接。为了防火，打算在这些仓库中放两套消防设备。一座仓库放了消防设备，凡是与它有路连接的仓库，都可以就近使用。请你想一想，这两套消防设备应该放在哪里，才能使9座仓库都用得上。

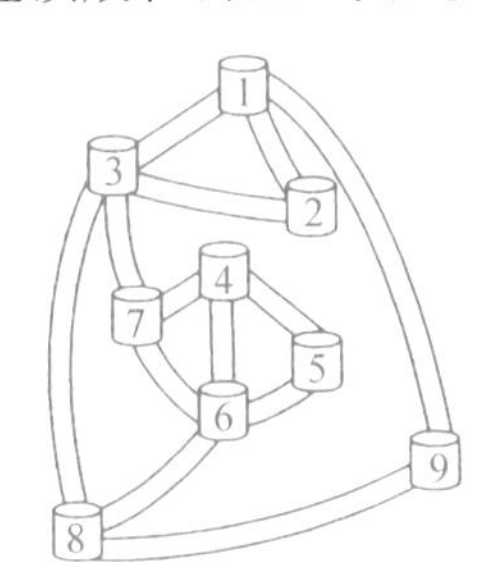

9 块西瓜 10 块皮

一个西瓜切 4 刀，分成 9 块。9 块西瓜倒有 10 块皮，你说奇怪吗？只要你想出这个西瓜是怎样切的，就不觉得奇怪了。

残缺的算式

这两道算式，缺了不少数字，请你试着把缺少的数字补进方框里。

```
                           1□
   □□7          □□) 1□2
 ×    □               1□
 ───────            ────
 2 9□3                 3□
                       □□
                      ────
                         0
```

残缺的算式，居然能补全，显示了数学的奇妙。类似的题目很多，富有变化，很有趣味。你有兴趣的话，可以在第 10 章中找到许多这一类问题。

象棋算式

在象棋算式里，不同的棋子代表不同的数字。请你想一想，算一算，这些棋子各代表哪些数字？

12 铺设管道

燕京化工厂已经铺设了一部分管道，现在还需要铺设5条管道。具体的要求是：在每两个字母相同的地点之间（比如A、A之间）加一条管道；为了便于施工，所有的管道都不能交叉。

请你想一想，这5条管道该怎样铺设？

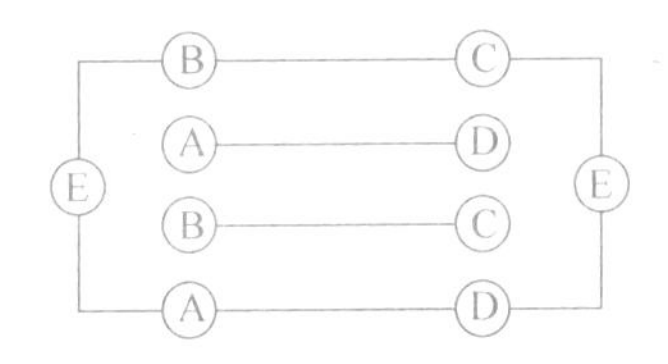

13 分树

下图的正方形中有12棵树，请你把它们划分为4小块，要求每块的形状、大小都相同，并且恰好有3棵树。

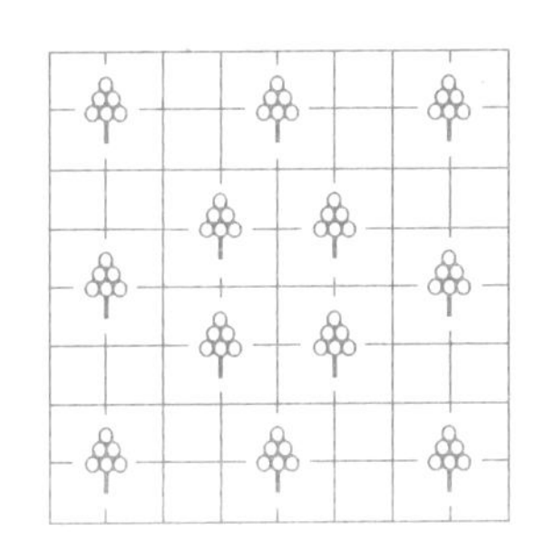

14 切得准，拼得巧

下图由36个小方格组成，试着先把它分成大小和形状都相同的4小块，然后再拼成一个正方形。

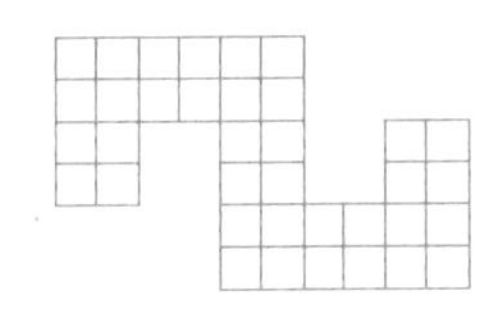

15 切烙饼

一张圆形的烙饼，切 1 刀只能切成 2 块，切 2 刀，最多能切成 4 块。

切 3 刀最多能切成几块？切 4 刀呢？

16 12 枚棋子

下图有 36 个方格。请你把 12 枚棋子放到方格里去，每个方格只能放 1 枚棋子，使每一行、每一列和两条对角线上都恰好有 2 枚棋子。

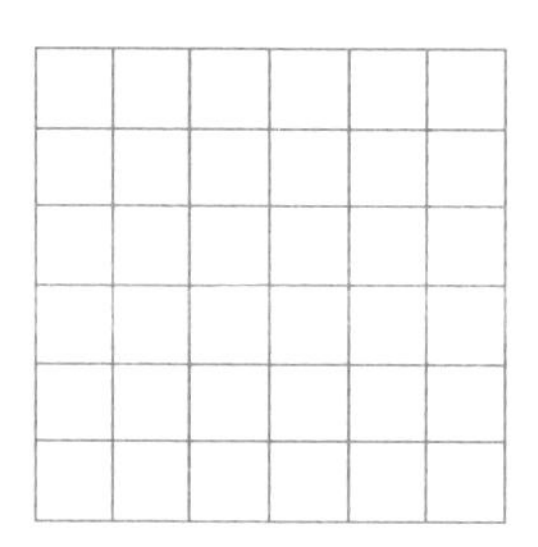

17 完全错开

先看图。每一行，图形相同；每一列，数字相同。

现在，要求在这 16 个方格里，把这些图形错开，使每一行、每一列和两条对角线上，既没有相同的图形，也没有相同的数字。

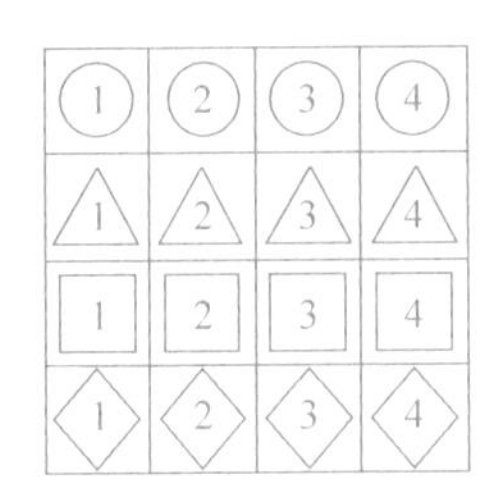

18 张师傅看书

退休工人张师傅家里有一只老式挂钟，每隔一小时打一次钟，2 点整打 2 下，8 点整打 8 下，总之，几点整就打几下。

这天，张师傅在家看书，10min 后，听到打了一次钟。他又继续看书，看完书，抬头看钟，时针和分针恰好重合在一起。

张师傅把这个过程告诉小林，并且说："我看书时，不知道挂钟打了几次，但是，记得总共打了 12 下。你算一算，我看了多长时间的书？"

19 三种图形

小明用火柴摆成三角形、正方形和六边形三种图形。他一共用 36 根火柴摆了 10 个图形。请你算一算，每种图形各摆了几个？

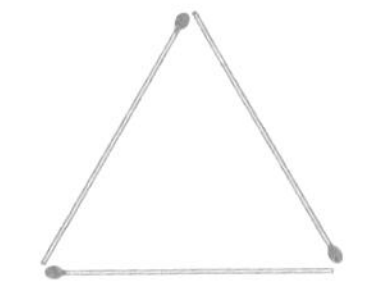  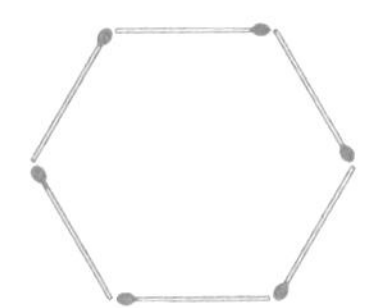

20 不知道总人数

荣荣告诉姐姐，这次英语考试，得 90 分以上的恰好占全班总人数的$\frac{1}{3}$，得 80 多分的恰好占总人数的$\frac{1}{2}$，得 70 多分的恰好占总人数的$\frac{1}{7}$。聪明的姐姐马上说：“我知道 70 分以下的有几个人了。”

“你不知道总人数，怎么算得出来呢？”荣荣惊讶地问道。

“我知道你们班的总人数还不到 50，知道这一点就能算。”

你能算吗？

21 几本课外书

小虹有几本课外书已记不清楚，只知道：

小萍借走一半加 1 本；

剩下的书，小敏借走一半加 2 本；

再剩下的书，小虎借走一半加 3 本；

最后，小虹还有 2 本书。

请你算一算，小虹原来有几本课外书？

22 巧分苹果

在幼儿园里，老师把 5 个苹果平均地切给 6 个小朋友吃，每个小朋友都

分到大小相同的 2 块苹果，你说，应该怎样切苹果？

如果有 7 个苹果平分给 12 个小朋友吃，每个小朋友也都分到大小相同的 2 块，又该怎么切呢？

23 火车有多长

一列火车从某站急驶而过，张师傅和李师傅看了看手表，就算出了行驶中的火车有多长。

张师傅站在铁轨旁，当火车头经过身边时看了下表，等到火车全部从身边驶过时，再一看表，是 24s。李师傅站在站台上，看到火车从车头进入站台，直到车尾离开站台，共用了 50s。他们已经知道站台长 325m，火车匀速行驶，一下子就能算出火车的速度，并且把火车有多长也算了出来。

请你也来想一想，算一算火车有多长。

24 联络员骑车路程

东风中学徒步旅行，把学生分成两队。低年级和体质较差的同学组成前队，速度慢一点，每小时走 4km。后队走得快，每小时走 6km。前队出发 2h 以后，后队才出发追赶。同时，后队派出一名联络员，骑着自行车在前队和后队之间进行联络。联络员追上前队以后，马上掉头返回，当碰上后队时，又立即掉头去追赶前队。在旅行过程中，他一直来来回回进行联络。联络员骑车速度是每小时 15km，问后队追上前队时，他已骑了多少路程？

在这道题中，联络员一会儿前进，一会儿倒退，反复多次，路线重复，看来是十分复杂，似乎很难算。不过，要注意排除一些假象，排除不必考虑的因素，集中精力抓关键，问题就会变得很简单，疑难可以迎刃而解。

25 为什么错了

小明做一道求长方体体积的算术题。他想，这还不容易，体积＝长×宽×高，就动手算了起来。当他算完长×宽以后，发现宽度的尺寸多算了$\frac{1}{3}$。再一想，在这道题里，宽和高的尺寸相同，既然宽度多算了$\frac{1}{3}$，那么高的尺寸就少算$\frac{1}{3}$，那不就可以抵消多算的部分了。

可是，小明计算出来的答案错了，比正确答案差了 30cm^3。大家来分析一下，为什么错了？为什么不能用小明的办法？

我们虽然不知道这道题里的长、宽、高是多少，但是题目给我们的条件，已足够算出长方体的体积是多少了。你算得出来吗？

26 我家的门牌号

我家住在一条短胡同里，有同学向我打听："你家门牌是几号？"

我说："×号。"

"可是，×是多少呀？"

我又说："那就请你算一算：除了我们家，把所有的门牌号加起来，再减去×，恰好等于 100。"

"你们胡同的门牌有跳号的吗？"

"没有。从 1 号开始，既没有跳号，也没有重复。你去算吧。"

27 4 堆火柴

桌子上放 4 堆火柴：一堆 17 根，一堆 7 根，一堆 6 根和一堆 2 根。现在

请你按一条规则去挪动火柴：从这一堆拿几根火柴到那一堆去，拿过去的火柴数目，必须与那一堆原有的火柴数目相等。

只许挪动4次，结果必须使4堆火柴的数目都相等。你能做到吗？

28 平衡

一架天平，每个盘子里放6个球，每个球的重量图上已注明。这时，天平不平衡，左边重右边轻。现在，请你从左边和右边各拿出2个球来，相互对换一下，使天平达到平衡。

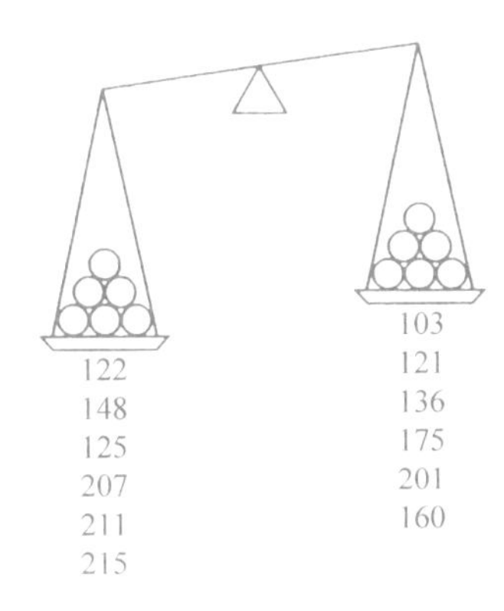

29 1000个1

有一个1000位数，它的各位数字都是1，问这个数被7除余数是多少？

30 尾部的零

$1\times2\times3\times\cdots\times48\times49\times50=?$

1～50的五十个数相乘，乘积是一个非常大的数。用笔算很困难，用电子计算机算，一眨眼的工夫就算出这是一个65位的数字。

这个65位的数字，尾部有好多个零。现在，请你巧算一下，到底是几个零？

提醒你一下，答案不是10个零。

31 不是吹牛

小牛对别人说："昨天，我跟两位象棋高手下棋。我面前摆着两副棋盘，我一个人走两盘棋，同时跟这两位高手比赛。你们猜，谁胜谁负？"

"准是你两盘都输了。"——人们知道小牛刚学下象棋，连"马"怎么走都记不住。

"不对。头一回，两盘都是和棋。第二回，我输一盘，赢一盘。无论再下多少回，我也不会同时输两盘棋。"

"你吹牛。"

两位象棋高手出来证明："小牛没有吹牛，我们也没有让棋。是他采用巧妙的办法来和我们下棋的。"

小牛用的是什么巧妙办法？

32 纸币和硬币

我准备 2 元钱去买东西，只要不超过 2 元，不论买的东西是多少钱，都能拿出正合适的钱数，不需要售货员找钱。

可是，我不希望带很多零钱，要求只带最少的硬币和纸币。那么，硬币最少带几个，纸币最少带几张？

33 花帽和黑帽

4 位小朋友都爱动脑筋。有一天，张老师要试试他们谁回答问题最快。张老师说："你们都闭上眼睛，我给你们每人戴上一顶维吾尔小帽，或者是黑的，或者是花的。戴上以后，等我叫你们睁开眼睛，谁要是看到黑帽比花帽多，就马上举手。如果没有人举手，就动脑筋想一想，自己戴的帽子是什么颜色的？"

他们戴上帽子以后，睁开眼睛互相看了一下，谁也没有举手。过了一会儿，也没有人说出自己戴的是什么颜色的帽子，小林看到大家都不说话，就猜出了自己头顶上的帽子是什么颜色。

小林戴的是黑帽还是花帽？为什么？

34 24 算式

从 1～10 十个数字中选 4 个，可以重复，加、减、乘、除四则运算和括号可用，组成一个算式使结果等于 24，这就是"24 算式"游戏，有很多人喜欢。这里有两道，请你试试。

(1) 4，4，10，10

(2) 3，3，7，7

第 1 章解答

1. 酒杯移位

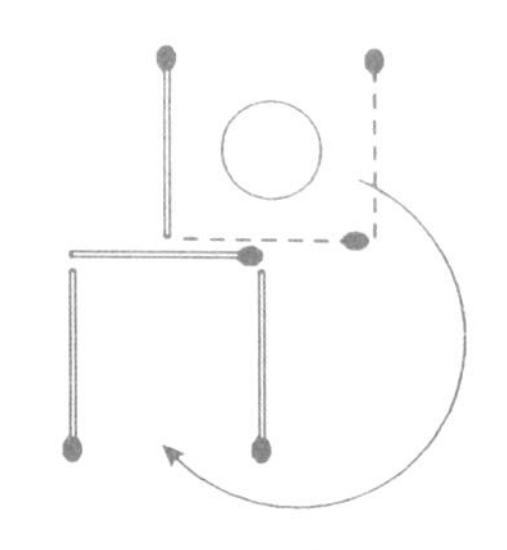
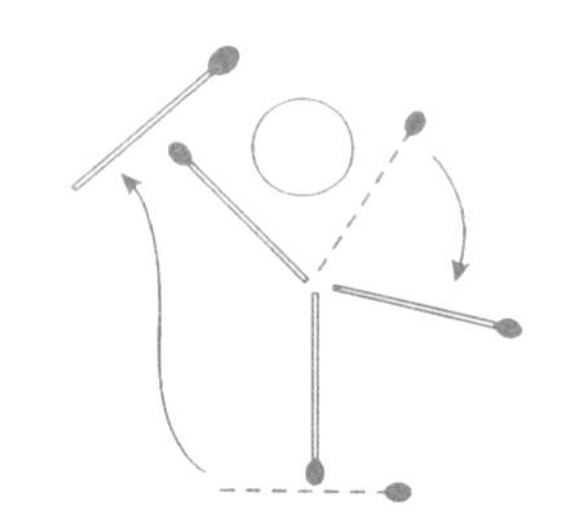

2. 15 个正方形

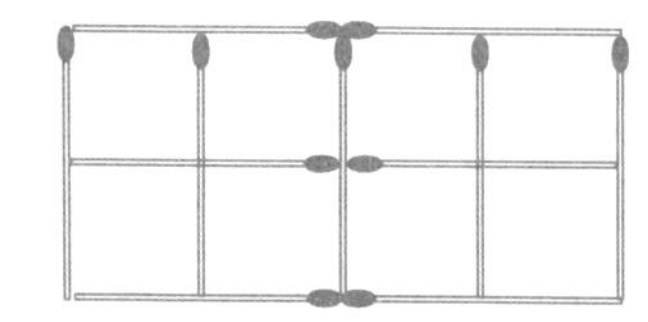
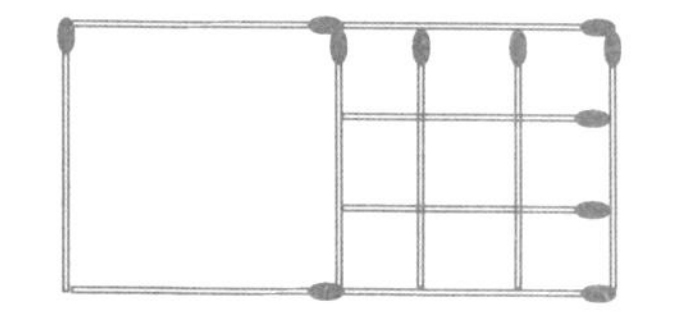

在左图里，有 8 个小正方形，3 个大正方形（注意：中间还有 1 个正方形），共 11 个正方形。

在右图里，大正方形是 2 个，小正方形有 9 个，不要忘记每 4 个小正方形组成的中号正方形有 4 个，加起来是 15 个。

3. 8 个等式

$(4\div4)+(4\div4)=2$

$(4+4+4)\div4=3$

$4+(4-4)\times4=4$

$(4+4\times4)\div4=5$

$4+(4+4)\div4=6$

$4+4-4\div4=7$

$4\times4-4-4=8$

$4+4+4\div4=9$

4. 5个5等于24

$5\times(5-5\div5\div5)=24$

5. 放哨

队长调动的办法请看下图。

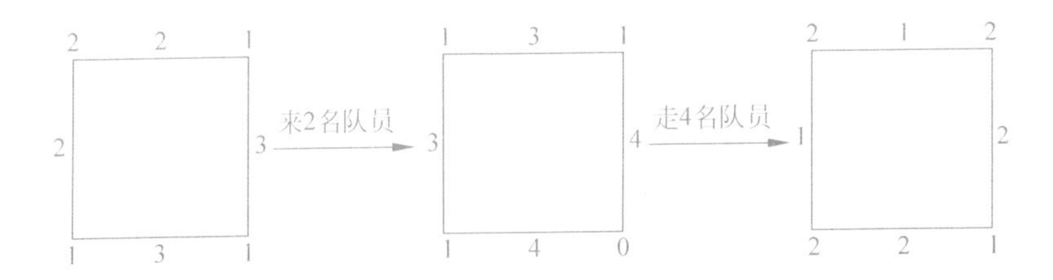

角上的哨位，是两条边的交点，在计算总人数时，1个人顶2个人的数。因此，当增加人员时，如果再往角上的哨位添人，添2个人就相当于增加4个人，不能保持每边5个人。正确的办法是：增加的2个人安排在每边中间，再从角上抽出2个人来安排在中间。这样，中间加了4个人，角上减了4个人，就能保持每边5个人。

减少人员时，要反过来，把中间的少先队员往四角调动。

6. 4个等式围一圈

在这道题里，可以找到两个突破口。

一个突破口是先确定7填在哪里。7放在乘除法的算式里，只有$7\times1=7$，$7\div1=7$两个算式。可是，在这两个算式中，7都出现两次，不合题意。因此，7只能放在加法或减法算式里。再稍加分析，就知道7既不能当被减数，也不能当被加数。它的位置确定下来，再填其他数就容易了。

另一个突破口是先确定被除数。1～8数字中，2、3、5、7都是质数，在这道题里不能作被除数，只有4、6、8能作被除数。而在这3个数中，因为$4\div2=2$，也不能用它。剩下的只有6和8了。

这道题有两个解答，请看下图。

8	−	7	=	1
÷				+
4				5
=				=
2	×	3	=	6

6	−	5	=	1
÷				+
3				7
=				=
2	×	4	=	8

7. 填数字

首先要确定的是中心的两个数，这两个数只可能是 1 和 8。1 和 8 确定以后，其他数字就容易确定了。填法见下图。

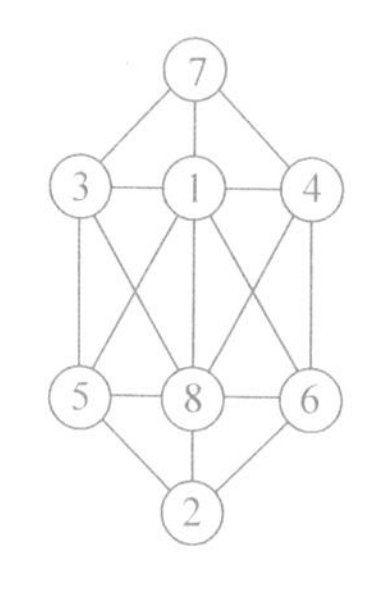

8. 消防设备

应设在仓库 1 和仓库 6。

9. 9 块西瓜 10 块皮

按照下图的切法，正中间那块西瓜两头都有皮，这就多了一块皮。9+1=10，所以 9 块西瓜有 10 块皮。

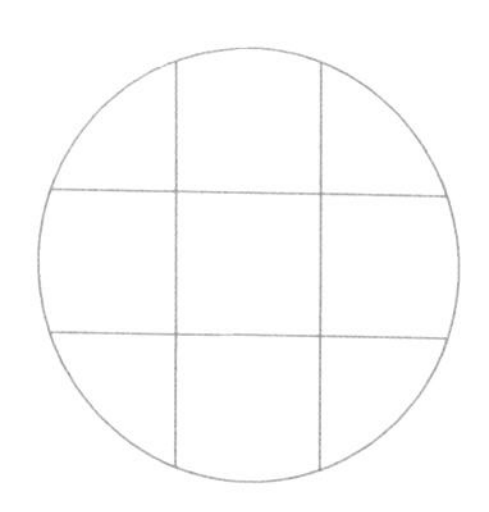

10. 残缺的算式

乘法算式缺 4 个数字，突破口是乘数。它与 7 相乘的积个位数是 3，因

为除了 7×9=63 以外，其他数与 7 相乘，个位数都不是 3，所以知道乘数是 9。确定乘数是 9，就可以推出被乘数的百位数是 3。到这里，其他 2 个数就很容易补上了。整个算式是：327×9=2943。

除法算式虽然缺的数字多，但是，被除数中的 2 往下移，就可以补上 2 个 2。另外，除数的十位数是 1，可以很明显地看出来。从 32 能被除尽，可以知道除数是 16，从而也知道商的个位数是 2。整个算式是：192÷16=12。

11. 象棋算式

这道题应该从“卒”入手。你看，卒和卒相加得到的数，个位数仍然是卒，这个数只能是 0。确定卒是 0 以后，应该把所有是卒的地方，都改写为 0。这时，会看到兵＋兵＝车 0，这就很容易知道兵是 5，车是 1。这样，算式可以写成下图的样子，马＋1=5，马一定是 4。知道这一点，炮＋炮等于 4，那么，炮就是 2 了。

$$
\begin{array}{r}
5\ \text{炮}\ \text{马}\ 0 \\
+\ 5\ \text{炮}\ 1\ 0 \\
\hline
1\ 0\ \text{马}\ 5\ 0
\end{array}
$$

这个加法算式是：

$$
\begin{array}{r}
5240 \\
+\ 5210 \\
\hline
10450
\end{array}
$$

12. 铺设管道

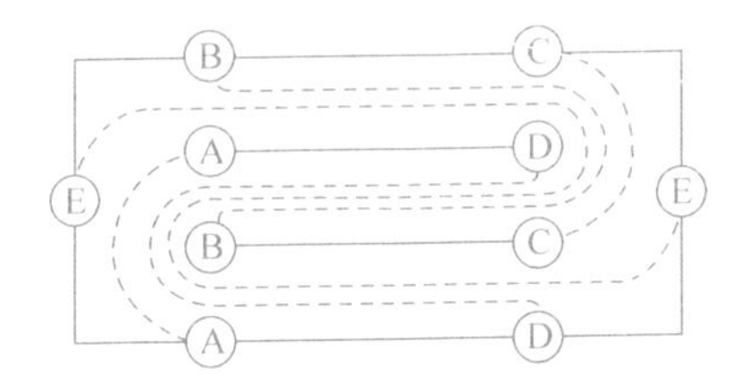

13. 分树

按下页图中的虚线划分。

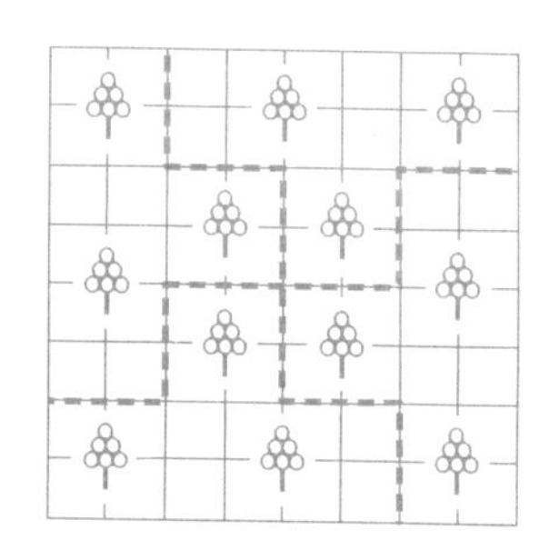

14. 切得准，拼得巧

切法和拼法请看下图。

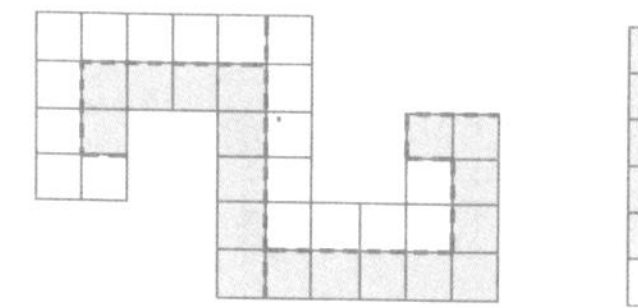

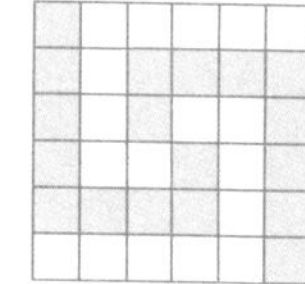

15. 切烙饼

若把“切烙饼”当作数学问题来分析，“切一刀”的含义就是在圆上画 1 条直线，“切两刀”就是画 2 条直线。我们分析画 2 条直线的情况：一种情况是直线不相交，圆只能分成 3 块；另一种情况是 2 条直线相交，也就是 2 条直线分成了 4 段，圆被分成 4 块。

从这里得到一个启示：要把圆分成最多的块数，必须使各条直线都相交。

“切三刀”，就应该在“切两刀”的基础上，使第 3 条直线 l_3 与前两条直线（l_1 和 l_2）都相交。“切四刀”应该在“切三刀”的基础上，使第 4 条直线 l_4 与 l_1、l_2、l_3 都相交。

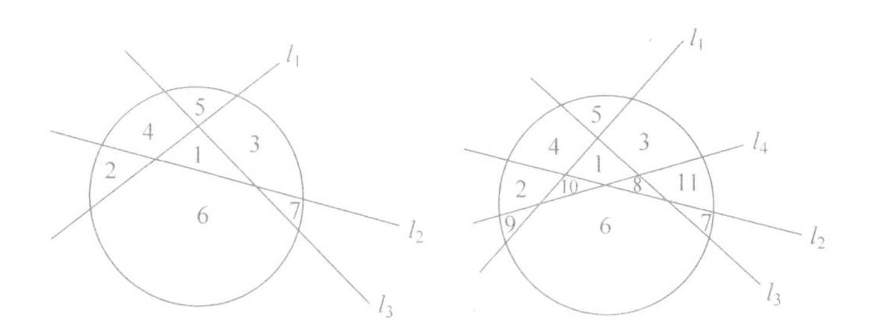

切烙饼的答案请看上图。从图上可以看出：切三刀最多能分成 7 块，切四刀最多能分成 11 块。

中学高年级的同学，可以根据这个规律，去推算切五刀、切六刀最多能切几块。当你们学习了等差数列以后，还可以把这个规律整理成公式。切 k 刀，最多可切成的块数是：

$$\frac{k^2+k+2}{2}$$

16. 12 枚棋子

请看图。

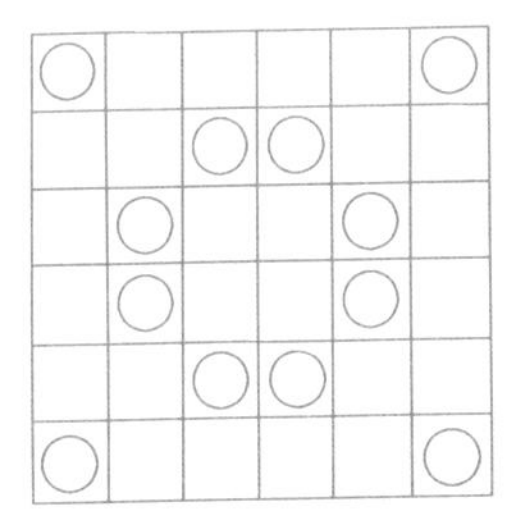

17. 完全错开

先确定一个图形的位置。从下面左图上看，在有阴影的行、列和对角线上，既不能安排编号为 2、3、4 的圆，也不能安排编号为 1 的三角形、正方形和菱形。这 6 个图形，只能错开安排在剩余的 6 个空格里。

6 个空格确定以后，其他图形就容易安排了。下面右图是一个解答。

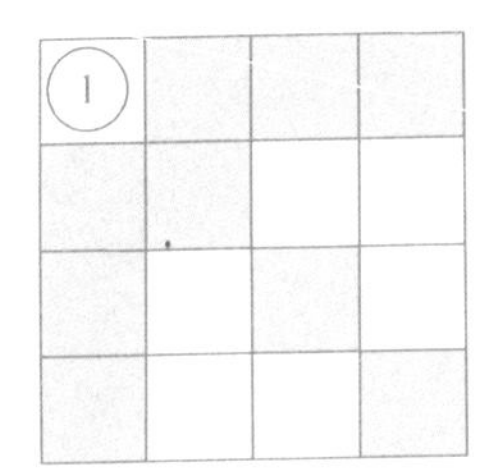

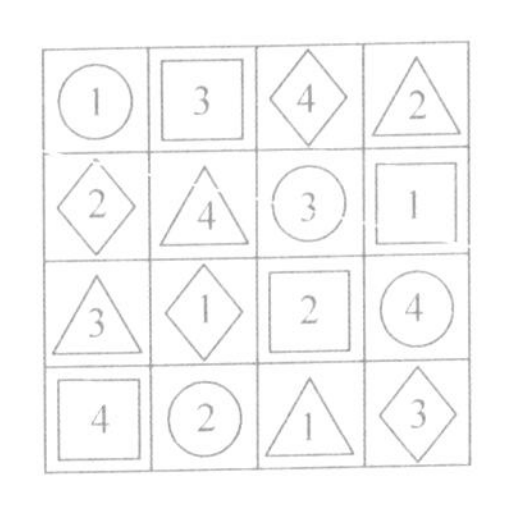

18. 张师傅看书

钟表报时，是有连续性的。总共打了 12 下，应该是连续数相加的结果。

简单的试算几次，就知道只有 3+4+5=12。这样，我们就知道了张师傅是从 3 点差 10 分(2 点 50 分)开始看书的。

两针重合的时间是在 5 点钟之后。我们知道，分针走 1 格，时针应该走 $\frac{1}{12}$格。在 1min 内，分针比时针多走$\left(1-\frac{1}{12}\right)$格，换句话说，这就是分针赶上时针的时间。5 点整，时针在分针之前 25min 处，分针赶上时针需要的时间是：

$$25\div\left(1-\frac{1}{12}\right)\text{min}=25\times\frac{12}{11}\text{min}=27\,\frac{3}{11}\text{min}$$

所以，张师傅看完书的时间大约是 5 点 27 分 16 秒，他看书的时间总共是大约 2h37min16s。

19. 三种图形

如果 10 个图形都是三角形，要用 30 根火柴。1 个三角形换成 1 个正方形要多用 1 根火柴，1 个三角形换成 1 个六边形要多用 3 根火柴。现在多用了 6 根火柴，如果有 2 个六边形，就没有正方形，因此只能是 1 个六边形和 3 个正方形，而三角形就只有 6 个了。

20. 不知道总人数

从恰好是$\frac{1}{3}$、$\frac{1}{2}$和$\frac{1}{7}$这三个分数，就知道总人数要能被 2、3 和 7 整除。换句话说，总人数是 2、3 和 7 这三个数的公倍数。这三个数的最小公倍数是 42，因此荣荣班上人数只能是 42 人。$42\times\left(1-\frac{1}{2}-\frac{1}{3}-\frac{1}{7}\right)=1$(人)，就算出 70 分以下有 1 个人。

21. 几本课外书

这类题，要从后面往前推算。有人把这样的算术方法叫做“还原法”。

小虎来借书时，小虹的书是：

(2+3)×2=10(本)。

小敏来借书时，小虹的书是：

(10＋2)×2＝24(本)。

小萍来借书时，小虹原来有的书是：

(24＋1)×2＝50(本)。

列成一个算式就是：

{[(2＋3)×2＋2]×2＋1}×2＝50(本)。

22. 巧分苹果

每个小朋友应分到苹果$\frac{5}{6}$个，$\frac{5}{6}=\frac{1}{2}+\frac{1}{3}$，也就是应分到 1 个$\frac{1}{2}$块和 1 个$\frac{1}{3}$块。

苹果的分法是：3 个苹果，每个对半切，得到 6 个$\frac{1}{2}$块；2 个苹果按三等分的办法切，得到 6 个$\frac{1}{3}$块。

7 个苹果分给 12 个小朋友，也可以按$\frac{7}{12}=\frac{1}{3}+\frac{1}{4}$的办法来分。

23. 火车有多长

火车头到达张师傅身边时，火车的位置是：

24s 以后，火车的位置是：

这就说明，火车 24s 行驶的距离恰好是火车的长度。李师傅看到火车全部通过站台共用了 50s，说明 50s 火车行驶的距离是 325m(站台长度)＋火车长度。因此，火车行驶 325m 所需要的时间是：50－24＝26(s)。

知道了时间和距离，就可以知道，火车的速度$=\frac{\text{距离}}{\text{时间}}=\frac{325\text{m}}{26\text{s}}=12.5\text{m/s}$。一般，火车的速度以 km/h 为单位，12.5m/s 即每小时 45km。

知道了火车的速度，又知道火车在 24s 以内行驶的距离恰好是火车的长度，火车的长度是 $12.5\text{m/s}\times 24\text{s}=300\text{m}$。

24. 联络员骑车路程

分析题目，要注意一些关键的话。题目告诉我们，联络员"一直来来回回进行联络"，这就是说，在后队追上前队的时间内，联络员没有停顿过，实际上指出了联络员骑车的时间是多长。同时，题目又直接把骑车的速度告诉了我们，根据"路程＝速度×时间"这个公式，很快就可以把联络员骑车的总路程算出来。

做题时，先求时间：

联络员骑车的时间，与后队追上前队的时间相等。后队追上前队所用的时间是：

$$\underbrace{(4\text{km}\times 2\text{h})}_{\text{需要追赶的路程}}\div\underbrace{(6\text{km}-4\text{km})}_{\text{每小时能追上多少 km}}=4\text{h}$$

因此，联络员骑自行车的总路程是：$15\text{km/h}\times 4\text{h}=60\text{km}$。

25. 为什么错了

小明把宽度多算了$\frac{1}{3}$，宽度变成了宽$+\frac{1}{3}$宽$=\frac{4}{3}$宽，高的尺寸少算了$\frac{1}{3}$，高的尺寸变成了高$-\frac{1}{3}$高$=\frac{2}{3}$高。小明的算式实际上是：长$\times\frac{4}{3}$宽$\times\frac{2}{3}$高$=\frac{8}{9}$(长×宽×高)。所以，小明的答案比正确答案(长×宽×高)要少$\frac{1}{9}$。这就是小明算错的原因。

小明少算了体积的$\frac{1}{9}$，这$\frac{1}{9}$就是 30cm^3，长方体的体积应该是 $30\div\frac{1}{9}$，

或 $30\times9=270\text{cm}^3$。

26. 我家的门牌号

(1) 按题意,所有各家门牌号数之和$-2\times$我家的门牌号数$=100$。因此,所有各家门牌号数之和必然是一个大于100的偶数。

(2) 13家的门牌号数之和为$1+2+3+\cdots+11+12+13=91$。

提示,可用下列方法求和:

$$\begin{array}{r}1+\ 2+\ 3+\cdots+11+12+13\\+13+12+11+\cdots+\ 3+\ 2+\ 1\\\hline 14+14+14+\cdots+14+14+14=14\times13\end{array}$$

所以,$1+2+3+\cdots+11+12+13=14\times13\div2=91$,

14家的门牌号数之和为105,15家的门牌号数之和为120,16家的门牌号数之和为136……

(3) 由(1)的分析可知胡同里超过14家,如果有16家,最后一家是16号,而我家的门牌号数$=(136-100)\div2=18$,那么我家是胡同里的第18号,这是不可能的。如果有16家以上,肯定也会有类似的矛盾出现,所以胡同里只可能有15家。

(4) 因此,胡同里有15家,它们号数之和为120。

可以求出我家门牌号数$=(120-100)\div2=10$,符合题意。

所以胡同里应该是15家,我家是10号。

27. 4堆火柴

要做到4堆火柴都相等,每堆火柴应该是火柴总数的$\frac{1}{4}$。即$\frac{1}{4}\times(17+7+6+2)=8$。

知道了每堆火柴是8根,从后往前推算。挪动的办法有两种,现在介绍其中的一种:

	第1堆	第2堆	第3堆	第4堆
原有火柴	17	7	6	2
第1堆往第2堆挪	10	14	6	2
第2堆往第3堆挪	10	8	12	2
第1堆往第4堆挪	8	8	12	4
第3堆往第4堆挪	8	8	8	8

28. 平衡

先算一下，左边比右边重多少。

左边：122＋148＋125＋207＋211＋215＝1028

右边：103＋121＋136＋175＋201＋160＝896

左边比右边重1028－896＝132。132÷2＝66，所以应该使左边减少66，右边增加66。

这时，从左边找两个球，右边找两个球，只要差66，就能使天平平衡。

寻找的结果是：

(122＋207)－(103＋160)＝329－263＝66

换球的办法是：122、207两个球与103、160两个球对换。

29. 1000个1

先用7去除1111…，经试算会发现111111能被7整除。由此可见，在所有数字为1的1000位数中，自左开始，每隔6位能被7整除。而1000位数中，共有166段(由1000÷6的商取整数而来)这样的六位数111111，余下来的最后一段数，是四位数1111。

因此，所有数字都是1的1000位数被7除时，所得的余数就是1111被7除所得的余数，余数为5。

30. 尾部的零

在1～50的50个数中，10、20、30、40、50相乘，产生5个零；5、15、25、

35、45 和偶数相乘，会产生几个零呢？有的人不假思索，会说是 5 个零。

这样，就得出了尾部有 10 个零的答案。

可是，再分析一下，50＝5×10，还包含一个 5。25＝5×5，刚才也少算了一个 5。这两个 5 与偶数相乘，又会产生 2 个零。

因此，这个 65 位的数字尾部有 12 个零。

31. 不是吹牛

为了方便说明，不妨给两位棋手取两个名字：一位是高明，一位是毕胜。小牛和高明下的那盘棋，让高明先走；另一盘棋，让毕胜后走。然后，小牛看看高明怎么走，就照搬过来对毕胜，再看毕胜走哪一步，又照搬回来对高明。这样，表面上是小牛同时下两盘棋，实际上是高明和毕胜对下。高明和毕胜不可能同时赢，小牛就不会两盘都输。

32. 纸币和硬币

需要的硬币是：1 分 1 个，2 分 2 个，5 分 1 个，共 4 个。纸币是：1 角 2 张，2 角 1 张，5 角 1 张，1 元 1 张，共 5 张。

33. 花帽和黑帽

因为每个人只能看到其他 3 个人戴的是什么帽子，如果只有 2 个人戴黑帽，另外 2 个人就会看到“两顶黑帽、一顶花帽”，一定会同时举手。没有人举手，说明没有 2 顶黑帽，最多只有一顶黑帽。

要是只有一个人戴黑帽，有 3 个人看到“一顶黑帽、两顶花帽”，谁也不会举手。戴黑帽的人看到的是三顶花帽，更不举手了。3 个戴花帽的人马上会想到：“我已经看到一顶黑帽，如果我戴的也是黑帽，就会有 2 个人举手。他们没有举手，说明我戴的是花帽。”

可是，仍然没有人举手，这就说明一顶黑帽也没有，4 个人戴的都是花帽。

小林根据以上推论，猜出了自己戴的是花帽。

34. 24算式

(1) $(10\times10-4)\div4=24$

(2) $7\times(3+3\div7)=24$

类似地，有$7\times(4-4\div7)=24$

$8\div(3-8\div3)=24$

$4\div(1-5\div6)=24$

$6\div(5\div4-1)=24$

记住，要乘以某数，也可以通过除以它的倒数实现。

第2章　9个数字

1、2、3、4、5、6、7、8、9，几乎天天见面。＋、－、×、÷，更是人人熟悉。本章的题目，就是利用这9个数字和四则运算“做文章”。当然，这里选择的题目，是一些有趣的题目，希望我们的读者会喜欢它们。

做这些题目，不要当作游戏那样，凑凑数就算完了。同样，也需要冷静地分析，动动脑筋，然后才容易作出判断。

希望你在做完这些题以后，对这9个数字的特点，会有更深的了解。

1 都等于1

下面7个算式，只写出了数字，却没有把运算符号写出来。请你从+、-、×、÷、( )、[ ]中，挑选出合适的符号，填进算式，使算式结果都等于1。

1　2　3=1

1　2　3　4=1

1　2　3　4　5=1

1　2　3　4　5　6=1

1　2　3　4　5　6　7=1

1　2　3　4　5　6　7　8=1

1　2　3　4　5　6　7　8　9=1

2 限你三分钟

下面是一个错误的算式：

$$2\times7+4\times6+5\times9+18+3=100$$

可是，只要其中的两个数字对换一下，等式就能成立。为了试试你的心算，不要用笔算，看看在3min内能对换成功吗？

3 只许添加号

下面是一个没有写完的等式：

1　2　3　4　5　6　7　8　9=99

在等式左边的数字之间，只允许插入一些加号，使等式成立。请找出所有不同的解答。

注意：在两个相连数之间，如果没有插入加号，就应该看作两位数。

4 还允许添减号

还是一个没有写完的等式：

$$9\quad 8\quad 7\quad 6\quad 5\quad 4\quad 3\quad 2\quad 1=21$$

为了使等式成立，在等式左边的每两个数字之间都要插入运算符号，不仅允许插入一些加号，还允许插入减号。

(1) 请你仔细想一想，有几种不同的插入方法？

(2) 如果将右边的21换成20，还能变成等式吗？

5 还有要求

$$9\quad 8\quad 7\quad 6\quad 5\quad 4\quad 3\quad 2\quad 1=25$$

在上面每两个数之间添上一个加号或减号，使算式成立，还有一点要求：

使这个算式中的所有减数(前面添了减号的数)的乘积尽可能大。

这些减数的最大乘积是多少？

6 插入符号

这又是一个没有写完的等式：

$$1\quad 2\quad 3\quad 4\quad 5\quad 6\quad 7\quad 8\quad 9=100$$

在等式左边需要插入一些符号，等式才能成立。要求按照下面3个规定，得出3个等式来：

(1) 插入7个加号和1个乘号。

(2) 插入2个减号和1个加号。

(3) 插入2个减号和2个加号。

7 100的等式

上一问题，限定了插入符号的数目，如果对没有写完的等式：

$$1\quad 2\quad 3\quad 4\quad 5\quad 6\quad 7\quad 8\quad 9=100$$

不限定插入符号数目，并且规定只插入加号、减号，那么又该如何插入呢？你能从问题3与问题4得到一些启发吗？

再把 9 个数字的顺序倒过来，列出没有写完的算式：

$$9\quad 8\quad 7\quad 6\quad 5\quad 4\quad 3\quad 2\quad 1=100$$

也规定只插入加号、减号，那么又该如何插入符号？

8 加括号

请你在下面的等式中，加入括号（　）、[　]，使等式成立。

$$1+2\times 3+4\times 5+6\times 7+8\times 9=303$$

$$1+2\times 3+4\times 5+6\times 7+8\times 9=1395$$

9 加括号、成整数

老师在黑板上写了一个使人惊讶的算式：

$$1\div 2\div 3\div 4\div 5\div 6\div 7\div 8\div 9$$

老师对同学们说：“你们将这个算式添上若干个括号，就能使算式的结果成为整数。不过还有一个要求，要使计算结果尽可能小。”

多有趣的题目，你不妨试一试。

10 乘法等式

$$\bigcirc\bigcirc\bigcirc\times\bigcirc\bigcirc=\bigcirc\bigcirc\times\bigcirc\bigcirc=5568$$

算式里，共有 9 个圆圈，请你把 1～9 九个数填进去，组成 3 个两位数和 1 个三位数，使等式成立。

提示，将乘积分解因数，就容易知道怎么填数了。

11 加减乘除都用上

$$\begin{cases} ④⑧\div ⑥-⑤=③ \\ ①\times ②+⑦=⑨ \end{cases}$$

在这组等式的 9 个圆圈里，填入了 1～9 九个数字，用加、减、乘、除 4 个运算符号连接起来，使两个等式成立。

请你按照这个办法，来完成下面两组等式：

(1) $\begin{cases}\bigcirc+\bigcirc-\bigcirc=\bigcirc\\ \bigcirc\times\bigcirc\div\bigcirc=①⑥\end{cases}$

(2) $\begin{cases}\bigcirc+\bigcirc=\bigcirc\\ \dfrac{①⑥\times\bigcirc}{\bigcirc-\bigcirc}=\bigcirc\end{cases}$

12 有三位数

$$\begin{cases}\bigcirc+\bigcirc=\bigcirc\\ ⑧④\times\bigcirc=\bigcirc\bigcirc\bigcirc\end{cases}$$

请把1～9九个数字填入圆圈，使等式成立。

13 两个等式

$$\bigcirc\times\bigcirc-\bigcirc=⑨⑥\div\bigcirc\bigcirc+\bigcirc=\bigcirc$$

请把1～9九个数字填入圆圈，使等式成立。

14 三个等式

$$\begin{cases}\bigcirc+\bigcirc=\bigcirc\\ \bigcirc-\bigcirc=\bigcirc\\ \bigcirc\times\bigcirc=\bigcirc\end{cases}$$

请把 1～9 九个数字填入圆圈，使等式成立。

15 没有除法

$$\begin{cases}○×○=⑤○\\○○+○-○=○\end{cases}$$

请把 1～9 九个数字填入圆圈，使等式成立。

16 圆圈对换

○×○○=○○○=○○×○

这道题本来是一道难题，不过有人算了一个，得出下面的算式：

⑦×②⑧=①⑨⑥=③④×⑤

这样，左边的等式是成立的，右边的等式却错了。再分析一下，采用两个圆圈对换位置的办法(比如②与⑨对换位置)，只要对换 3 次，左边和右边的等式就能都成立了。

请你来换一换。

提示：考虑尾数(个位数)。

17 分段

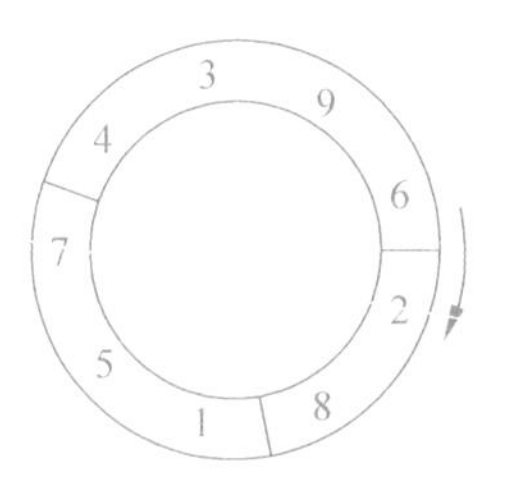

在上面这个圆圈里，按照顺时针方向，把 9 个数字分成 3 段，组成 3 个数。这 3 个数居然是一个乘法等式：28×157=4396。

下面 8 个圆圈也有这样的特点，请你也来试一试，怎么分段？

注意：最后两个圆圈分段以后，被乘数是一位数。

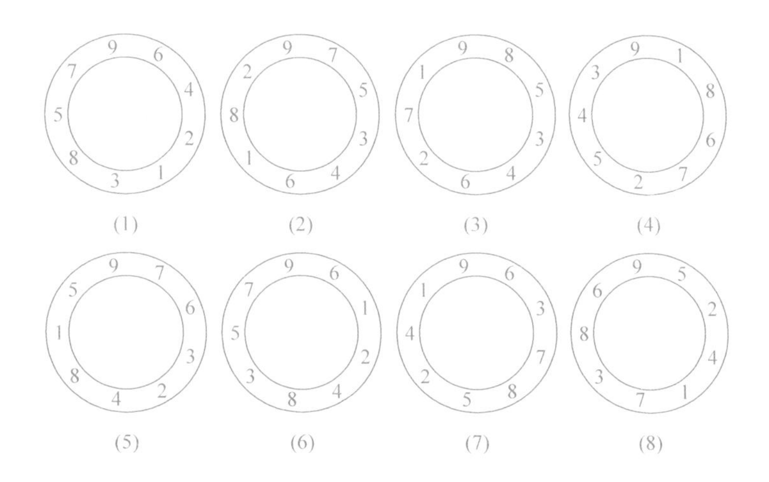

18 最大的三位数

用 1～9 九个数字组成 3 个三位数，要求最大的三位数被 3 除余 2，次大的三位数被 3 除余 1，最小的三位数能被 3 整除。例如：

986、724、135

如果还要求最大的三位数要尽可能小，那么最大的三位数至少是多少呢？

结合起来

先看下图，1～9 九个数字，用一条折线按顺序连接了起来。

```
9   2——1
|   |
8   3——4
|      |
7——6——5
```

再看下面的算式，9 个数字组成 3 个三位数，恰好是一个加法竖式。

$$
\begin{array}{r}
1\ 7\ 3 \\
+\ 2\ 8\ 6 \\
\hline
4\ 5\ 9
\end{array}
$$

现在，要求你把这两个图的特点结合在一起：用这 9 个数，重新组成一个加法竖式，既要使竖式成立，又要能用一条折线把 9 个数按顺序连接起来。

20 相邻的差

将1～9九个数字填在下图的9个方格里，每格填一个数字，现在计算相邻两格（上下或左右）数字之差（都用大数减小数），这样共有12个差数，为了使12个差数之和尽可能大，那么这9个数字应如何填？

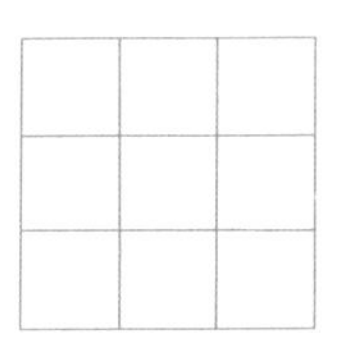

21 三阶纵横图

将1～9九个数字填在下图的9个方格里，每格填一个数字，使每一行、每一列和两条对角线上3个数字之和相等。

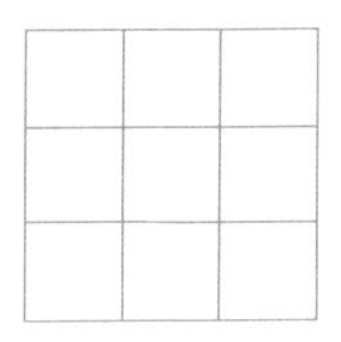

因为纵、横都是三个数字，所以称为三阶纵横图。

22 7个三角形

请看图，大大小小的正三角形共有7个，三角形的顶点却只有9个。试把1～9九个数放在顶点的位置上，使每一个三角形3个顶点的数字之和都相等。

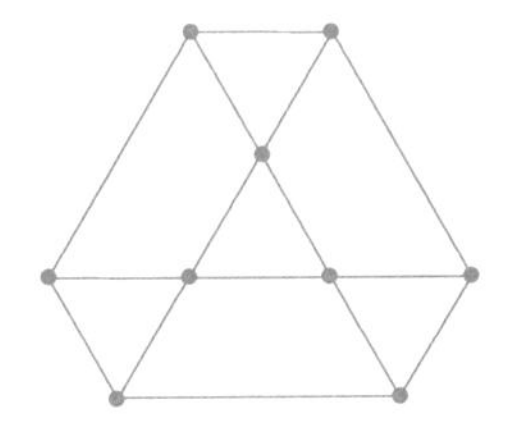

23 3 个三角形和 3 条直线

请看下图，图中三角形虽然多，正三角形却只有 3 个；图中的直线也不少，通过 4 个点的直线也只有 3 条。请你把 1～9 九个自然数写到 9 个黑点旁，使每个正三角形顶点上 3 个数字之和相等。同时，要求每条直线上的 4 个数字之和也相等。

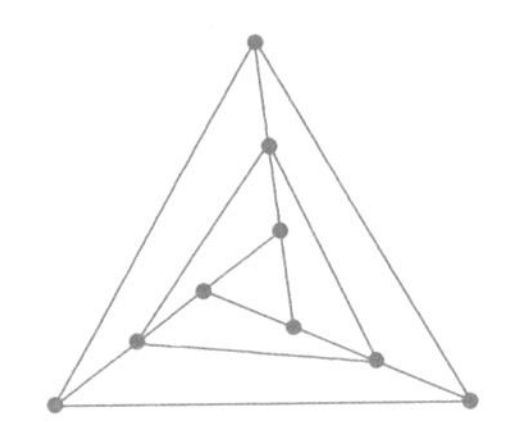

第2章解答

1. 都等于1

$(1+2)\div3=1$

$1\times2+3-4=1$

$[(1+2)\div3+4]\div5=1$

$1\times2\times3-4+5-6=1$

$1\times2+3+4+5-6-7=1$

$(1\times2\times3-4+5-6+7)\div8=1$

$[(1+2)\div3+4]\div5+6-(7+8-9)=1$

2. 限你三分钟

先计算出等号左边的结果为104。104比100多4。在对换中，就需要减少4。$2\times7+3=17$，而$2\times3+7=13$，恰好少4。所以，将3与7对换，算式就成立。对换后的算式为：

$$2\times3+4\times6+5\times9+18+7=100$$

3. 只许添加号

$1+2+3+4+5+6+7+8+9=45$，与所要求的99相差54。如果去掉一个加号，例如2与3之间加号去掉，$2+3=5$就变成23，可以增加18(即2×9)。4与5之间加号去掉，可以增加$45-(4+5)=36$(即4×9)。一般来说，数字a与$a+1$之间加号去掉，将增加$10a+(a+1)-[a+(a+1)]=9a$。因此数字6或那些和为6的非相邻的数字后面的加号去掉就可增加54。

共有三个解答：

6与7之间不添加号，得解答$1+2+3+4+5+67+8+9=99$；

$2+4=6$，2与3、4与5之间不添加号，得解答$1+23+45+6+7+8+$

9＝99；

1＋5＝6，1与2、5与6之间不添加号，得解答12＋3＋4＋56＋7＋8＋9＝99。

4. 还允许添减号

（1）仍从算式9＋8＋7＋6＋5＋4＋3＋2＋1＝45入手，一般来说，某一数a的前面的加号换成减号，算式的结果将减少$2a$。45－21＝24，因此把那些和为12的数前面的加号换成减号，就可得到解答。这样的数有十组(8,4)；(8,3,1)；(7,5)；(7,4,1)；(7,3,2)；(6,5,1)；(6,4,2)；(6,3,2,1)；(5,4,3)；(5,4,2,1)。每一组数前面添减号，可得十组解答。

（2）加号换成减号以后减少的数是偶数，而45－20＝25是奇数，因此不可能有解答。

5. 还有要求

如果把这9个数都添上加号，它们的和是45。把其中一个数前面的加号换成减号变成减数，将使这个和数减少所减数的2倍，45－25＝20。因此，我们将要变成减数的这些数之和是20÷2＝10。

对于大于2的数来说，两数之和总是比两数乘积小。为了使这些减数的乘积尽可能大，减数越多越好(不包括1)。10最多能拆成三数之和：2＋3＋5＝10。因此这些减数的最大乘积是2×3×5＝30。添上加号、减号后的算式是：

$$9+8+7+6-5+4-3-2+1=25$$

6. 插入符号

（1）7个数相加，最多只有42，还有两数的乘积不能小于100－42＝58，只有8×9＝72符合，这个算式是：

$$1+2+3+4+5+6+7+8\times 9=100$$

（2）插入“2减1加”三个符号，就把9个数字分成四段，成为4个数，其中一定有一个三位数，由于最后结果是100，三位数只能是123，其他3个数

一定都是两位数。(为什么?)而且,两个减数之和－加数$=123-100=23$,只要注意个位数是3,只有$5+7-9=3$,就能列出算式:

$$123-45-67+89=100$$

(3) 在(2)的基础上只要把45前面变为"+"号,就增加90,而8与9之间添"-"号,89就变成-1,恰好整个算式得100。算式是:

$$123+45-67+8-9=100$$

7. 100的等式

规定只能插入加号、减号,我们只能把两个数字并在一起,算作两位数。从问题3得到启发,7与8之间不添符号,将可以增加$7\times9=63$。如果其他数之间都插入加号,结果是$63+45=108$。从问题4得到启发,如果把4前面的加号换成减号,就能减少$4\times2=8$,这样就有算式:

$$1+2+3-4+5+6+78+9=100$$

当数字顺序倒过来后,前两个数字并在一起是98,只要让后面7个数字相减后结果等于2,算式就恰好等于100。后面7个数要分成两组,甲组是加,乙组是减,就有:

$$甲+乙=28$$

$$甲-乙=2$$

根据"和差问题"的计算,甲组各数字之和是15,乙组各数字之和是13。因此下面算式都符合要求:

$$98-7-6+5+4+3+2+1=100$$

$$98-7+6-5+4+3+2-1=100$$

$$98+7-6-5+4+3-2+1=100$$

$$98+7+6-5-4-3+2-1=100$$

8. 加括号

做这道题,需要对结果进行逆运算,一步步把数字缩小,以便于推测括号应加在哪里。

我们来分析结果等于303的算式：

(1) 等式左边最后是“×9”，就应该先试一试303能不能被9整除。303不能被9整除。

(2) 再看等式左边最后有“+8×9”，那就试试“−8×9”。$303-8\times9=231$。

(3) 再从等式左边往前推，有一个“×7”。那就用$231\div7$试试看，结果为33。

(4) 现在已经知道前面六位数的结果应该是33。一算，正好是33。因此，括号就应包括前面六位数。

$$(1+2\times3+4\times5+6)\times7+8\times9=303$$

另一算式的结果是：

$$[(1+2)\times(3+4)\times5+6\times7+8]\times9=1395$$

9. 加括号、成整数

我们先考虑数少一点的情况：

$$1\div2\div3\div4$$

如果在2前面添括号，就有：

$$1\div(2\div3\div4)=\frac{1\times3\times4}{2}=6$$

从这个简单的例子知道，添了括号后，3和4两个数就有2个除号在起作用，就变成乘了。很明显，在3前面再添一个括号，算式就成为$\frac{1\times3}{2\times4}$，因为4有3个除号起作用。现在我们已摸索出规律：当把算式写成分数，奇数个除号起作用的数在分母上，偶数个除号起作用的数在分子上。

我们根据题目的两点要求来确定哪些数在分子上，哪些数在分母上。有明显，1总是在分子上，2总是在分母上。为了使计算结果是整数，5和7必须在分子上。为了满足“尽可能小”的要求，分母的数要尽可能多，但是分子中又必须有它们的倍数，才能使计算结果是整数。由此就可列出分式是：

$$\frac{1\times 3\times 5\times 6\times 7\times 8}{2\times 4\times 9}=70$$

根据这一分式，添加括号后的算式是：

$$1\div[2\div(3\div 4)\div 5\div 6\div 7\div 8]\div 9=70$$

10. 乘法等式

先分解因数：

$$\begin{array}{r|l} 2 & 5568 \\ \hline 2 & 2784 \\ \hline 2 & 1392 \\ \hline 2 & 696 \\ \hline 2 & 348 \\ \hline 3 & 174 \\ \hline 2 & 58 \\ \hline & 29 \end{array}$$

根据这些因数，我们可以组成一些乘积为 5568 的算式，然后来进行选择：

$$5568=29\times 2^6\times 3=29\times 192 \quad (1)$$

$$5568=58\times 2^5\times 3=58\times 96 \quad (2)$$

$$5568=174\times 2^5=174\times 32 \quad (3)$$

⋮

其中 2^6 表示 6 个 2 相乘，2^5 表示 5 个 2 相乘。

在式(1)中，数字有重复，因此应选用式(2)和式(3)。得到解答：

$$174\times 32=96\times 58=5568。$$

11. 加减乘除都用上

做这道题，要从有已知数的算式入手。先看第一组算式。两个数的乘积能被 16 整除，说明两个数的乘积是 16 的倍数。在两位数中，16 的倍数有 16、32、48、64、80、96，很明显，16、80、96 是不可能的。如果是 48 和 64，就会有 $6\times 8=48$，$8\times 8=64$，都有重复数字。因此，只可能是 32，即 $4\times 8=32$。因此，可以推算出 $32\div 2=16$，也就是 $4\times 8\div 2=16$。到这里，其他数字就容易确定了。

$$(1)\begin{cases}5+7-3=9\\4\times8\div2=16\end{cases}$$

上面的等式还可以是 $5+7-9=3$，$9+3-7=5$，$9+3-5=7$。

再考虑第二组算式。从分数形式的除法算式入手。被除数中有16，有4个2的因数，除数是个位数，最多只有三个2的因数，因此商是偶数，只能是2、4、8。很明显，2不适合。如果是4，除数只能是8，(为什么?)但只有 $9-1=8$，1就要重复出现。因此，商只能是8。

有两个解答：

$$(2)\begin{cases}4+5=9\\\dfrac{16\times2}{7-3}=8\end{cases}\qquad\begin{cases}4+3=7\\\dfrac{16\times2}{9-5}=8\end{cases}$$

12. 有三位数

在乘法算式里，乘数应该是几？在9个数字中，很明显，1、2、4、5、6、7、8不能作为乘数，否则会出现数字重复。这就只能在3、9两个数中去选择，很容易找出这个数是9。

$$\begin{cases}1+2=3\\84\times9=756\end{cases}$$

13. 两个等式

根据以上两道题的经验，从除法入手最省事。下面列出两个答案：

$$2\times5-7=96\div48+1=3$$

$$7\times1-2=96\div48+3=5$$

14. 三个等式

在这三个等式中，从加减法入手好，还是从乘法入手好？

从加减法入手，解答的可能性很多，要试很多次才能确定。而从乘法入手，解答的可能性很少，只有 $2\times3=6$ 和 $2\times4=8$ 两种。

是哪一种呢？因为一个加法或减法算式中最多只有两个奇数，而9个数字中有5个奇数，所以乘法算式中一定有奇数，只有$2\times3=6$适合，其他数字再试算一下。答案是：

$$\begin{cases}4+5=9\\8-7=1\\2\times3=6\end{cases}$$

前两个等式还可以是$7+1=8$和$9-5=4$，等等，这里不一一列举了。

15. 没有除法

下面算式中的两位数，它的十位数明显是1。

上面算式中，已知乘积的十位数是5，给了我们很明显的信息。在51～59之间，能分解成两个个位数乘积的只有：

$$6\times9=54 \quad 与 \quad 7\times8=56$$

前者4数之和是$6+9+5+4=24$，后者4数之和是$7+8+5+6=26$。我们可以把下面的算式写成：

①○＋○＝○＋○

那么右边两个圆圈的两数之和比左边要填的两数之和多10。这就形成两个“和差问题”。

$$\begin{cases}和：45-1-24=20\\差：10\end{cases} \qquad \begin{cases}和：45-1-26=18\\差：10\end{cases}$$

从前者知道右边两数之和是15，可得出算式$12+3=7+8$；从后者知道右边两数之和是14，因为已用掉5、6、8三数，不可能再有两数之和是14。因此本题的解答是：

$$\begin{cases}6\times9=54\\12+3-7=8\end{cases}$$

其中7与8可以互换位置。

16. 圆圈对换

⑤与⑨换，⑨与④换，⑦与②换。

$$2 \times 78 = 156 = 39 \times 4$$

17. 分段

从例题可以看出,9 个数分 3 段,大体上是两位数和三位数相乘,得到一个四位数。我们就按 2、3、4 或 3、2、4 的关系来试分。

试分以后,需要试算。试算时,不必把全部乘积都乘出来,最简便的办法是先从个位数来判断。比如有一种分法是:21、385、7964。从这 3 个数的个位数看,因为 $1 \times 5 \neq 4$,所以,就可以判断这种分法不符合题目条件,应该否定。因此,如果试分以后,被乘数和乘数的个位数相乘,所得乘积的个位数与分段时的乘积个位数不符,就能否定。否定了错误的方法,就可以选出正确答案来。

这 8 个圆圈的分法是:

(1) $42 \times 138 = 5796$

(2) $18 \times 297 = 5346$

(3) $27 \times 198 = 5346$

(4) $39 \times 186 = 7254$

(5) $48 \times 159 = 7632$

(6) $12 \times 483 = 5796$

(7) $4 \times 1963 = 7852$

(8) $4 \times 1738 = 6952$

18. 最大的三位数

最小三位数的百位数至少是 1,次大三位数的百位数至少是 2,最大三位数的百位数至少是 3。为了尽可能小,最大数的十位数取 4,为被 3 除余 2,个位数只能是 7。现在 3 个三位数分别是 347、259、168。

其中最大的数 347,在符合题目要求的前提下是最小的了。

19. 结合起来

9 是折线的端点,又是最大的数,考虑 9 的位置是解题的“突破口”。很

容易发现9作为百位或十位数都是不合适的，再考虑到折线的连接，9只能是被加数的个位数，由此其他数就容易填了。答案是：

```
    1—2   9
      |   |
  + 4—3   8
 ———+—————+——
    5—6—7
```

20. 相邻的差

为了使12个差数之和尽可能大，我们让被减数尽可能大，减数尽可能小。把最大数9填在正中一格，它可以减去上、下、左、右4个数，这4个数就填1、2、3、4，再把5、6、7、8填入4个角中。这样12个差中的减数恰好是1、2、3、4各减3次，自然差数之和是最大了，具体填法如下图：

5	3	6
2	9	4
8	1	7

12个差数之和是：

$$9\times4+(5+6+7+8)\times2-(1+2+3+4)\times3=58$$

还有一种填法如下：

5	9	2
6	1	8
4	7	3

12个差数之和是：

$$(9+8+7+6)\times3-(2+3+4+5)\times2-1\times4=58$$

21. 三阶纵横图

1～9九个数字之和等于45，恰好是三行(或三列)数字之和，因此每一行(或列)3个数字之和等于45÷3=15。

1～9九个数中，其中3个不同的数相加等于15，只可能是下列8组算式：

9+5+1,9+4+2,8+6+1,8+5+2,8+4+3,7+6+2,7+5+3,6+5+4。

因此,每一行、每一列和每一条对角线恰好是其中一个等式中的 3 个数。中心的数,有 4 条线经过,要求它在 4 个等式中出现。除 5 以外,没有别的数符合要求,因此中心的数只能是 5。8、2、4 和 6 各出现在 3 个等式中,因此是四角上的数,这样每一格应填哪个数就很容易确定了。

2	9	4
7	5	3
6	1	8

一个纵横图旋转 90°,或者绕中轴将两边数字对调一下,都不能算不同的纵横图,因此三阶纵横图只有一个解答。

22. 7 个三角形

边上的 3 个小三角形的顶点恰好是 9 个不同数字,因此每一个三角形的顶点数字之和是 $\frac{45}{3}=15$,而每一个三角形 3 个数字应是三阶纵横图行、列或一条对角线上的 3 个数字。

解本题的关键是推算出中间小三角形的 3 个数字。因为每个数同时是 3 个三角形的顶点,所以必定要在 3 个算式中出现,这只能是 2、4、6、8 和 5。但是 3 个数的和是 15,5 是不可少的,因此中间小三角形的三个数是 4、5 和 6,或者是 2、5 和 8,这恰好是三阶纵横图的两条对角线之一。其余 6 个三角形顶点上放的数,也必须是纵横图上三行和三列上的数,由此就能推算出下面的两个解答:

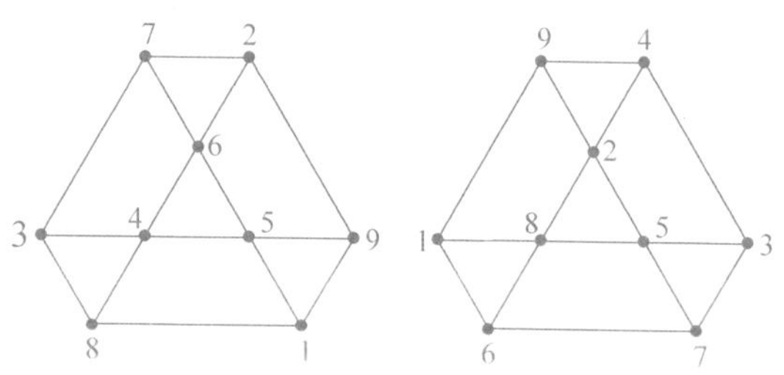

23. 3个三角形和3条直线

3个三角形上的数字都是不同的，它们的数字之和相等，因此每个三角形上的数字之和等于 $45\div3=15$。由此我们可以认为，3个三角形上的数字，恰好是纵横图上三行或者三列中的数字。本题要对照三阶纵横图求解。

把三条直线上所有数字相加，中间小三角形上数字要算两次，因此相加之和应是 $45+15=60$，即每条直线上4个数字之和应等于20。

解题的关键是确定中间小三角形上应是哪三个数。譬如，它是2、7和6，那么7和6所在的直线上另外两个数字之和应是 $20-7-6=7$，可是在三阶纵横图其他两条纵列上，每列各取一数相加之和是不能等于7的。对于(4,3,8)、(2,9,4)和(6,1,8)作同样考察，都会发现与(2,7,6)一样的情况。只有(1,5,9)有 $5+9+4+2=20$，$1+9+3+7=20$ 和 $1+5+8+6=20$，这是一种排列。取(7,5,3)，又是一种排列。因此，解答如下：

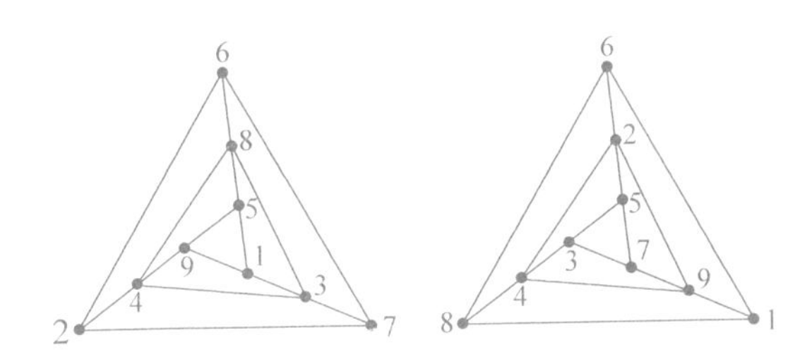

第3章 画来画去·移来移去

做这一章题目，要在纸上画一画，或者用棋子、硬币、火柴等小玩意儿摆一摆，通过“画”和“摆”，可以启发你去思考和分析，只要注意总结经验，就可以逐步发现一些规律。如果你能抓住题目的实质，也许会发现不少窍门。

这一章的题目，有不少包括顺序和位置两个因素。顺序和位置，是数学中很多分支研究的对象。因此，这些看来是游戏的题目，却能给我们带来对某些数学分支的感性认识，起到学习数学知识的启蒙作用。

1 先试一试

下面 5 个图形可以一笔画成,这类图叫作“一笔画”。一笔画的规则是:笔不离开纸;画线时,任何一段线都不许重复。请你试一试。

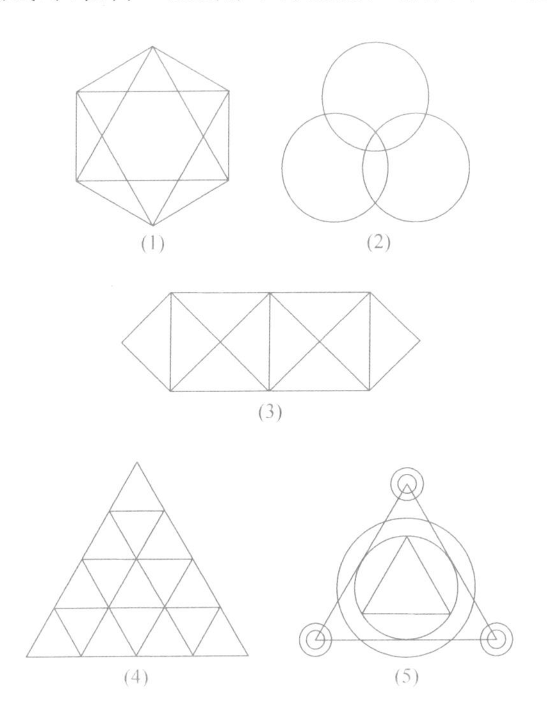

2 几笔才能画成

下面 4 个图形不能一笔画成,至少要几笔才能画成呢?

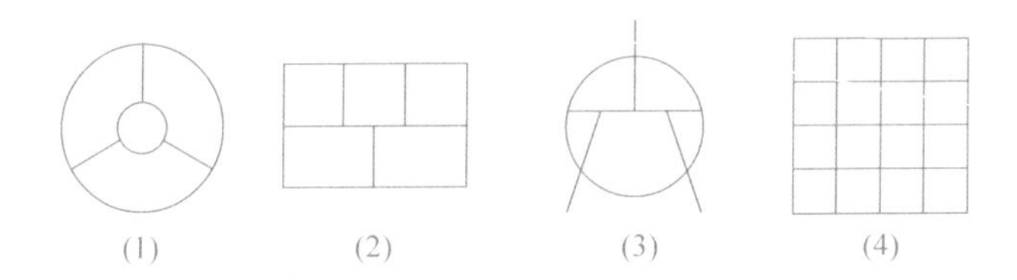

3 铅丝要分几段

在下面 3 个架子中,有一个只用一根铅丝就可以构成,而另外两个,要把铅丝分成几段才能构成。请在每一个架子下注明，是用几段铅丝构成的。

4 擦掉哪一根线

下图不能一笔画成，可是，只要擦去一根线，图形就可以一笔画成。应该擦掉哪一根线，你知道吗？

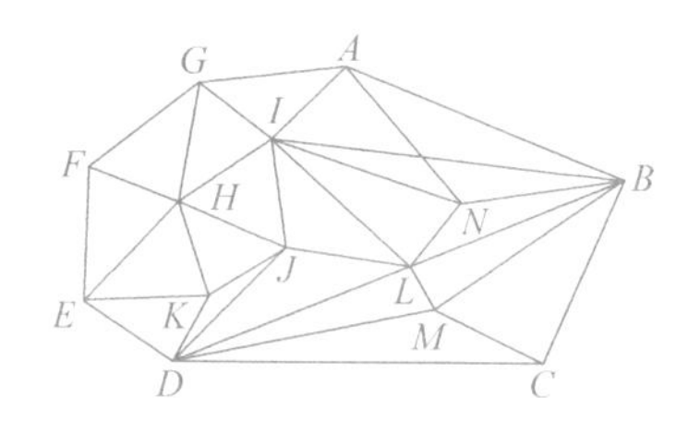

5 走遍所有的门

下图是一座房屋的平面图。每两个相邻房间之间，都有一个门相通；除中间两个房间 E 和 F 以外，每个房间都有门通向室外。

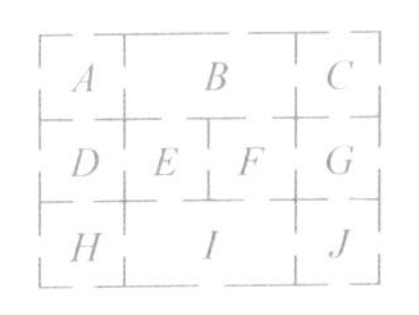

你能够不重复地穿过每一道门吗？

提示：把每一个房间设想成一个点，室外也用一个点表示。如果两个房间之间有门相通，设想相应的两点之间有线段连接。画出这个图，上述问题就相当于一个"一笔画"问题。

15 座桥

下图中有 A、B、C、D、E、F 6 个小岛，各岛之间共有 15 座桥(桥已编号)。现在要从 A 岛出发，不重复地走遍 15 座桥，该怎么走呢？

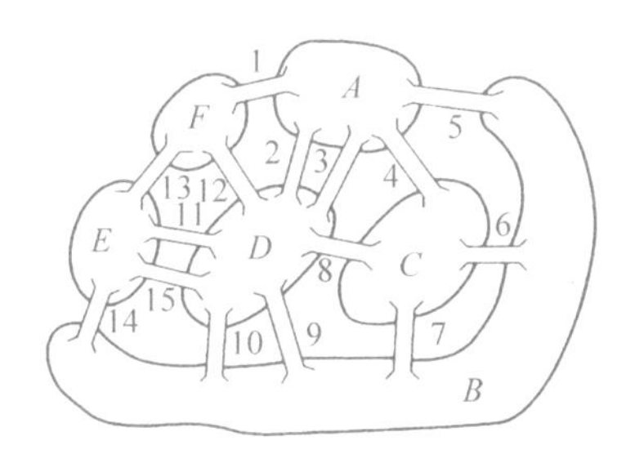

你是不是已经看出，这也是一笔画问题？18 世纪伟大的数学家欧拉从哥尼斯堡城的 7 桥入手，研究了"一笔画"问题。因此，现代的图论著作和书籍中，都把"一笔画"问题称为欧拉问题，把能不重复走遍的路，称为欧拉路。

别致的画廊

公园里布置了一个很别致的画廊(请看图)。画廊分为25段,每段画廊两头的圆圈是休息处。A 处为入口,B 处是出口,H 处设有小吃部。

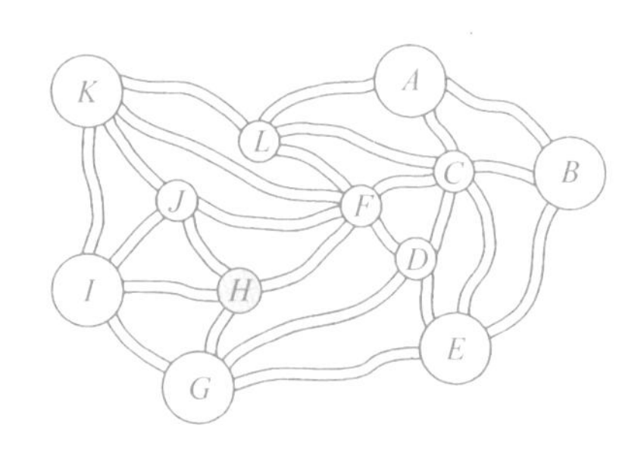

现在有一个人要不重复地看遍所有画廊,并且打算在看了8段画廊后恰好到小吃部(H处),吃点东西后,再看9段,又恰好回到小吃部(H处),最后看完剩下的8段画廊,从B处出来。

请你替这个人安排一条参观的路线。

最短路线

下图是一些街道的平面图,中间9个方格是一些建筑物。有一辆洒水车从 A 点出发,要往每一条街道上洒水,最后仍回到 A 点。洒水车在街道上必然有重复行驶,可是精心地选择行驶路线,能使重复行驶的路程尽可能少。请你想一想,洒水车应该怎样选择行驶路线?

尽可能短

邮递员每天早上从邮局出发，跑遍他所负责投递的街巷，把邮件和报纸送给居民，然后回到邮局。从下图看，邮递员走的路线肯定有重复，问题是怎样才能少走重复路，使每天走的路尽可能短？

请你来选择一条最短路线。

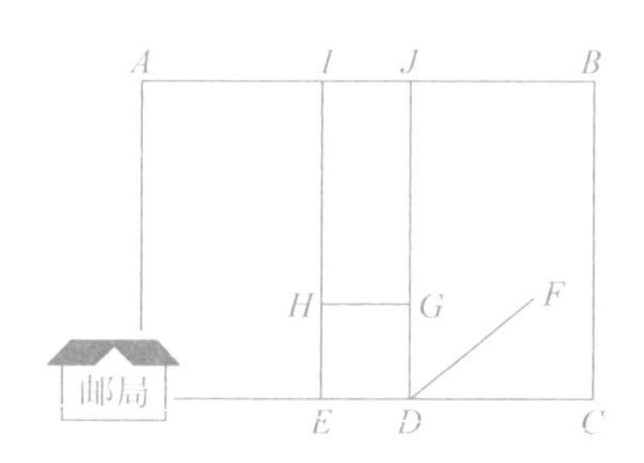

选路

下页图是一张苹果园的平面图（○表示苹果树）。王师傅要把所有苹果树观察一遍。他从右上角空格出发，要把种苹果树的每一格都不重复地观察到，最后仍回到出发的一格。画阴影的方格是水池，不能穿行，也不能对角走。

请你替王师傅选择一条路线。

这一题似乎也要求一笔画成，可是与前面的“一笔画”是性质完全不同

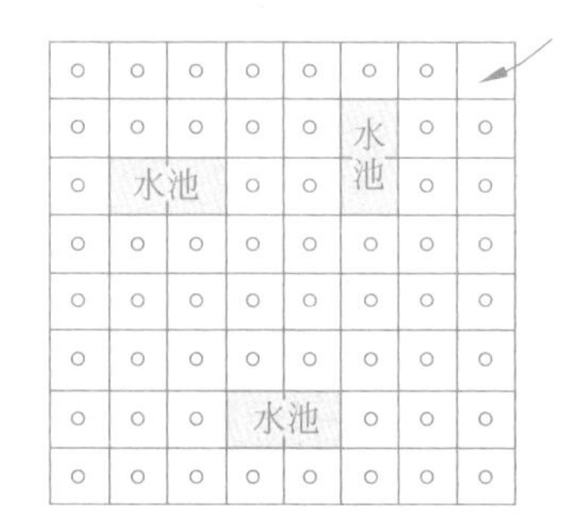

的问题,不要把“一笔画”的原理,硬套到这一题上。这一题实质上是“哈密尔顿回路”问题,也是图论的内容之一。

11 三个小迷阵

下面有三个迷阵,箭头指出迷阵的入口和出口,请你从入口进迷阵,然后从出口走出来。

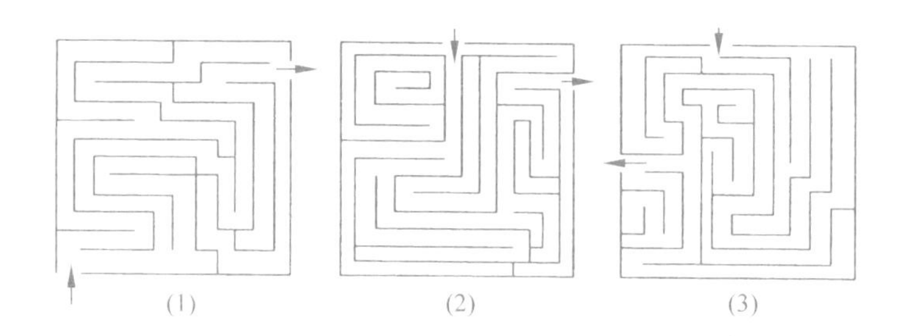

(1)　　(2)　　(3)

12 进去出来

下图是一个迷阵。请你从入口走到中心,再从中心走到出口,不许走重复路。试试你的观察力吧!

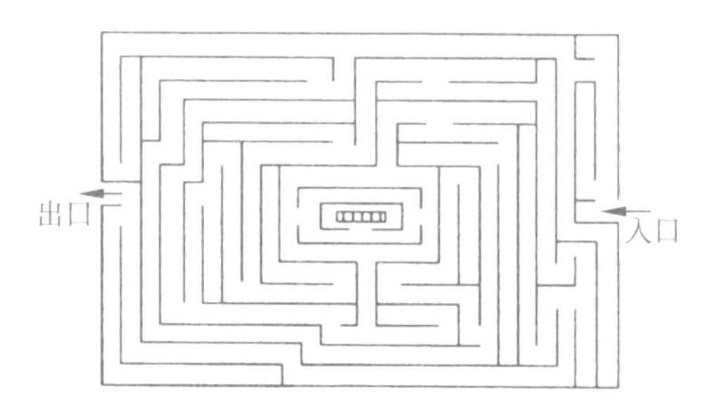

13 绕到中心去

下图的迷阵看起来并不复杂,可是想到达中心,却要绕许多弯路。这个题可以锻炼你的耐心,请你试一试。

14 眼花缭乱

下图的迷阵使人眼花缭乱。走这样的迷阵可以练练你的眼力。如果一次不碰壁,说明你的眼力很好。

箭头所指的是入口处,中间小圆圈是迷阵的终点。

15 走迷阵的原则

下图是一个迷阵的平面图,现在要从入口 A 走到迷阵的中心 Q。请你走一走。

在这一题的答案中，将告诉大家走迷阵的原则。

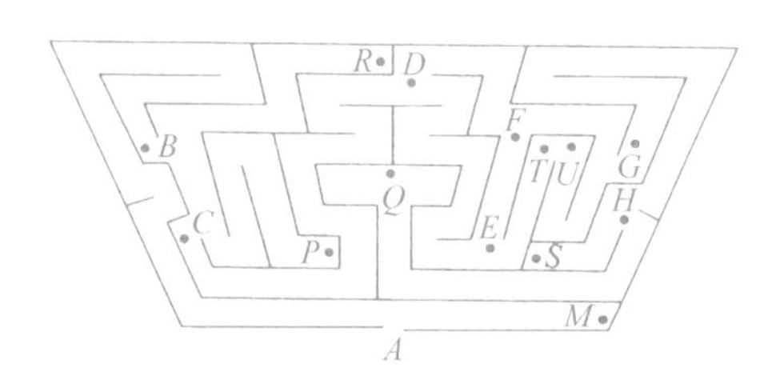

16 棋子重叠

兵是红棋，卒是黑棋，相互间隔排成一行：

1	2	3	4	5	6	7	8	9	10
卒	兵	卒	兵	卒	兵	卒	兵	卒	兵

请你按下面的方法移动棋子：每次移动一枚“卒”，必须跳越 2 枚棋子，然后叠放在一枚红棋的“兵”上。每枚“卒”只许移动一次，要求做到每枚“兵”上都叠放一枚“卒”。

17 跳棋子

12 枚棋子，排成一个圆圈。每次移动一枚棋子，移动的时候必须跳过 2 枚棋子，然后与另一枚棋子叠合。允许移动 6 次，使棋子两个两个地叠合在一起，并分别做到：

（1）奇数的棋子叠放在偶数上。

(2) 7～12 六枚棋子在上,1～6 六枚棋子在下。

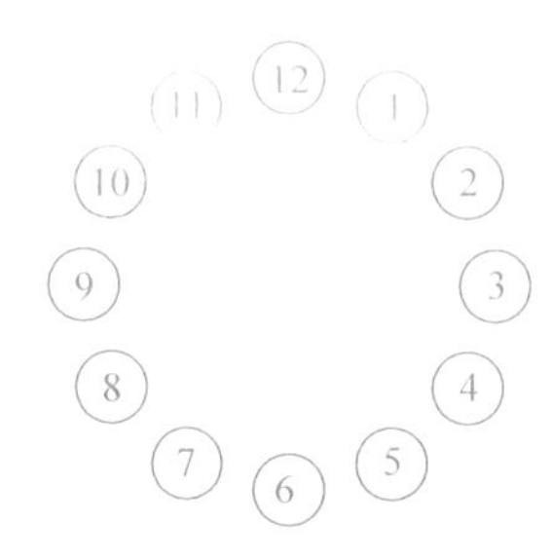

18 五角星上放棋子

一个五角星上共有 10 个交叉点,现有 9 枚小棋子,要一枚一枚放到交叉点上。放时要遵守以下规则:要从没有放棋子的交叉点开始,沿直线数 1、2、3,把棋子放在第 3 个交叉点上。每一个交叉点上只能放一枚棋子。

请你试一试。

19 猴子跳树桩

7 棵小树桩排成一行,最左面的树桩空着,其他 6 棵树桩上坐着 6 只猴子,它们从左至右顺序穿着 6、5、4、3、2、1 号的衣服。猴子们在树桩上有规则地跳来跳去。每一次,一只猴子跳到相邻的空树桩上,或者越过一棵树桩,跳到另外一棵空树桩上。跳了 21 次,6 棵树桩上猴子的号码顺序恰好颠倒过来,变成了 1、2、3、4、5、6。

请你想一想,猴子是按什么顺序跳的?

20 排排坐

幼儿园里,4个男孩和4个女孩一排坐在8个小凳子上,最左面空着两个凳子。上课时,4个男孩坐在一起,相互打闹,老师决定重新安排座位,每次让两个并排坐着的孩子手拉手站起来,一起调到两个并排的空凳子上。调动4次后,8个孩子还是紧挨着坐,男孩却被女孩隔开,新座位的次序是:女男女男女男女男□□,两个空凳子落在最右边。

老师是怎样调动孩子的,你能想出来吗?

21 对调位置

6个方格中放着5枚棋子,现在要将(兵)和(卒)的位置对调一下。不准把棋子拿起来,只能把棋子推到相邻的空格。推动17次以后,就能达到目的。你能办到吗?

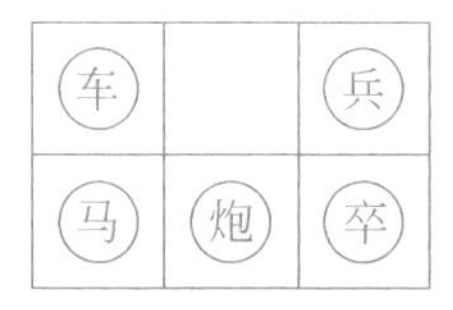

(车、马、炮不要求回原位。)

22 “工”与“口”

8枚相同的硬币,可以排成“工”字形,也可以排成“口”字形。

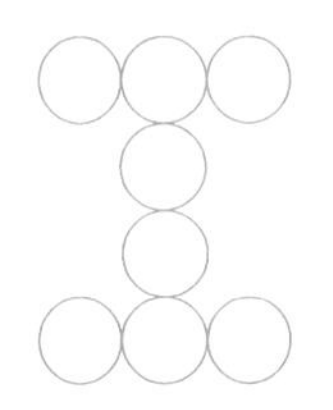

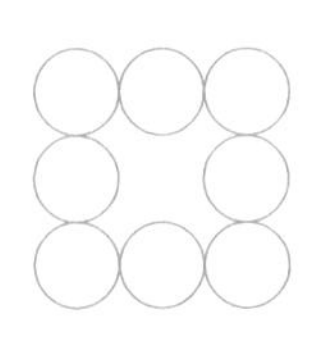

请你按照下面的规则移动硬币：每次移动的硬币，必须沿着其他硬币的边滑动，停放时至少要和其他两枚硬币相切。移动 4 次，将“工”字变成“口”字。然后，再移动 7 次，将“口”字变回到“工”字。

提示：在“口”字变成“工”字时，一定会出现 3 个圆两两相切的情形。这就需要我们思考一下，同样大的圆两两相切时有什么特点。

23 火柴成组

15 根火柴排成一行，请你移动火柴，使它成为 5 组，每组都是 3 根。移动时有个要求：移动 1 根火柴，必须跳过 3 根火柴，而且，只能移动 10 次。

24 整理数字

下面左图的 16 个方格中，填上了 16 个数，顺序紊乱。要求你用两数对调的办法，整理成右图那样有顺序的排列。

6	4	14	5
11	9	7	1
8	13	15	3
16	12	2	10

1	2	3	4
5	6	7	8
9	10	11	12
13	14	15	16

如果不认真思考，随意对调，肯定会有不必要的对调，增加对调的次数。如果先想一下对调办法，避免不必要的对调，只要经过 11 次对调就能完成。

25 翻硬币

6 枚硬币都是国徽的一面朝上放着，每次同时将 5 枚（不能少于 5 枚）硬币翻面，要翻多少次，才能把所有硬币都翻成另一面？

如果有 72 枚硬币，那么要翻多少次呢？

26 火车掉头

火车掉头可不简单呀！你知道火车是怎样掉头的吗？

有一种常用的办法是利用三角铁路线，这里，也请你试一试。图中有一组三角铁路线，A 是尽头处，长度只够放一辆机车或一节车厢。现在要让图上的那列火车全部掉过头来，应该怎么办？

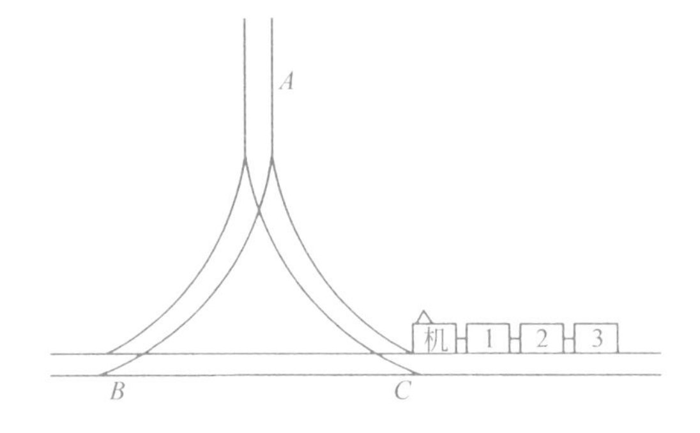

27 车厢对换

三角铁路线上停着一台机车、两节车厢。现在要让车厢 1 和车厢 2 对换一下位置，并且要求机车掉过头来，最后仍停在 BC 上。

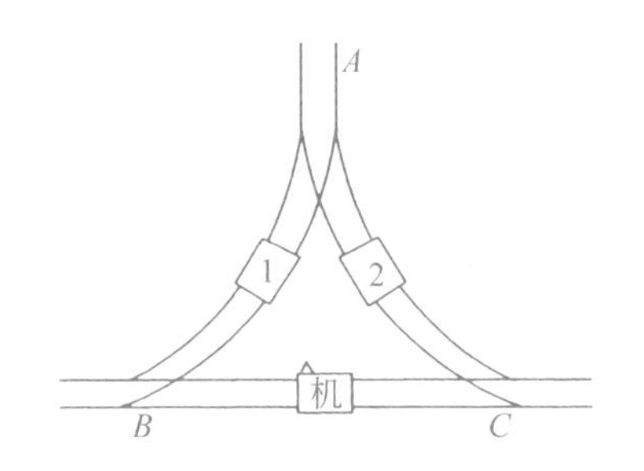

请你想想办法，如何完成这一任务？

28 对换大平板车

一条环行铁路线上，有两辆大平板车(1 和 2)要对换一下位置。可是，线路上有座桥，由于大平板车装的东西太宽，过不了桥，只有机车能过桥。请你想想办法，怎么对换呢？

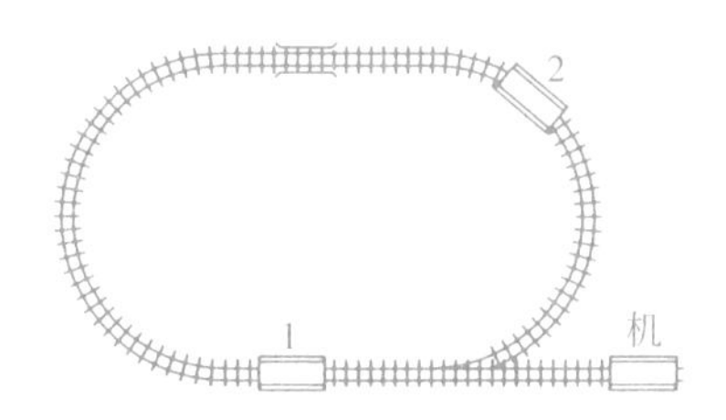

29 把顺序倒过来

货车到站后，要在调车场重新编组。图中 A 处是调车场里的“驼峰”，“驼峰”的地势稍高一些，机车把车辆拉上“驼峰”，解开挂钩，轻轻地推一下，就可以使车辆溜放下去，进入预先选择好的线路，重新编组。通常，溜放车辆时间较短，而拉车辆上驼峰的时间较长。

在线路(a)上有 5 辆车，编号是 5、4、3、2、1，现在要将 5 辆车的顺序倒过来，排成 1、2、3、4、5，最后仍停在线路(a)上。只允许把车拉上驼峰 4 次，应如何做？

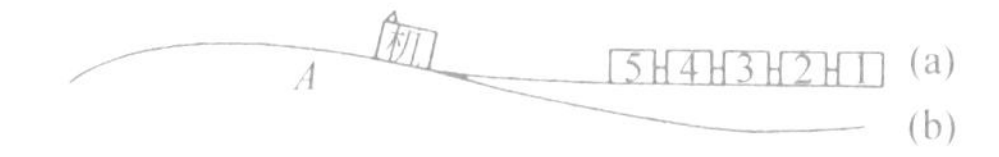

30 移动汽车

在图里的 3 个圆和 3 条直线都表示路，1～9 九个圆圈表示车站，停着甲、乙、丙三种汽车各 3 辆。另外还有一个空车站 10，与车站 9 有路相连。请你移动汽车，使每一个圆和每一条直线上的 3 个车站都有甲、乙、丙汽车各一辆。每一次只能沿着路移动一辆汽车，一个车站不能同时停两辆汽车。

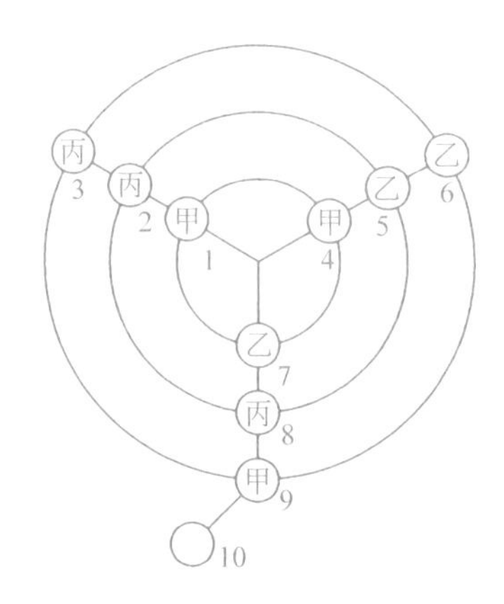

只要移动几次，就能达到目的，请你试一试。

31 五子管 64 格

国际象棋的棋盘有 64 个方格，有一种威力很大的棋子叫“皇后”，它能吃掉对方斜线和直线上的棋子，如图上虚线所示。如果有 5 个“皇后”放在棋盘上，就能把整个棋盘都“管”住，不论对方棋子放在哪一格，都会被吃掉。请你想一想，这 5 个“皇后”应该放在哪几格上？

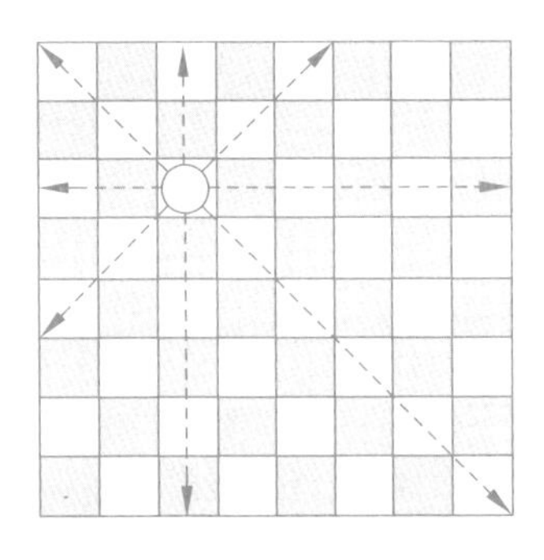

32 象棋问题

这是半副棋子、半张棋盘。如果要把这半张棋盘都“管”住，最少要用几枚棋子？它们应放在什么位置上？

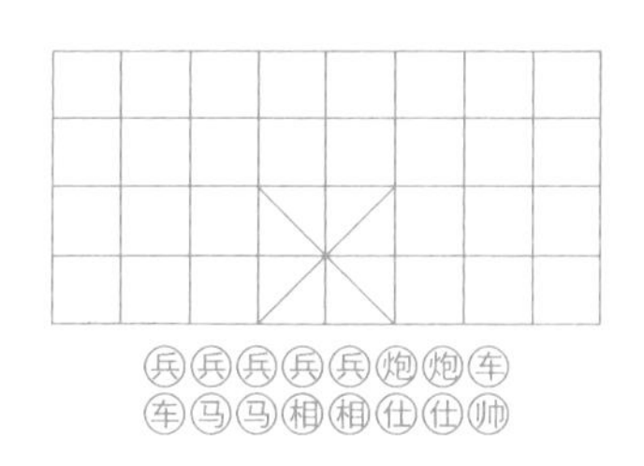

可以提示你，最少要 8 枚棋子，它们是两车、两马、两炮、一相和一兵。至于这些棋子应该怎么放（要符合象棋规则），请你想一想。

第 3 章解答

1. 先试一试

画法请看以下各图：

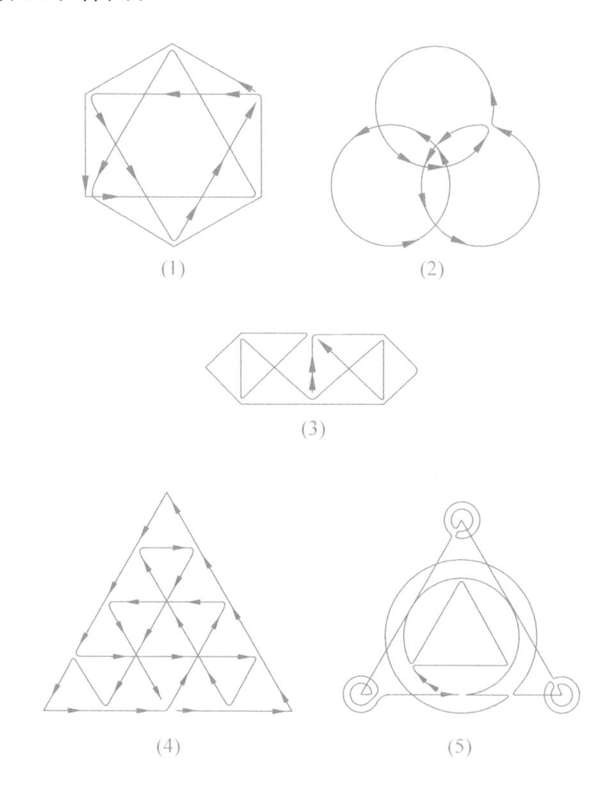

这 5 个图形，都能一笔画成。可是，并不是任何图形都能一笔画，比如，4 个方格组成的田字形就不能一笔画成。

什么样的图形，才能一笔画成呢？

有一个条件是很明显的，图形必须是连通的，更确切地说，图形上任意两点，必定有若干线段连接起来。

图形上线段的端点可以分成两类：奇点和偶点。一个点，以它为端点的线段数目是奇数的话，就称为奇点，如下图中的 C、B、E、F；一个点，以它为

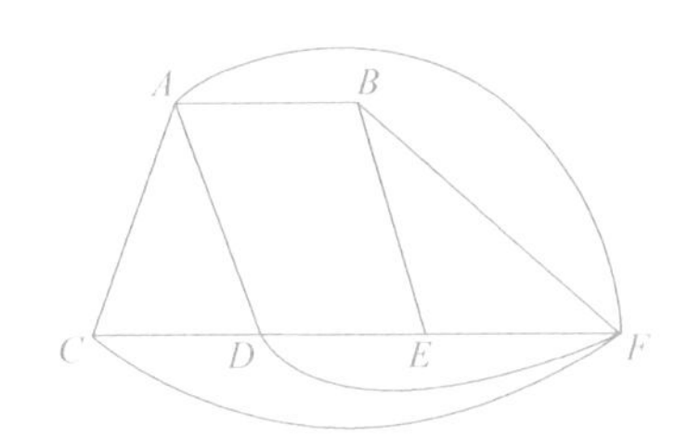

端点的线段数目是偶数的话，就称为偶点，如图中的 A、D。

请大家记住：一个连通的图形，如果它的奇点的个数是 0 或者 2，这个图形一定能一笔画成。

2. 几笔才能画成

首先要告诉大家下面两个结论：

(1) 一个图形的奇点数目一定是偶数。

把过每一点的线段数目加在一起，设和是 T。因为每一线段分别以两个点为端点，在计算 T 时，每一线段都算了两次，所以 T 是线段总数的 2 倍，一定是偶数。再把以偶点为端点的线段数目从 T 中减去，设所得差是 S，很明显，S 也是偶数。S 也就是以奇点为端点的线段数目之和。大家知道，奇数个奇数之和一定是奇数，因为 S 是偶数，奇点的个数就不能是奇数，而一定是偶数。

(2) 有 K 个奇点的图形，要 $\frac{K}{2}$ 笔才能画成。

2 个奇点的图形能一笔画成，如果有 4 个奇点，在其中 2 个奇点之间添上一条线段，这图形就只有 2 个奇点，可以一笔画成。但是把添上的线段去掉，原来的一笔就断开成两笔，因此原图形要两笔才能画成。同样道理 6 个奇点的图形，要 3 笔才能画成。一般结论就有：K 个奇点的图形，要 $\frac{K}{2}$ 笔才能画成。

根据上述结论，无需试画，只要数一数奇点个数就能确定。画本题中各个图形所需笔数如下：

(1)3 笔；(2)4 笔；(3)4 笔；(4)6 笔。

3. 铅丝要分几段

铅丝构成的图形是立体的，但仍旧可以采用平面图形一笔画的道理来考虑。

图(2)的9个端点都是偶点，一整根铅丝就能构成这样的架子。其他两个图形，8个端点都是奇点，铅丝要分成4段。

4. 擦掉哪一根线

图形上的 F、I、J 和 C 都是奇点，I 和 J 之间有线段相连，只要把这条线段擦掉，I 和 J 将变成偶点，于是只剩下 F、C 两个奇点，任选其中一点做起点，就可以一笔画成。

5. 走遍所有的门

答案请看图。

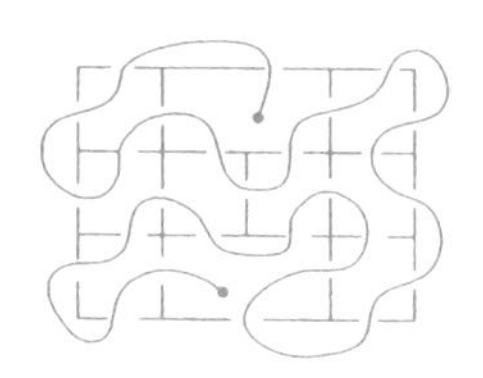

6. 15座桥

按照下列顺序走：$A \to 5 \to B \to 6 \to C \to 7 \to B \to 9 \to D \to 10 \to B \to 14 \to E \to 15 \to D \to 11 \to E \to 13 \to F \to 12 \to D \to 2 \to A \to 3 \to D \to 8 \to C \to 4 \to A \to 1 \to F$。

7. 别致的画廊

按照下列顺序走：$A \to B \to C \to A \to L \to C \to F \to J \to H \to I \to J \to K \to F \to L \to K \to I \to G \to H \to F \to D \to G \to E \to D \to C \to E \to B$。

8. 最短路线

这也是一个一笔画问题。按下页图中虚线画出的路线行驶，洒水车行驶的路程最短。

在街道图形上，打“△”的岔路口都是奇点。图中有8个奇点，是不能一

笔画成的。如果在每两个奇点间添加上一条线段，奇点就变成偶点，图形就可以一笔画成。可是，添加一条线段，相当于这段路要重复行驶，因此，添上的线段越短越好。根据这样的思路，才画出了这样的行驶路线。

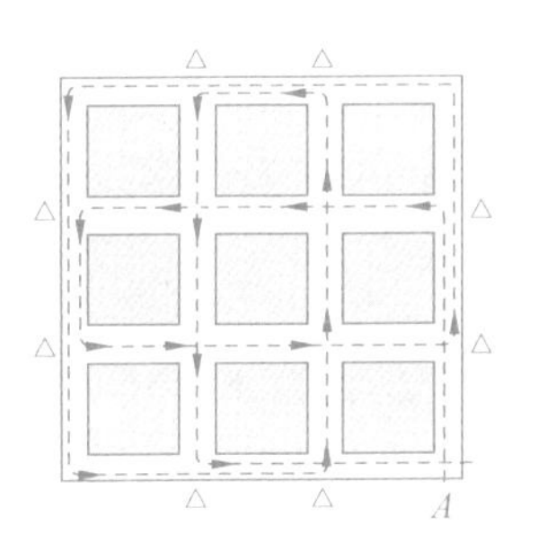

9. 尽可能短

用一笔画原理，可以解答这一类问题。

如果画成的交通图都是偶点，邮递员是可以不重复地走遍所有街巷，最后回到邮局。可是，在实际问题中，奇点是很多的。这道题目中，共有6个奇点：E、F、G、H、I、J。

因为奇点总是成双出现，如果把奇点适当配成对，每一对之间连上一条线段，这样交通图就没有奇点，可以不重复地走遍所有线段。可是，添加线段以后，邮递员将要多走一段路，因此，添上去的连线总长度越短越好。

为了保证添上去的线段长度之和最短，要遵照下面两条原则：

(1) 连线不能有重叠的线段。

(2) 在每一个圈上，连线长度之和，不能超过总圈长的一半。

根据这两条原则，图(1)E、H之间连线重叠，不符合原则(1)。

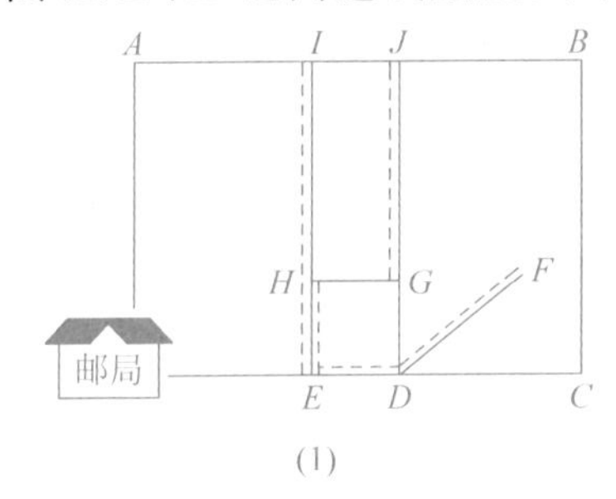

(1)

如果调整为图(2),连线长度减少了。可是,在 $GHIJ$ 这一个圈上,连线总长度超过了总圈长的一半,又不符合原则(2)。

调整为图(3),才是最好的连法。

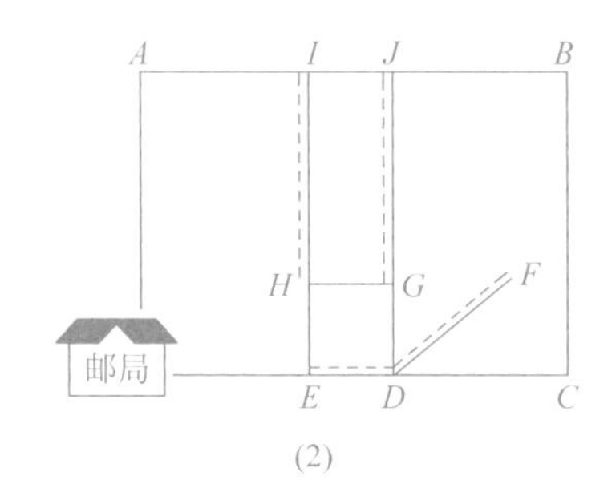

(2)

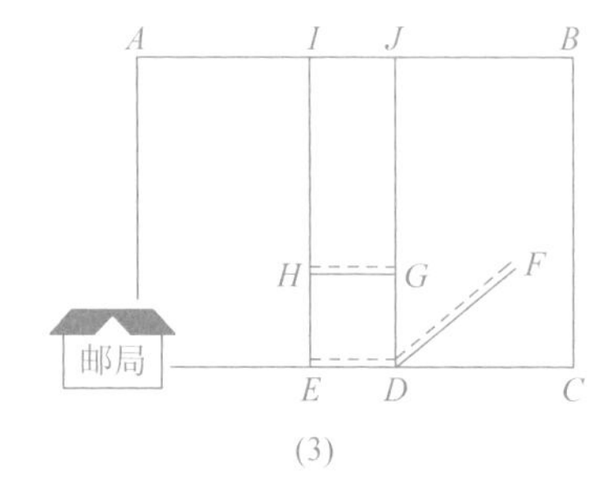

(3)

根据这一连法,邮递员行走路线是:

邮局→E→D→F→D→C→B→J→G→H→G→D→E→H→I→A→邮局

这种方法叫作"奇偶点图上作业法",可以归纳为下面几句口诀:

先分奇偶点,奇点对对连;

连线不重叠,重叠要改变;

圈上连线长,不得过半圈。

10. 选路

答案请看图。

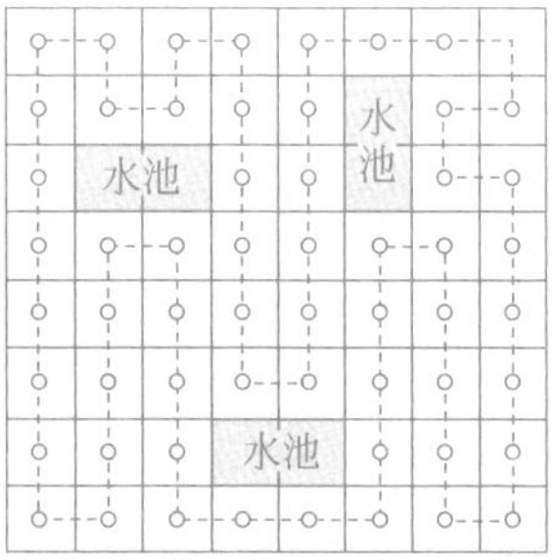

请你仔细琢磨一下上图的走法,在哪里拐弯都是有道理的,如果你能体会到其中的道理,以后你做这一类题就不成问题了。

11. 三个小迷阵

答案请看图。

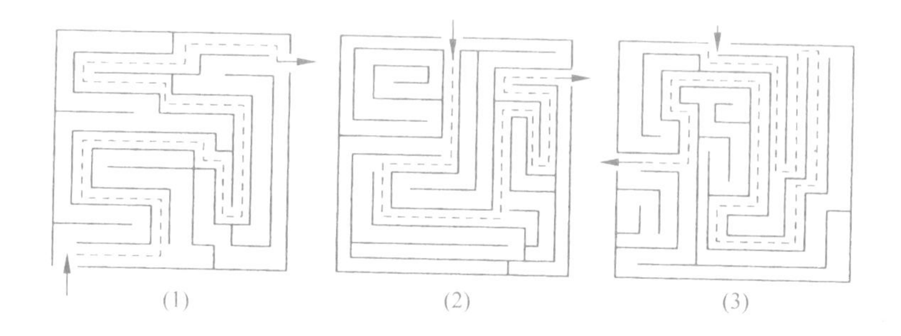

12. 进去出来

答案请看图。

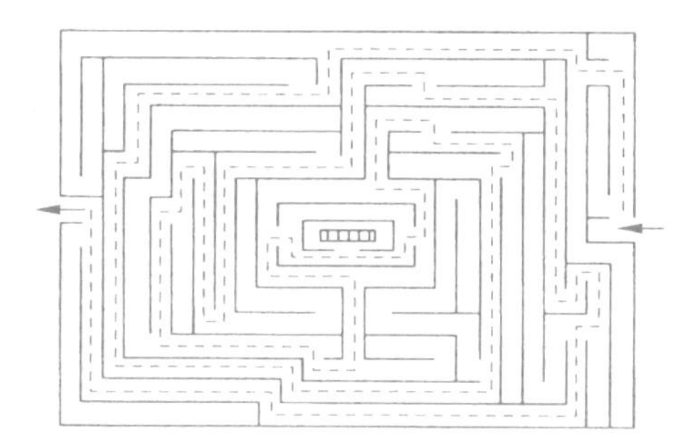

13. 绕到中心去

答案请看图。

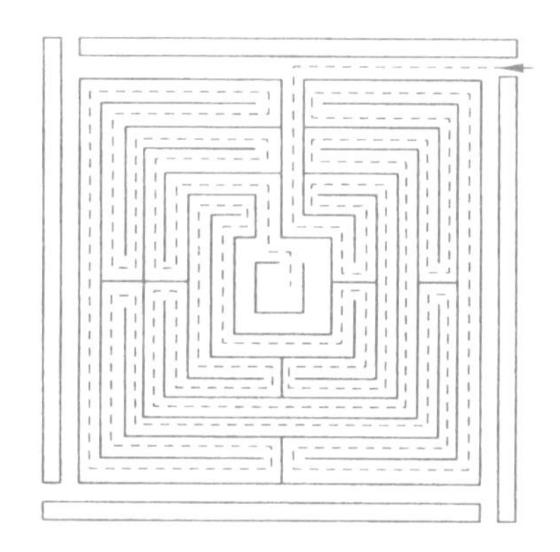

14. 眼花缭乱

答案请看图。

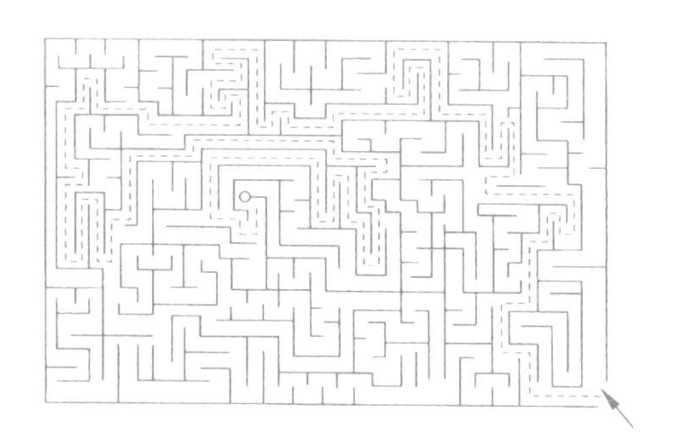

15. 走迷阵的原则

本题迷阵的走法请看图。

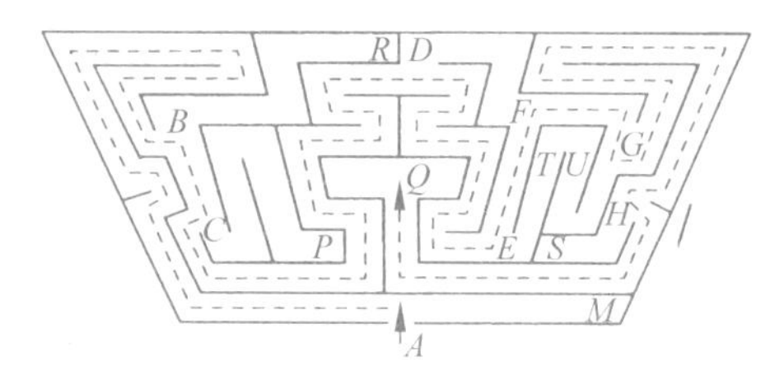

简单的迷阵题目,只要稍微细心观察一下,就不难找到出入的道路。复杂的迷阵,可以把图形转化得简单一些。

本题迷阵,在题目的图形中,标出了若干个点,这是要特别当心的碰壁处或岔路口。把碰壁处的岔路口都作为一个点,用线段表示道路,这就可以把原图的迷阵转化为下图。

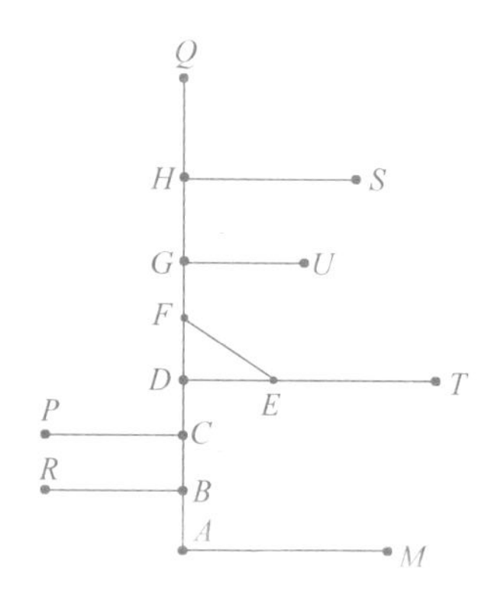

在这个图形中，如果每一线段都重复一次，就相当于每一线段都变成两条。根据一笔画的原理，图上没有奇点，一定可以一笔画成。（这也等于说，在迷阵里每一段路都来回走一次，全部道路可以无一遗漏地走通。同时，也从原则上告诉我们，走迷阵时，必须防止每一线路走两次以上，当然也包括防止兜圈子。）

为了防止每一段路走两次以上，需要采用下面两条原则：

(1) 碰壁回头走。

(2) 走到岔路口，总是靠着右壁走。

比如在图上，你走到 D 点，按照原则，你就要往 E 走，然后往 T 走，碰了壁折回到 E，这时，靠右走的路是往 F 走。走到 F 这个岔路口，靠右走是往 G 走。这样就绝不可能在 D、E、F 兜圈子。

这两条原则仅仅是为了保证走出迷阵，但并不保证不走弯路。如果你能看得清，哪条路走得通，哪条路走不通，就不必照这两条原则来做，免得自找麻烦。

顺便告诉大家，走迷阵的原则对于应用电子计算机解某些算题，还是一个有效的方法呢！

16. 棋子重叠

做这道题"倒过来想"更容易。先把答案写出来，再想一想怎么把这些棋子恢复到原来的位置。

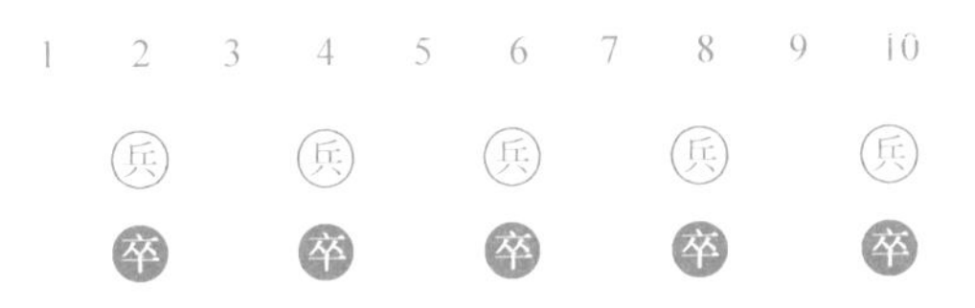

很容易看出，如果先把 2 位上的"卒"移到 5 位，那么，4 位上的"卒"，不论向左或向右，都没有可跳越的棋子，将无法移动。这说明应该先把 4 位上的"卒"移到 1 位上去，不能先移动 2 位上的"卒"。同样道理，8 位上的"卒"，也不能先移到 5 位，一定要先移动 6 位上的"卒"。这样，就容易找出恢复到原来位置的移动次序是：4→1，6→9，8→3，10→7，2→5。然后把这一移动顺序倒过来，就得到了原题的答案：

5→2，7→10，3→8，9→6，1→4。

“倒过来想”，不仅是解这个问题的有效思路，而且往往也是解其他数学问题的很好思路。从最后结果逐步向前推想，常常会使你的思路更清晰。

17. 跳棋子

(1)的答案是：1→4，5→8，9→12，3→6，7→10，11→2。

(2)需要说明一下：首先要往3和4的位置上叠放上棋子，如果等到别的位置上叠了棋子才考虑3和4，那么，准备跳往3和4的棋子需要越过3枚以上的棋子，就跳不过来了；不能等到最后才向1和6叠放棋子，因为会遇到只跳过一枚棋子的情况，也跳不过来。只要想到这两点，答案立刻就知道了，是：

12→3，7→4，10→6，8→1，11→2，9→5。

18. 五角星上放棋子

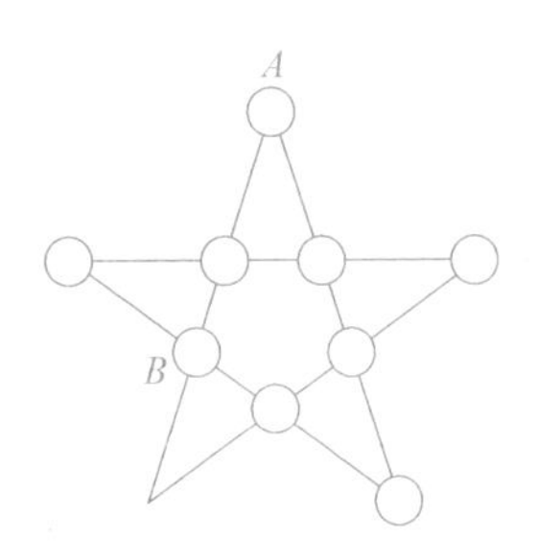

解这道题，必须采用“尾追法”。放第1枚棋子时，把点A当作起点。放第2枚棋子时，把点A当作终点，而找出起点B。放第3枚棋子时，把B点当作终点……总之，上一次的起点，就是下一次的终点。

这个题，流传很广，很多人都知道应用“尾追法”。可是，这个方法是怎样想出来的呢？

仍然是“倒过来想”的办法。假如9枚棋子已经放完，最后还空着一个交叉点，它一定是第9枚棋子的起点。把第9枚棋子拿起来，成为没有棋子

的点，当然可以作为第 8 枚棋子的起点。拿起第 8 枚棋子，又空出一个点，可以作为第 7 枚棋子的起点……这就是“尾追法”的思路。

采用“尾追法”，放棋子这一点是一定空着的，可是起点是否一定有呢？譬如，在图上，A_9 上放棋子，以 A_2 作起点，现在要在 A_2 上放棋子，只能以 A_6 作起点。我们来证明，A_6 是空着的。用反证法：如果 A_6 已放上棋子，因为 A_2 还没有放上棋子，根据“尾追法”，一定是 A_4 作起点，也就是 A_4 已放上棋子，于是，A_8 上一定先放了棋子。根据同样道理推理下去，A_1、A_{10}、A_3、A_7、A_5、A_9 和 A_2 都要先放上棋子，这就与 A_2 未放上棋子矛盾。

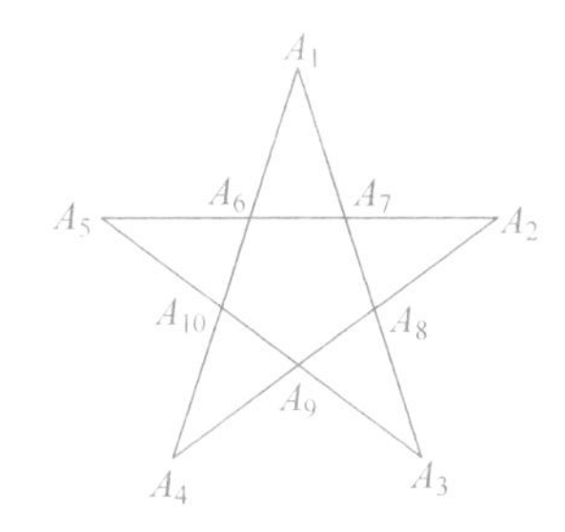

19. 猴子跳树桩

7 棵树桩，只有一棵空着，猴子只能利用空树桩来腾地方。到底哪只猴子往空树桩跳好呢？很明显，号码小的猴子应尽量越过一只号码大的猴子往左面空树桩上跳，号码大的猴子应尽量越过一只号码小的猴子往右边空树桩上跳。不能按照上面的办法进行时，才由一只猴子跳到相邻的一棵树桩上，腾出空树桩为继续跳越作准备。用这样的思路跳，跳的次数一定最少。具体的跳法是：5，3，1，2，4，6，5，3，1，2，4，6，5，3，1，2，4，6，5，3，1。

20. 排排坐

答案如下表：

开　　始			男	男	男	男	女	女	女	女
第 1 次移动后	女	女	男	男	男	男	女			女
第 2 次移动后	女	女	男	男			女	男	男	女
第 3 次移动后	女			男	女	男	女	男	男	女
第 4 次移动后	女	男	女	男	女	男	女	男		

21. 对调位置

按下列顺序，把棋子移到相邻的空格中，就可以得到结果：

兵、卒、炮、兵、车、马、兵、炮、卒、车、炮、兵、马、炮、车、卒、兵。

22. “工”与“口”

为了说明方便，我们将字形中的硬币分别编上号码，并且用记号(1→5，6)表示硬币1移动到与硬币5和6相切。

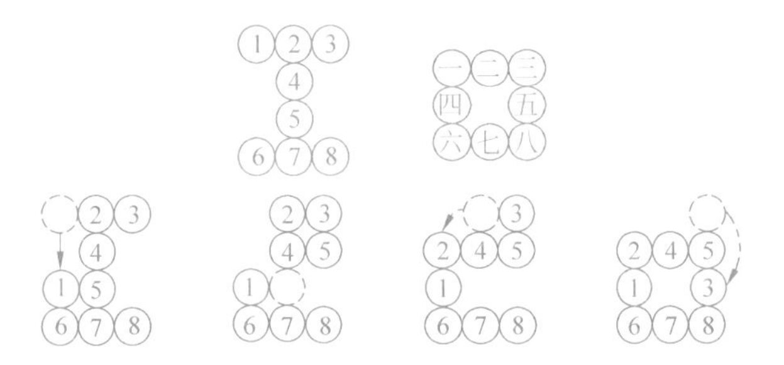

“工”变“口”移动顺序是(1→5,6)、(5→4,3)、(2→1,4)，(3→5,8)，4次。

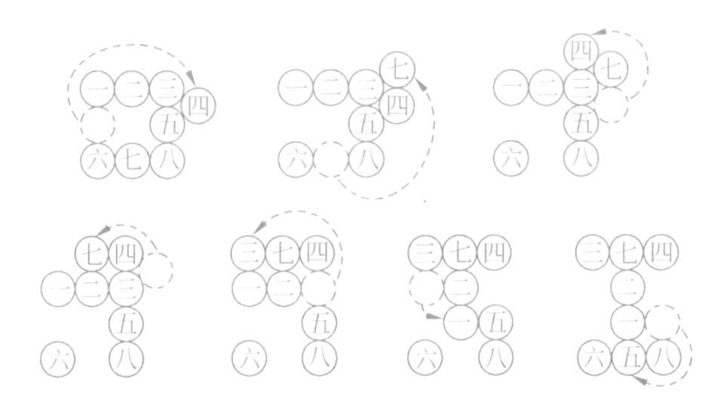

“口”变“工”移动顺序是(四→三，五)、(七→三，四)、(四→七，三)、(七→四，二)、(三→七，一)、(一→五，二)、(五→六，八)，7次。

要把“口”变成“工”，关键是移成“工”空中间一竖。由于“停放时至少要和其他两枚硬币相切”这一限制，用了四次移动，才将㊆放在㊁上面，为“工”字中间一竖，打下了基础。移动顺序请看上图。其中(四→三、五)、(七→三，四)、(四→七，三)和(七→四，二)这4步是比较巧妙的。如果你对三圆两两互切的特点不太熟悉，就不一定能想出前4次移动。

23. 火柴成组

为了容易看出火柴搬动的情形，先把15根火柴编成1～15号。

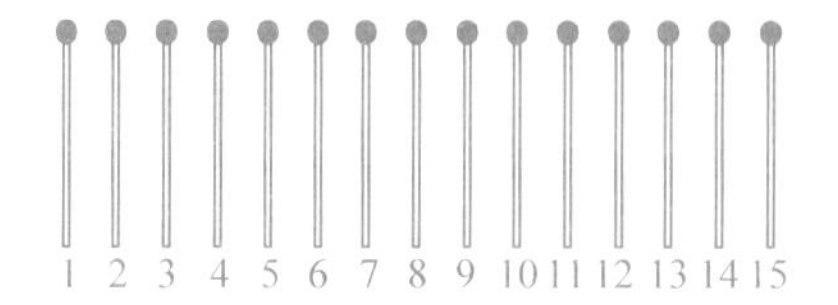

这个题有两个答案：(第5根搬到第1根上，简写成5→1。)

答案一：5→1，6→1，9→3，10→3，8→14，7→14，4→2，11→2，13→15，12→15。

答案二：5→1，6→1，9→3，10→3，8→14，4→13，11→14，15→13，7→2，12→2。

下面把解题的思路简要地说一下：

(1) 将5、6(跳过2、3、4)与1成组后，就可以把这一组撇开。再考虑怎么把12根火柴搬成4组，问题就简化了一步。

(2) 在只有12根火柴的情况下，要考虑留“桥”的问题。因为题目要求“跳过3根火柴”，我们把它叫做“桥”。由于编成组的火柴也是3根，它可以起桥的作用，在火柴只有12根的时候，如果仍然按照(1)的办法把火柴都跳到两边，实际上是拆除了最后几根火柴的“桥”。因此，应该9、10跳到3编组，7、8跳到14编组。这时，剩下的问题就很容易了。

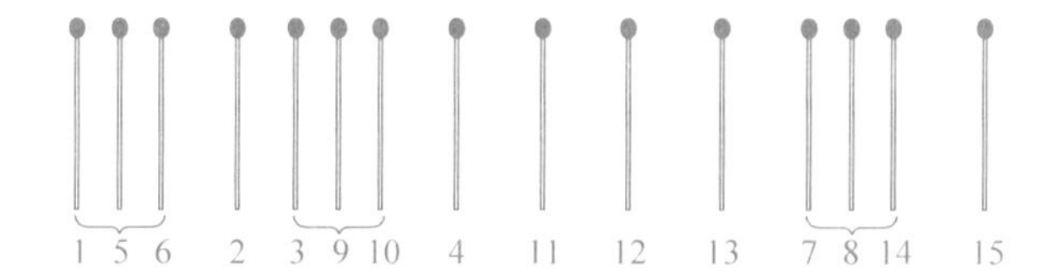

24. 整理数字

首先要分析图上的数字，1占着8的位子，8占着9的位子，9占着6的位子，6又占着1的位子。4个数字相互交叉占据了答案中的位置，与别的数没有关系。在这4个数字之间一连串地交换位置，交换3次就可以使4个数字调换到应放的位置上。

要减少调换的次数，就要注意找出能连串交换的数字。这道题共要进行 4 次连串交换（两数交换简写为 1—6 的形式）：

1—6，6—9，9—8；

2—4，4—5，5—11，11—15；

3—14，14—12；

10—13，13—16。

7 已在应放的位置，无需交换。本题共交换了 11 次。

如果给你 16 个方格，由你任意填入这 16 个数。那么，最坏的情况是交换 15 次。每多一个连串交换，就可以减少一次对调。

思考一下：如果 16 个数要对调 15 次，原题中的 16 个数应该是怎么放的？

25. 翻硬币

要 6 次才能把所有硬币都翻面。

具体翻法如下（设国徽一面是正面）：

原　来　正正正正正正

第一次　反反反反反正

第二次　正正正正反反

第三次　反反反正正正

第四次　正正反反反反

第五次　反正正正正正

第六次　反反反反反反

6 枚硬币翻面要 6 次，72 枚是否要 72 次呢？错了！不必机械地把 6 枚硬币当作一组。每次把 5 枚翻面，14 次就可以把 70 枚翻面，只有两枚尚未翻面。如果再加入 4 枚已翻面的硬币，这正是前面列出的第 4 次结果，只要再翻 2 次就可以都翻过面来。因此，72 枚硬币要翻 16 次。

这一问题还可以作一般性考虑：如果有 n（大于 1 的整数）枚硬币，每次同时翻 $n-1$ 枚，要翻多少次呢？这就留给有兴趣的读者考虑吧！不过要提醒一点，n 是奇数的话，这是做不到的，也就是问题没有解答。其中的道理也请大家想一想。

总之，我们要对客观事物的认识深化和提高，常常需要把特殊情况推广到一般情况。

26. 火车掉头

机车把车厢拉入 A、C 之间，解下车厢，机车进入 A 处。

机车通过 B 处，回到 C 处之外，这时，机车已掉过头来。

机车只拉 3 号车厢，通过 C 处，把 3 号车厢送到 B 处之外。

仍按上面的办法，机车再去拉 2 号车厢，送到 B 处以外与 3 号车厢挂钩。然后机车去拉 1 号车厢送到 B 处以外，全列火车挂钩，即可拉到 C 处之外。全列火车已经掉头。

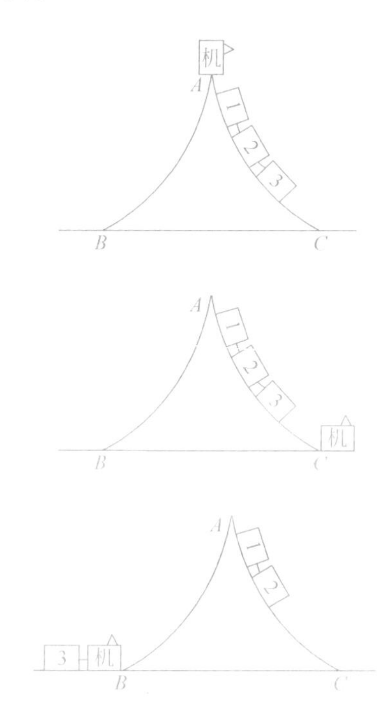

27. 车厢对换

按下列图中顺序调动车辆。

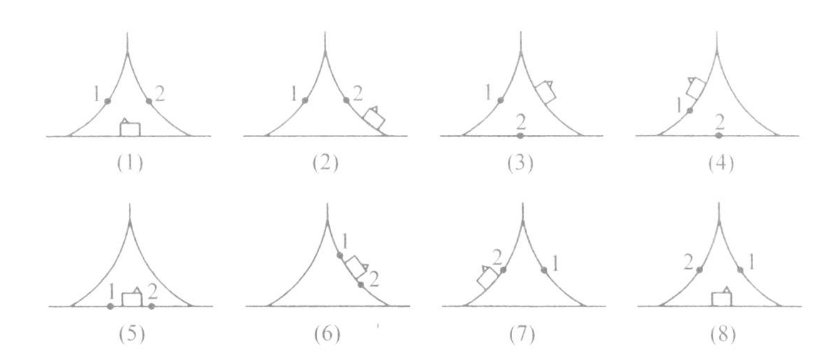

28. 对换大平板车

每一步骤如下图：

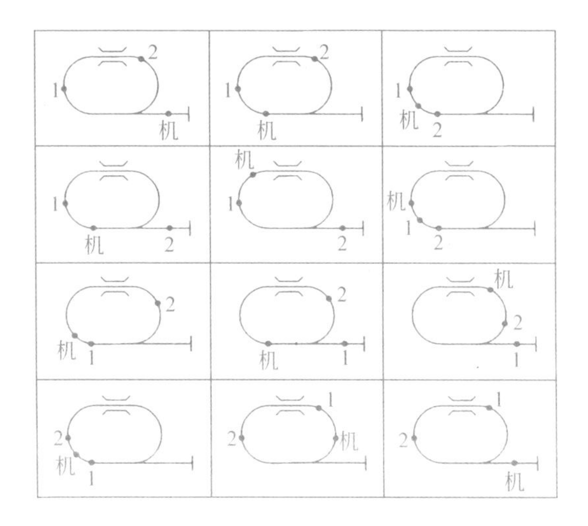

29. 把顺序倒过来

第一次，把线路(a)上所有车拉上"驼峰"，溜放后成图(1)。

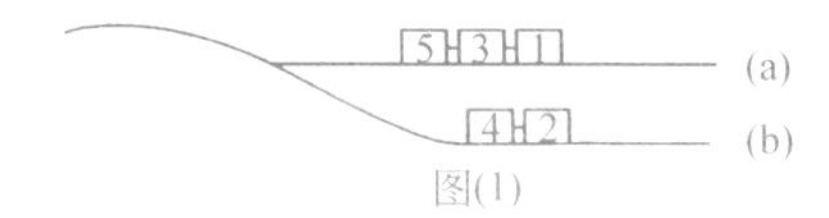

图(1)

第二次，把线路(a)上5、3、1三辆车拉上"驼峰"，溜放后成图(2)。

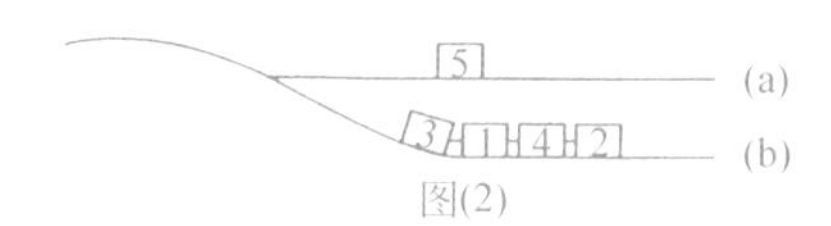

图(2)

第三次，把线路(b)上3、1、4三辆车拉上"驼峰"，溜放后成图(3)。

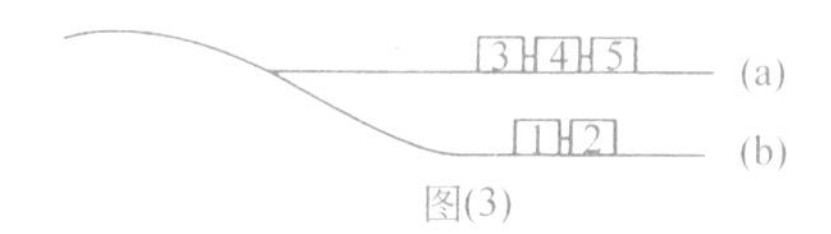

图(3)

第四次，把线路(b)上1和2拉上"驼峰"，溜放到线路(a)成图(4)。

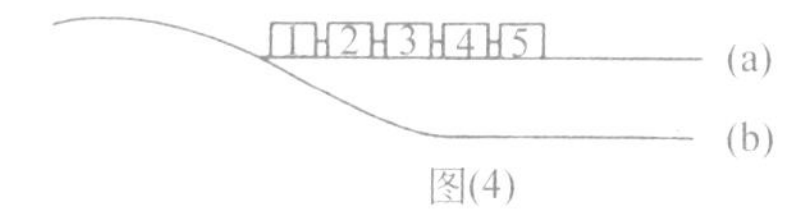

图(4)

30. 移动汽车

要移动9次，移动的次序：9(站的车)到10，6到9，5到6，2到5，1到2，7到1，8到7，9到8，10到9。

31. 五子管64格

答案见图。

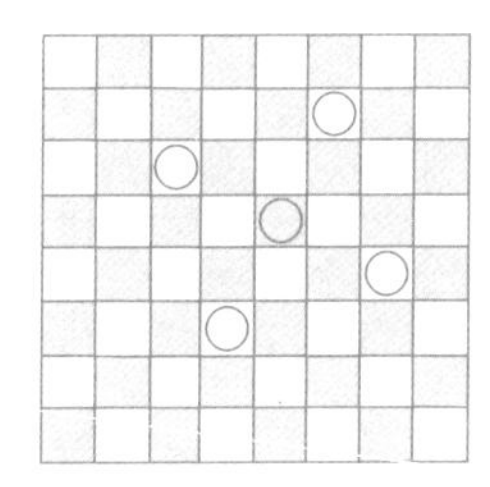

32. 象棋问题

答案见图。

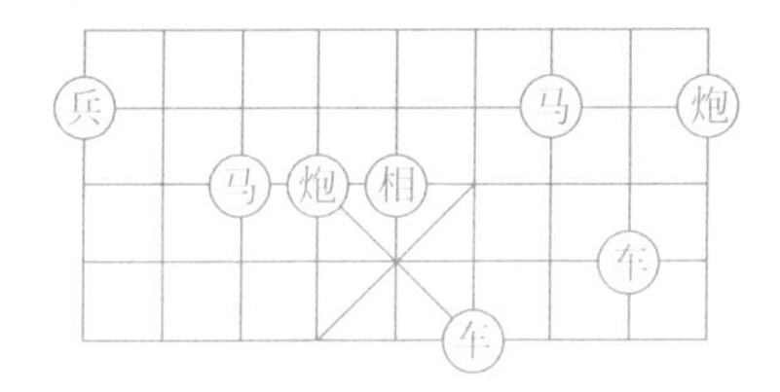

第4章　容易答错的问题

有些人做数学题，碰上容易的题目，不认真思索，提笔就做，顺口就说答数……然而，往往做错了。

有一道题：一条9m的长带子，要分成1.5m长的短带子，需要剪几刀？

有人列个算式：9÷1.5=6，回答说需要剪6刀。

这就错了。按照这种算法，3m长的带子分成两段，就不是只剪1刀，也要剪上2刀了！

因此，先提醒你一下，做题目的时候，要动动脑筋，把题目理解得透彻一些，弄清题目里的概念、事物的特点、提法和要求，是十分重要的步骤。

1 童话里的算术

有人把一个古老的算术题，编成童话：

小狗和小猫要比赛谁跳得快。小狗对小猫说："我比你跳得远，我一跳就是3尺[①]远，你跳一次只有2尺。"小猫不服气地说："我动作快，你跳2次的时间，我可以跳3次。"

兔子听到它们的争论就说："用不着争论，你们俩比一比，就知道谁快谁慢了。来，我给你们当裁判。"兔子选了两棵树，树间的距离是100尺，要求它们跳一个来回。

比赛的结果怎么样？请你猜一猜。

2 几点钟

有一只钟，每小时慢3min。早上8点钟的时候，对准了标准时间，当钟走到12点整的时候，标准时间是12点12分吗？

3 挖沟

6个人挖6m长的沟，需要6h。计划用100h挖100m长的沟，需要几个人？

4 上楼

在新建的一幢大楼里，每层楼都一样高。大人上楼比小孩上楼快一倍(速度比是2∶1)，他们同时从一楼往上走，小孩到达3楼的时候，大人是不是到了6楼？

① 1尺=33.33cm。

5 钟声

老式挂钟,每小时敲1次钟,1点整敲1下,8点整敲8下。总之,几点钟就敲几下。

钟敲4下,6s敲完。问:钟敲12下,几秒钟敲完?

6 别算错了

一个人爬山,上山时的速度是2km/h,到达山顶立即下山。下山时的速度是6km/h,问平均速度是多少?

题目很简单,可别算错了。

7 5000m赛跑

小健天天练习长跑,提高了跑5000m的成绩。时间比原来缩短了1/10,速度比原来提高了几分之几?

8 分场地

一个半径 4m 的圆形场地，现在要用一个同心圆，把场地分为面积相等的两块（一块是小圆、一块是圆环）。请你算一算，这个同心圆的半径应该有多少？

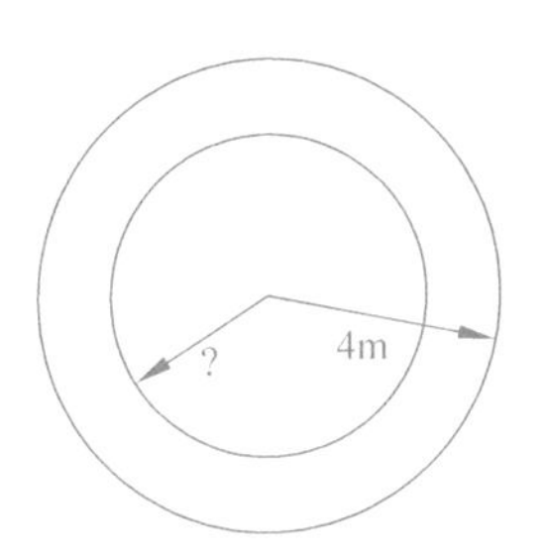

9 几棵树

48 棵树，排成一个正六边形，每一条边上的树都相等。每条边上有几棵树？

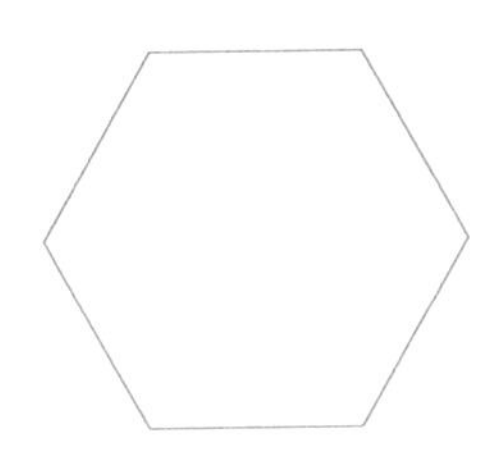

10 水草

一种水草生长很快，一天增加一倍。如果第1天往池塘里投入1棵水草，第2天就长成2棵，第28天恰好长满池塘。如果第1天投入4棵，几天长满池塘？

11 分摊

三个人去郊游，在一块儿吃午饭，吃了8个面包。买面包的时候，甲付了5个面包的钱，乙付了3个面包的钱，丙没有付钱。吃完以后，算算面包钱，丙应该拿出4元钱，甲、乙应该各自收多少钱？

12 手表准不准

老张新买了一只手表，每小时比家里的闹钟快30s。可是，家里的闹钟每小时比标准时间慢30s。你说手表准不准？

早上8点钟的时候，手表和闹钟都对准了标准时间，中午12点的时候，手表指示的时间是几点几分？

13 骑多快才好

一个人打算骑着自行车从甲地到乙地去。出发的时候，他心里盘算了一下：慢慢地骑每小时10km，下午1点才能到；快快地骑每小时15km，上

午 11 点就能到；而最好是不快不慢，中午 12 点恰好到达。那么，每小时骑几千米才好呢？

附带问问你，他是几点钟从甲地出发的？

14 白酒和红酒

一只杯子装红酒，另一只杯子装白酒，都是 200mL。倒出 20mL 红酒，与白酒混合均匀后，再从混合酒中取出 20mL，倒回红酒杯中，每只杯子里的酒仍然是 200mL。现在要问：是红酒杯里的白酒多，还是白酒杯里的红酒多？

再列一个没有数字的题目：

一只大碗装红酒，另一只大碗装白酒，分量相等。取一只杯子，舀出一杯红酒倒在白酒碗里，混合以后，舀回一杯倒在红酒碗里。问：白酒里的红酒多，还是红酒里的白酒多？

最后，再想一想，是有数字的题目容易算，还是没有数字的题目容易算？

15 装车

两辆卡车来河边运沙子，河边有 10 个工人装车。现在已经知道，卡车装满以后，30min 可以跑一个来回。可是，怎么装车运沙子的速度最快？有人说：“5 个人负责装一辆卡车，两辆卡车同时装，30min 就能装完，这样快一些。”有人说：“10 个人同时装一辆卡车，20min 装一车，装完一车再装另一车，这样更快。”

你想一想，哪一种办法快？

16 哪个工厂产量高

指　　标	甲　　厂	乙　　厂
设计能力	年产 8000t	年产 8000t
生产情况	每过半年增产 300t	每过一年增产 1200t

请你评论一下，哪个工厂产量高？

17 哪辆车倒退更好

一辆小汽车和一辆大卡车在胡同里相遇，胡同太窄，没法让车，必须有一辆车倒退让路。小汽车需要倒车的距离是大卡车的 3 倍。小汽车速度是大卡车的 2 倍。两车倒车速度是正开速度的 1/3。为了尽快使两辆车都穿过胡同，你看哪一辆车倒退更好？

18 急件

打字室收到一份急件，要求尽快打印。急件共 12 页，张英每小时能打 3 页，李玲每小时能打 4 页。两个人同时打字，张英和李玲各打几页，完成任务最快？

19 碰上几辆车

从动物园到颐和园，有公共汽车行驶。每隔 3min，就从两地相向各发出一辆汽车，30min 驶完全程。如果车速是均匀的，有一个人坐上 9 点从动物园出发到颐和园的汽车，路途中将碰上几辆迎面开来的公共汽车？

20 产量和成本

技术革新小组对某项产品的加工进行了三次改革。第一次使产品的产量增加了 30%，成本降低了 25%；第二次使产量增加了 20%，成本降低了 15%；第三次使产量增加了 10%，成本降低了 10%。问：经过这三次改革后，与未改革对比，产量增加了百分之几，成本降低了百分之几？

21　顺水和逆水

江水里,有一条汽船,在甲、乙两地之间往返行驶。如果汽船的速度不变,在江水完全不流动(流速为零)的情况下,往返一次的时间为 t_1;在江水流速稳定的情况下,往返一次所需要的时间为 t_2。

t_1 和 t_2 是否相等?

有的人说,顺水和逆水行驶,水的流速都一样,一正一负正好抵消,所以汽船的平均速度和江水不流时的速度一样。你说对吗?

22　铅屑的利用

工厂中每个铅坯可以加工成一个零件,粗糙的铅坯经过切削加工,总会掉下一些铅屑来。加工 5 个铅坯掉下来的铅屑,回炉以后,又能制成 1 个铅坯。现在有 125 个铅坯,能加工成多少个零件?

23　大小齿轮

两个齿轮咬合在一起,大的 24 齿,小的 8 齿。大的不动,小的绕着它转。问:小齿轮绕大齿轮转一周,它自己转了几圈?

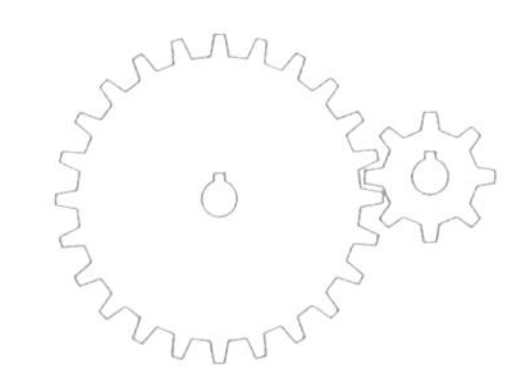

第 4 章解答

1. 童话里的算术

狗一跳 3 尺，跳 33 次是 99 尺，再来一跳，就跳到了 102 尺处。掉过头，再跳回来，一共多跳了 4 尺。而猫跳 50 次，恰好是 100 尺，没有多跳。

从时间上说，猫和狗跳 6 尺的时间相同，狗来回跳了 204 尺，共用去跳 34 个 6 尺的时间，而猫来回跳 200 尺，只用 33 个 6 尺加一跳的时间，当然是猫先到达终点，应该算猫跳得快。

2. 几点钟

当标准时间 12 点整的时候，这只钟慢了 12min。这只钟还需要往前走 12min，才能指着 12 点整。可是，钟比标准时间慢，也就是标准时间比钟快一点，钟面走完这 12min，标准时间比钟面的 12min 要多。

到底多了多少呢？

$$57\text{ 分} : 60\text{ 分} = 12\text{ 分} : x\text{ 分}$$

$$x = \frac{60 \times 12}{57} \approx 12.63$$

换算以后，12.63 分≈12 分 38 秒，即标准时间是 12 点 12 分 38 秒。

3. 挖沟

我们把 6 个人看成一个小组，工作进度是 6h 挖沟 6m，也就是 1m/h。同是这 6 个人，10h 可以挖 10m，100h 就可以挖沟 100m。

4. 上楼

从 1 楼到 3 楼只走过 2 段楼梯，从 1 楼到 6 楼，要走过 5 段楼梯。小孩走到 3 楼时，大人走了 4 段楼梯，刚到 5 楼，没有到 6 楼。

5. 钟声

“钟敲 4 下，6s 敲完。”画成图就是：

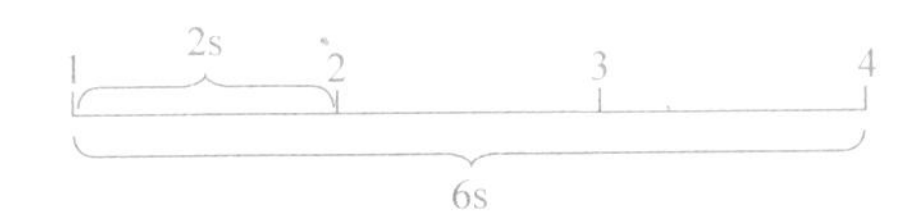

从图上可以看出，每隔 2 秒钟敲 1 下。敲 4 下有 3 个间隔，敲 12 下有 11 个间隔。所以，敲 12 下，22s 就能敲完。

6. 别算错了

有人这么算：$(2+6)\div 2=4\text{km/h}$。

这样算，得到的是两种速度的平均数，而不是平均速度。平均速度是走过的路程和所用时间的比，列成公式是：平均速度$=\dfrac{\text{总路程}}{\text{总时间}}$。

走过的路程包括上山和下山的路程。设上山的路程是 s，全部走过的路程是 $2s$。设平均速度是 $\bar{v}$。

上山的时间是$\dfrac{s}{2}$，下山的时间是$\dfrac{s}{6}$，那么，全部时间是$\dfrac{s}{2}+\dfrac{s}{6}$。因此：

$$\bar{v}=\frac{2s}{\dfrac{s}{2}+\dfrac{s}{6}}=\frac{2s}{\dfrac{3s+s}{6}}$$

$$=2s\times\frac{6}{4s}=3\text{km/h}$$

7. 5000m 赛跑

在这道题里，速度×时间＝5000m，5000m 是固定不变的。时间缩短了，速度自然提高了。提高了成绩以后的时间，应该是原来时间的 $1-\dfrac{1}{10}=\dfrac{9}{10}$，把这个时间代入公式，得到：

$$\text{速度}\times\frac{9}{10}\times\text{原来时间}=5000\text{m}$$

很明显,提高成绩以后的速度是“$\frac{10}{9}\times$原来速度”。把这个成绩与原来的速度比较,得到:

$$\frac{10}{9}-1=\frac{1}{9}$$

因此,速度比原来提高了$\frac{1}{9}$。

8. 分场地

设同心圆半径是r。

同心圆面积为大圆的一半,则$\pi r^2=\frac{1}{2}\pi 4^2$

$$r^2=8$$

$$r\approx 2.83\text{m}$$

9. 几棵树

每一顶点是两条边共有的,顶点上每一棵树在计算两条边上的树时都要算它,顶点上一棵树就多算一次,因此树的总数可看成48+6=54(棵),每条边上有树54÷6=9(棵)。

10. 水草

第1天投入1棵,第3天就有4棵。因此,第1天投入4棵,等于减少了两天的生长时间,28−2=26。第26天就可以长满池塘。

11. 分摊

如果把丙拿出来的4元钱按5∶3的比例分给甲、乙两人,那就错了。“平均分摊”是说8个面包3个人吃,每人应付4元钱。3个人合起来应付面包钱12元,每个面包是12元÷8=1.5元。

甲买了5个面包,花了1.5×5=7.5(元),

乙买了3个面包,花了1.5×3=4.5(元),

扣去每人应付的4元钱,甲应得到3.5元,乙应得到0.5元。

12. 手表准不准

题目问我们,手表准不准?应该用手表和标准时间进行比较。可是,题目说手表快,那是与闹钟比较。说闹钟慢,那是与标准时间比较。因此,手表的快慢无法直接与标准时间相比,不能立即回答到底准不准。

要知道手表准不准,需要换算,把手表指示的时间化为闹钟指示的时间。手表走1h30s(3630s),闹钟为1h,以秒为单位的比是:

$$3630\text{s} : 3600\text{s}$$

手表　　闹钟

因为闹钟走59min30s(3570s),就是标准时间1h。因此,我们需要知道手表走xs,才相当于闹钟的3570s(即标准时间1h),它们的比是:

$$x\text{s} : 3570\text{s}$$

手表　闹钟

列成比例式:

$$3630 : 3600 = x : 3570$$

$$x = \frac{3630 \times 3570}{3600} = 3599.75\text{s}$$

也就是说,标准时间1h,手表才走了3599.75s,慢了0.25s。手表不准。

从8点到12点,共4个小时,手表慢了0.25×4s,即1s。所以,12点整的时候,手表指示的时间是11点59分59秒。

13. 骑多快才好

这道题,需要先求从甲地到乙地的距离。设距离为$x$km,可列出方程:

$$\frac{x}{10} - \frac{x}{15} = 2$$

解方程得:$x=60$。

知道距离,就可以求出从甲地出发的时间。从$\frac{60\text{km}}{15\text{km/h}}=4\text{h}$,骑车4h可到达乙地,说明他是早上7点出发。

如果要在 12 点到达，共有 5h 的时间。

$$\frac{60\text{km}}{5\text{h}}=12\text{km/h}$$

因此，不快不慢地骑，速度是每小时 12km。

14. 白酒和红酒

我们先算没有数字的题目。设：

大碗里的红酒、白酒质量都是 m，白酒里的红酒的含量是 a，红酒里的白酒的含量是 b。

那么，在白酒碗里的酒是：$\underset{\text{白酒}}{(m-b)}+a=m$，

在红酒碗里的酒是：$\underset{\text{红酒}}{(m-a)}+b=m$，

$$(m-b)+a=(m-a)+b$$

$$2a=2b$$

$$a=b$$

因此，白酒里的红酒和红酒里的白酒原来一样多！

在有数字的题目里，有了具体数字，可能引诱你去算含量的百分比。计算是很麻烦的，而且，一会儿是“白酒里的红酒”，一会儿是“红酒里的白酒”，它们的数量又相等，绕几下就会绕糊涂了。

对比两道题目，我们得到一个启发，用字母代替数字来运算，更带有规律性。

15. 装车

从下页图中可以看出，10 个人共同装车，20min 装完一车沙子，汽车就可以运走，然后再装第二车。这样，在 2h 内，能装 5 车、运走 4 车。而 5 个人装一车，30min 就装两车，装车速度快，但是由于两辆汽车同时运走沙子，装车人只好等待汽车回来再装沙子。2h 内只能装 4 车，运走 4 车。因此，前一种办法效率高。

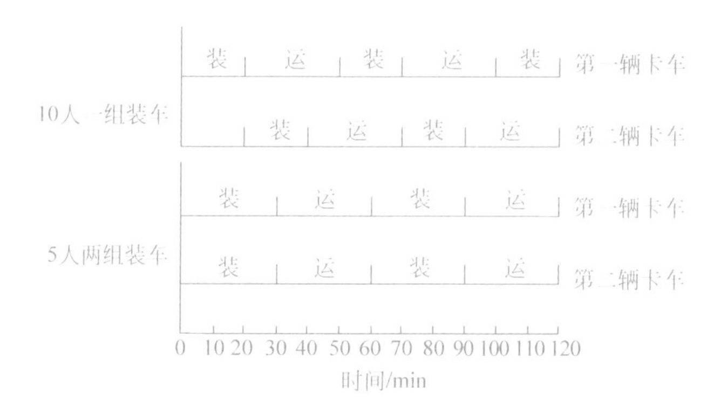

16. 哪个工厂产量高

从下表可以看出，全年的总产量，甲厂每年要比乙厂多 300t。

t

生产年	甲厂产量			乙厂产量
	上半年	下半年	全年	全年
第 1 年	4000	4300	8300	8000
第 2 年	4600	4900	9500	9200
第 3 年	5200	5500	10700	10400
第 4 年	5800	6100	11900	11600

17. 哪辆车倒退更好

像这样的题目，不能来个粗略估计，那会答错的。要细算一下，才能得到正确答案。

设大卡车进入胡同的距离是 d，那么，小汽车进入胡同的距离是 $3d$。

设大卡车的速度是 v，则倒开速度为$\frac{v}{3}$，那么，小汽车的速度是 $2v$，倒开速度是$\frac{2v}{3}$。

为了进行比较，先算小汽车倒出胡同口需要多少时间。

根据 $t=\frac{s}{v}$，得到：

$$\frac{3d}{\frac{2v}{3}}=\frac{9}{2}\cdot\frac{d}{v}$$

在这段时间里，大卡车已随着向前开出胡同。而小汽车穿过胡同的时间是 $\frac{4d}{2v}=2\frac{d}{v}$。

因此，大、小汽车都穿过胡同的时间是：

$$\frac{9}{2}\cdot\frac{d}{v}+2\frac{d}{v}=\frac{13}{2}\cdot\frac{d}{v}$$

再算大卡车倒车的时间。

大卡车倒出胡同口的时间是 $\frac{d}{\frac{v}{3}}=3\frac{d}{v}$。

在这段时间里，小汽车已随着向前开出胡同。而大卡车穿过胡同的时间是 $\frac{4d}{v}$。

因此，大、小汽车都穿过胡同的时间是：

$$3\frac{d}{v}+4\frac{d}{v}=7\frac{d}{v}$$

这一比较，就知道小汽车倒车更合适。

18. 急件

如果只考虑题目中的数字，不考虑实际情况，那么，算法是这样的：

总任务为12，每人负担的任务是：

$$12\times\frac{3}{7}(\text{张英}),\quad 12\times\frac{4}{7}(\text{李玲})$$

算出来的结果是小数，这就是说，有一页需要分成两部分，才能让两个人同时打印。可是，一页文件是不能分成两半的。

所以，正确的办法是：两人1小时打印7页，剩下的5页，李玲分3页，

张英分 2 页。李玲打 3 页，用的时间是$\frac{3}{4}$小时，即 45 分钟。张英打 2 页，用的时间是$\frac{2}{3}$小时，即 40 分钟。打完文件的时间是 1 小时 45 分钟。

19. 碰上几辆车

由于公共汽车两头发车的时间相同，行驶的速度相同，而且发车的间隔也都是 3 分钟。因此，在每三分钟的路程内，总有两车相向行驶，每隔 1.5 分钟就能相遇。由于迎面开来的车是连续的，他出发以后，既然每隔 1.5 分钟就会遇到一辆迎面开来的公共汽车，30÷1.5=20。因为最后一次碰到的车是在颐和园，不能算作路途中碰上的车，所以，他在路途中只碰上 19 辆汽车。

20. 产量和成本

计算三次改革后，产量比原来增加百分之几，不能简单地把三个百分比加起来，而应该是：

$$(1+30\%)\times(1+20\%)\times(1+10\%)=171.6\%$$

这是说，三次改革后产量增加了 71.6%。

同样，计算成本降低了百分之几，应是：

$$(1-25\%)\times(1-15\%)\times(1-10\%)=57.375\%$$

$$1-57.375\%=42.625\%$$

这是说，成本降低了 42.625%。

21. 顺水和逆水

t_1 与 t_2 不相等。理由请看下面的证明。

设汽船的速度为 v，江水流动的速度为 v_1，甲、乙两地间的距离为 s。

(1) 在江水流速为零的情况下，汽船往返各一次的时间都是$\frac{s}{v}$。

$$t_1=\frac{s}{v}+\frac{s}{v}=2s\ \frac{1}{v}$$

(2) 在江水流动的情况下,顺水行船的时间是$\frac{s}{v+v_1}$,逆水行船的时间是$\frac{s}{v-v_1}$。所以

$$t_2=\frac{s}{v+v_1}+\frac{s}{v-v_1}$$

$$=\frac{2sv}{(v+v_1)(v-v_1)}$$

$$=2s\ \frac{v}{v^2-v_1^2}$$

t_1 和 t_2 相比较,由于 $2s\ \frac{1}{v}\neq 2s\ \frac{v}{v^2-v_1^2}$,所以,$t_1$ 和 t_2 不相等,t_1 小于 t_2。

22. 铅屑的利用

125 个铅坯,可以加工成 125 个零件。掉下来的铅屑可以做 25 个铅坯。(125÷5=25)

这 25 个铅坯,可以加工成 25 个零件。这次加工掉下来的铅屑,又可以做成 5 个铅坯。(25÷5=5)

这 5 个铅坯,可以加工成 5 个零件。这次加工掉下来的铅屑,又可以做 1 个铅坯。最后加工成 1 个零件。

4 次加工成的零件是:

$$125+25+5+1=156(\text{个})$$

23. 大小齿轮

齿轮的转动,实质上是一个圆绕另一个圆旋转。为了使你对这一运动的特点有所了解,先请你做一个试验。拿 2 个伍分硬币,一个不动,另一个硬币绕着它转动,结果将像下图那样。这说明两个半径相等的圆,一个绕另一个转一周,转动的圆本身转了两周而不是一周。

这是什么缘故呢?

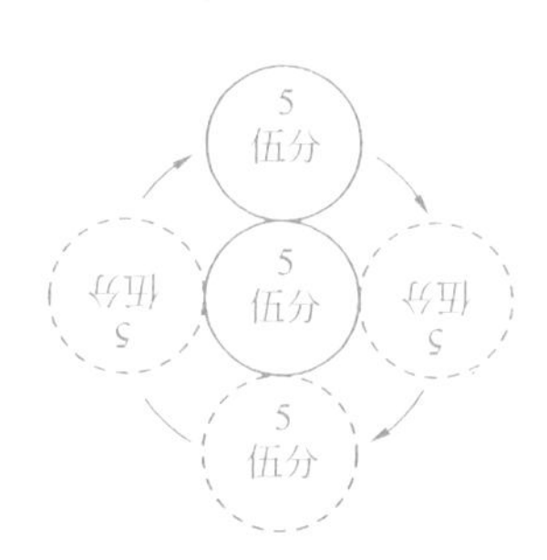

一个圆 O_1（半径 r）绕另一圆 O_2（半径 R）旋转，相当于 O_1 在直线 l 上滚动，加上直线 l 贴着 O_2 的圆周旋转。请看下图，O_1 自身转一周也就在 l 上滚动转一周，圆心 O_1 移动了 $2\pi r$ 距离。现在 O_1 绕 O_2 转一周，圆心 O_1 将移动 $2\pi(R+r)$ 距离。因此圆 O_1 自身转了 $\frac{2\pi(R+r)}{2\pi r}=\frac{R}{r}+1$（周）。

齿轮半径之比等于它们的齿数之比，因此大齿轮半径是小齿轮的 $\frac{24}{8}$，即 3 倍，根据上述道理小齿轮绕大齿轮转一周，小齿轮自身转了 4 周。

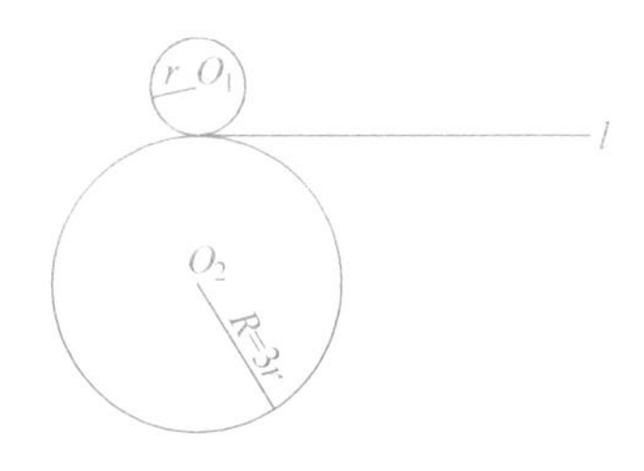

第5章　更需要智巧

没有钟表要计时，没有量角器要量角，没有卡尺要量铅丝的直径……一般说来，好像是不太可能的。但是，只要肯想办法，你就能做到。

会想办法的人是令人羡慕的，可是，他们的办法是从哪里来的呢？当然不会从天上掉下来，会想办法与他们的知识和经验是有关系的，但首先还是他们肯动脑筋，常常是冥思苦想，不想出办法不罢休。懒得动脑筋的人是不会有办法的。

本章的十几个题集中于两个内容。一个内容是“天平称物”。这是一类历史悠久的题目，譬如，第10题就是250年前一位法国数学家提出的，还有两个题目也有几十年历史。这些题目饶有趣味，吸引了很多爱好者去钻研，迄今又派生出一些新题目。另一个内容是“桶分液体”，这类题目虽然历史也很长，但是广泛流传的题目并不多，我们着重选几个不常见的题目，请大家试一试。顺便告诉大家，解这类题目，实际就是求不定方程 $ax+by=c$ 的整数解。倒来倒去，就是“辗转相除”。

1 瓶子的容积

小明家桌上放着一只玻璃瓶，底是平的，形状是长方形。小林见了说，只要在瓶里装上一些水，再有一把尺子，就能测出瓶子的容积。小明不太相信，心想，这只瓶子上半部不是直的，怎么能用尺子测量呢？小林测给他看后，小明才信服。

请你想一想，小林用的什么办法？

2 水过半桶吗

有一只圆桶，里面盛了一些水。小明说桶里的水超过半桶，小红却说不到半桶。当时又没有任何测量器具，怎样才能判定谁说得对呢？

3 用什么盛鸡蛋

一位女运动员刚打完球，抱着一个篮球往回走，半路上碰到一位朋友，送她十几枚鸡蛋。朋友把蛋放在地上，急急忙忙去办别的事了。这位女运动员只穿着贴身的运动衣，没有口袋、没有手巾，甚至袜子也没有穿，请你替她想想办法，怎样把鸡蛋拿回去？

4 游泳时间

小林在游泳池边看着小明游泳，等小明上岸以后，他说："你这次游100m，用的时间是刚才游50m的3倍。"

小明说："是你估计的吧！"

小明说："我是经过相当准确的测量的。"

小林说："你又没有表。"

小林说："没有表也可以测量嘛！我用的测量器就在我身上。"

小林用的什么测量器，你知道吗？

5 铅丝有多粗

爸爸拿来一根细铅丝，要小林量一量铅丝有多粗。小林拿出一把刻度尺来，爸爸说："铅丝还不到1mm粗，怎么能用尺量呢？"

小林想了想说："有办法，再细的铅丝也能用普通尺子量。"

你知道小林是怎样量的吗？

6 直尺量角

这是一个很简单的几何图形，两条直线相交形成了一个夹角。如果你

手头没有量角器，只有一把普通的直尺，你能量一量它是不是直角吗？如果不是直角，它是锐角还是钝角？

用直尺量角，行吗？

在这道题里，应用你学过的几何知识，只用直尺，就可以回答上面的问题。

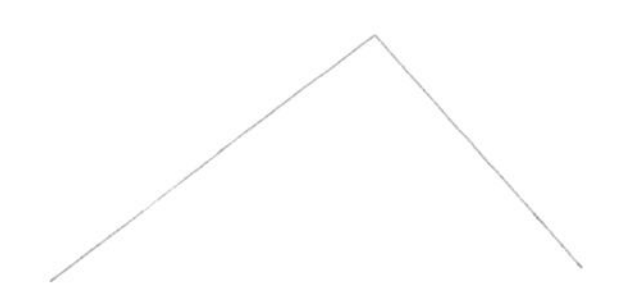

7 天平坏了怎么办

天平是实验室少不了的，可是仅有的一架天平坏了。本来天平支架左右的两臂 a 和 b 要一样长才能使用，这台天平两臂却是长短不一。急需要使用，一时又修理不了。真叫人焦急。

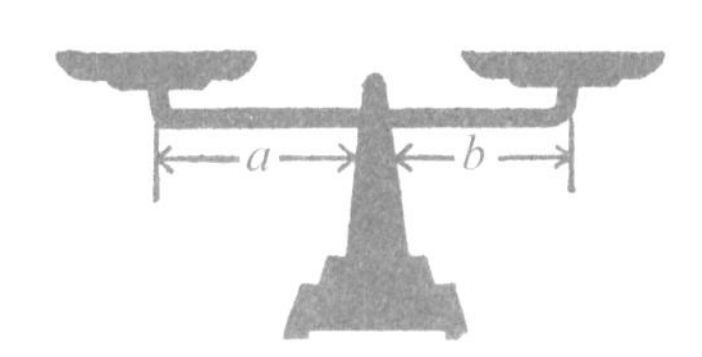

这台坏天平还能称出正确的质量吗？能。称两次，再通过计算，就可以求出来。请你想想办法。

8 2个砝码

社区的医疗站，有一台旧天平，砝码已经散失，只剩下两个，一个是 5g 的，一个是 30g 的。

药剂师小王巧用天平，只用这两个砝码，在天平上称两次，就把 300g 药品，分成了两份，一份是 100g，一份是 200g。

请你想想，小王是怎样分药的？

如果让你使用这台天平，要求你把这 300g 药分成 3 份，一份是 50g，一

份是 100g,一份是 150g,最少要称几次呢?

只许称一次

一袋一袋的洗衣粉堆成 10 堆,9 堆洗衣粉是合格产品,每袋 1 斤[①]。唯独有一堆分量不足,每袋只有 9 两[②]。从外形上看,看不出哪一堆是 9 两的。用台秤一堆一堆去称吧,称的次数比较多。有人找到一个办法,只称了一次,就找到了 9 两的那一堆。这是个什么办法呢?

如果有 40 堆洗衣粉,其中有一堆是 9 两一袋的,那么要称几次,才能找出这一堆?

把次品挑出来

(1) 工厂里生产了 9 个形状相同的零件,正品的重量都相同。可是,其中混杂了 1 个次品,次品比正品轻一些。你能不能用一台天平称 2 次(不用砝码),就把次品挑出来?

(2) 如果在 81 个零件中混杂 1 个分量轻的次品,最少称几次才能把次品挑出来?

(3) 如果这个分量轻的次品混杂在 200 个零件当中,最少称几次才能把

---

① 1 斤=0.5kg。
② 1 两=0.05kg。

次品挑出来?

11 是轻还是重

有4个零件,外形都相同,可能有1个次品混在里面。要是有次品,也不知道它比正品轻还是重。还好,旁边有1个标准零件,可以用来衡量轻重,但是只准用天平称2次,就必须回答两个问题:

(1) 有没有次品?

(2) 如果有次品,比正品轻还是重?

提示:与上道题相比,由于不知道次品是轻还是重,问题就比较复杂了。但是,本题多一个条件:“有1个标准零件”,做题时要充分利用。

12 查找假珍珠

在12颗珍珠中,混杂着1颗假珍珠,从外形上看去,找不出什么差别,但是有一个线索,假珍珠和真珍珠的重量不同。请你用天平称3次,把这颗假珍珠找出来,并且确定假珍珠比真珍珠是轻还是重?

提示:称过第1次,就可以找出几颗真珍珠,要充分利用已知的真珍珠。

要想到第3次只能称2颗珍珠,然后再考虑第2次的称法。

13 有肉罐头吗

某食品店清点商品,从柜台里清理出5听罐头,商标纸已经脱落,从外表上认不出是什么罐头了。小王回忆说,都是苹果罐头。小李却说,好像当中有一听肉罐头。

怎么办呢？大家想了一下，回忆起这两种罐头分量不一样。小王说：“用秤把每听罐头都称一称，如果 5 听罐头一样重，那就都是苹果罐头；如果有一听轻重不同，这一听就是肉罐头。”

小李却说：“小王的办法，必须称 5 次。应用数学方法来分析一下，称的次数可以减少，称 3 次就够了。”

请大家也来想一想，称 3 次该怎么称呢？

排轻重次序

（1）有三个金属球，按重量排列，A 球最重，B 球第二，C 球最轻（A＞B＞C）。另外还有一个 D 球，请用天平称 2 次，确定 D 球应排列在第几？

（2）有 A、B、C、D、E 五个金属球，重量不相同，用天平称 7 次，将它们的轻重次序排出来。

平分汽油

一只大桶里盛着 12L 汽油，要求把它平分为两份，每份 6L。可是，旁边没有量器，只有一只能装 9L，一只能装 5L 的空桶，请你利用这 3 只桶倒来倒去，把汽油平分开来。

提示：因为有一只 5L 的桶，只要能在其他大桶里倒出一个 1L 汽油来，再把 5L 桶灌满，5L 加 1L，就有 6L 了。所以，问题关键是如何倒成这 1L。怎么产生 1 呢？$5+5-9=1$，这就是说，把 5L 桶灌满两次，倒入 9L 桶，桶里恰好还剩下 1L。

古题

一只桶装满 10 斤水，另外有可装 3 斤和 7 斤水的两只桶，利用这 3 只桶，把 10 斤水平分为 5 斤的两份。

这是流传很广的古题，在倒来倒去的时候，要明确解题的方向，使倒的次数越少越好。这道题，要求你倒 9 次就把水给平分了。

17 领煤油

仓库存的煤油，都是10L一桶。有两位工人来领煤油，每人都要领3L煤油。他们带来两只空桶，一只容量是5L，另一只容量是4L。这天，恰好手边没有量具，真叫管理员为难。俗话说："三个臭皮匠，顶个诸葛亮。"3个人商量了一阵，管理员拿出两满桶煤油，每桶装着10L油，倒来倒去，倒了11次，倒出了两个"3L"的煤油。

这是怎么倒的呢?

18 分柴油

油桶里还有21L柴油，3位拖拉机手准备分开来用。

甲说："我带来的桶只能装7L，就要7L吧?"

乙说："我的桶能装12L，不过，我只要8L。"

丙说："我没拿桶来，剩下的油，我连桶一起拿走。"

他们用倒来倒去的办法，倒了几次就把柴油分开了。

请你也来倒倒看。

19 喝果汁

两瓶果汁，每瓶 8 两。4 个人分着喝，每人可以喝 4 两。可是，没有秤，也没有量杯，只有两只能盛 3 两的杯子。4 个人边倒边喝，共倒了 14 次，把这两瓶果汁恰好平分开来，每人喝了 4 两。

他们是怎么分开来的？

提示：解题的关键是倒出“1 两”的果汁，因此，不要急于一下子喝掉“3 两”果汁，过早把“3 两”喝掉，以后就不容易倒出“1 两”来。要倒出 4 个“1 两”是不可能的，还要按 2＋2＝4 的办法喝。

20 分色拉油

大、中、小 3 只油桶，容量依次相差 6 斤，总容量是 39 斤。

大油桶空着，中、小油桶装满了色拉油，现在，要把这些油平分成两份，允许你倒 16 次，你能把这些油分开吗？

当然，在分油以前，先得算算有多少油。

21 配农药

两只大桶，容量在 40 斤以上，一只桶里有 38 斤水，一只桶里有 14 斤乳

剂农药。另外有两只空桶，一只容量是7斤，一只容量是4斤。

使用时，要求按两种比例配成农药，一种农药要25斤，乳剂和水的比例是1∶4；另一种农药是27斤，乳剂和水的比例是1∶2。

请你用这4只桶来配制农药。

提示：这道题并不难，首先按一种比例配制一种农药，配多一点也不要紧，可以留着配另一种农药。

第 5 章解答

1. 瓶子的容积

因为底是长方形,可以用尺子量出长和宽,很容易算出底面积来。

设底面积是 S。

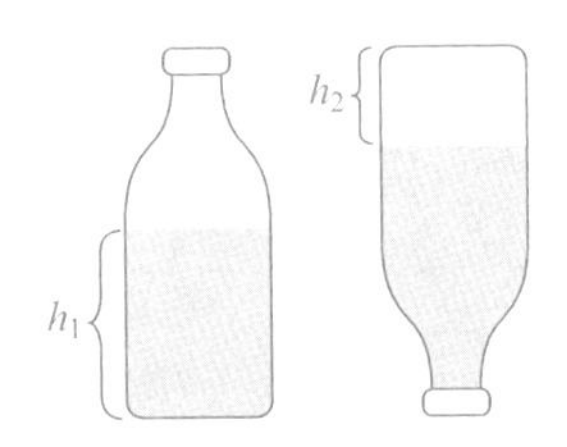

量出瓶内水高 h_1,瓶子盛水部分的容积是 Sh_1。再把瓶子倒过来,量出水面到瓶底的高度 h_2,于是瓶子未盛水部分容积是 Sh_2。因此,瓶的容积是:

$$Sh_1 + Sh_2 = S(h_1 + h_2)$$

2. 水过半桶吗

把水桶倾斜,使水面恰好到达桶的边沿。此时,如果桶底完全浸没在水里,说明水超过半桶;如果桶底露出水面,说明水不到半桶;如果水面刚好到桶底最高点,说明桶里的水恰好是半桶。

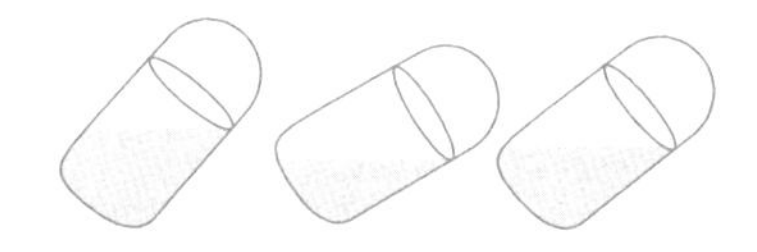

3. 用什么盛鸡蛋

把篮球的气放掉,压成半球形,当中的凹陷就可以放鸡蛋,然后再端着拿走。

4. 游泳时间

小林用脉搏跳动的次数来“计时”。小明游 50m 和 100m 的时候,小林

都在数脉搏跳动次数，后一次差不多是前一次的3倍，因此就可以得出“3倍”的结论。

5. 铅丝有多粗

小林把铅丝紧紧地绕在铅笔(或者钉子)上，多绕几圈，这样就可以用尺子量出这几圈铅丝有多长。譬如30圈铅丝有6mm，铅丝粗细就是$6\div30=0.2$mm。

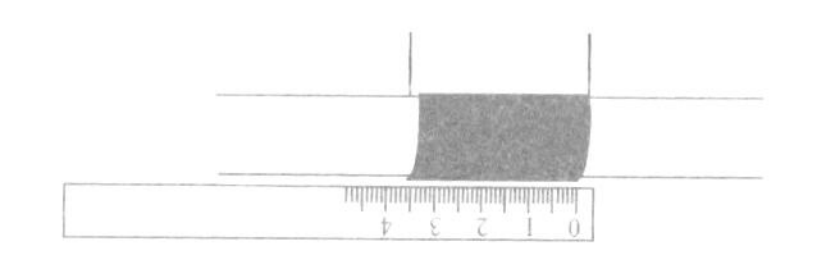

6. 直尺量角

设要量的角是$\angle A$。在$\angle A$的一条边上，用尺量3个单位得到一点B，在$\angle A$的另一条边上，用尺量4个单位得到一点C。

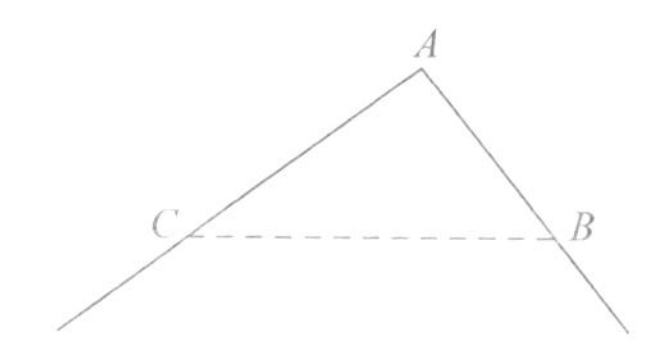

现在只要用尺量BC的长度，就知道$\angle A$是什么角了。具体的判断是：

BC等于5，$\angle A$是直角(勾股定理)；

BC大于5，$\angle A$是钝角；

BC小于5，$\angle A$是锐角。

那么是否可以算出$\angle A$是多少度呢？如果你已学了三角函数，利用余弦定理就可以从BC的长度，求出$\angle A$的角度，当然还要查一下三角函数表。

7. 天平坏了怎么办

使用坏天平称东西要称两次，放左盘上称一次，质量是m，在右盘上再称一次，质量是n，那么正确质量是$\sqrt{m\cdot n}$。

现在证明这样称是正确的。设要称的东西质量是x。根据天平两边力矩相等，第 1 次称说明 $ax=bm$，第 2 次称说明 $an=bx$，因此 $x=\frac{bm}{a}$，$\frac{b}{a}=\frac{n}{x}$，故 $x=\frac{m\cdot n}{x}$，即 $x=\sqrt{m\cdot n}$。

8. 2 个砝码

第 1 次　30g＋5g＝35g

两个砝码　　药

第 2 次　35g＋30g＝65g

称好的药 砝码　药

两次称得的药是 35＋65＝100g，剩下的药是 200g。

如果要分成 50g、100g 和 150g，称法如下：第 1 次用天平将 300g 药平分为两份；第 2 次，取 150g 药，再用天平分为两份，每份 75g；第 3 次，从一份 75g 药中，称出 25g(称法是 30g 砝码＝25g 药＋5g 砝码)，加到另一份 75g 药里。这样，3 次就称出了 50g、100g、150g 三份药。

9. 只许称一次

你注意过乘法口诀的特点吗？一个数乘 9，乘积中的个位数，没有相同的数，0×9＝0，1×9＝9，2×9＝18，3×9＝27，4×9＝36，5×9＝45，6×9＝54，7×9＝63，8×9＝72，9×9＝81。称洗衣粉就要用到这个特点。

将 10 堆洗衣粉编上号码：1、2、3、4、5、6、7、8、9、10。从第 1 堆取 1 袋洗衣粉，从第 2 堆取 2 袋。第 3 堆取 3 袋，……第 9 堆取 9 袋，第 10 堆不取。取出来的洗衣粉用秤称一下，只注意总重量几斤零几两的“两”数，如果是 3 两，就知道第 7 堆是 9 两一袋。如果是 0 两，那是第几堆的呢？请你再想一想。

如果有 40 堆洗衣粉，就要称 3 次。第 1 次先从 20 堆中每堆取出一袋一起称。如果重量是 20 斤，说明 9 两的一堆在剩下 20 堆中；否则，就在这 20 堆中。第 2 次再从包含 9 两一堆的 20 堆中选取 10 堆，每堆取一袋在台秤上称。从重量是否是 10 斤，就可以确定 9 两一堆在哪个 10 堆中。第 3 次，将包括 9 两一堆的 10 堆按照前面办法称一次，就确定了哪一堆是 9 两的。

10. 把次品挑出来

(1) 第1次，把9个零件分成3组，每组3个。在天平两边，各放3个零件。哪一边轻，就说明哪边的零件中有次品；如果天平平衡，说明次品在剩余的3个零件中。因此，称一次就把次品的范围缩小到3个零件中。

第2次，从有次品的那3个零件中，取出其中2个分别放在天平两边，哪一边轻，那个零件就是次品；如果天平平衡，剩下的一个就是次品。

本题中，“有1个次品”这个条件很重要。如果事先不知道其中有次品，上面的称法并不能断定有没有次品。

(2) 参照上面的办法，把81个零件分成3组，每组27个，称一次，就把次品的范围缩小到27个。第2次，将混有次品的27个零件再分为3组，每组9个，同样道理，再称一次就把次品的范围缩小到9个。因此，再称两次，就可以把次品找出来。总共只需要称4次。

根据上面的称法，我们可以总结出一般规律：因为9是3^2，81是3^4，因此，称r次，就能从3^r个零件中把次品挑出来。在使用这条一般规律时，要注意两个条件：第一，只有1个次品；第二，已经知道次品重量比正品轻(或者重)。

(3) 200这个数，在$3^4=81$，$3^5=243$之间，一般说，要称5次才能找出次品。把200分成63、63和74三组比较有利。因为63可以分成27、27和9三组，如果27个与27个平衡，从9个中找次品可以少称一次。同样，74可以分成27、27和20三组，如果次品在20个中，20可以分为9、9和2三组，如果9个和9个平衡，就只要将2个再称一次，也可能少称一次。由此可见，做题时要注意随机应变。因此，在200个产品中挑1个次品，可能只需要称4次，但是，5次一定能挑出来。

11. 是轻还是重

将4个零件编上号码①②③④，标准零件用㊣表示。第1次称，左边放①㊣，右边放②③。称得的结果，可以分为平衡、左重、左轻3种情况(请参阅下面的表格)。

根据第 1 次称的结果,判断第 2 次称哪两个零件。根据第 2 次称的结果,就可以找到答案。

称法请看下表:

第 1 次称	结果	第 2 次称	结果	次品	次品比正品
①(标)　②③	平衡	④与(标)	平衡	无	
			④重	④	重
			④轻	④	轻
	左重	②与③	平衡	①	重
			②重	③	轻
			②轻	②	轻
	左轻	②与③	平衡	①	轻
			②重	②	重
			②轻	③	重

12. 查找假珍珠

还是将珍珠编上号码①、②、③、④、…、⑫。第 1 次的称法是:

左边①②③④;右边⑤⑥⑦⑧。

称后,可能有两种情况:

(1) 天平平衡。说明从①到⑧的 8 颗珍珠都是真的,假珍珠在⑨⑩⑪⑫中,用 1 颗真珍珠作为标准,问题就转化成 5 颗,再称两次,就能找出假珍珠来。

(2) 天平不平衡,说明⑨⑩⑪⑫是真珍珠,假珍珠在其他 8 颗珍珠中。根据上两题的经验,第二次称的结果,必须把范围缩小到 3 颗或 2 颗珍珠中,第 3 次才能把假珍珠找出来。并且,称两次以后,还必须知道假珍珠是轻还是重。这样,就需要把 8 颗有疑问的珍珠分为 3 组。我们把这三组分为②③④一组,⑤⑥⑦一组,①和⑧一组。为了判断假珍珠是轻还是重,需要利用 3 颗真珍珠作为标准。第二次,天平上珍珠是这样放的:

左边⑧②③④;右边①⑨⑩⑪。

第二次上天平称，可能出现三种情况：

平衡，说明拿到天平上的珍珠都是真的，假珍珠在⑤⑥⑦一组中，结合第一次称的结果，可以判断假珍珠是轻还是重。盘的轻重与第一次的结果相同，说明假珍珠在②③④一组中；盘的轻重与第一次的结果相反，说明假珍珠在⑧和①一组中。

具体称法，请看下表：

第一次称的结果	第二次称	结果	说　　明	第三次称	结果	假珠	假的比真的
左轻	⑧②③④ ①⑨⑩⑪	平衡	假珠在⑤⑥⑦中，假珠比真珠重。	⑤与⑥	平衡	⑦	重
					⑤重	⑤	重
					⑤轻	⑥	重
		左重	假珠必在⑧和①中，⑧比①重。	①与一颗真珠	平衡	⑧	重
					①重	不可能	
					①轻	①	轻
		左轻	假珠在②③④中，假珠比真珠轻。	②与③	平衡	④	轻
					②重	③	轻
					②轻	②	轻
左重	⑧②③④ ①⑨⑩⑪	平衡	假珠在⑤⑥⑦中，假珠比真珠轻。	⑤与⑥	平衡	⑦	轻
					⑤重	⑥	轻
					⑤轻	⑤	轻
		左重	假珠在②③④中，假珠比真珠重。	②与③	平衡	④	重
					②重	②	重
					②轻	③	重
		左轻	假珠必在⑧和①中，⑧和①轻。	①与一颗真珠	平衡	⑧	轻
					①重	①	重
					①轻	不可能	

13. 有肉罐头吗

将5听罐头编上号码①、②、③、④、⑤。三次的称法是：第1次①和②合称，重量为A；第2次③和④合称，重量为B；第3次①、③和⑤合称，称得的重量是C。将$\frac{A}{2}$、$\frac{B}{2}$、$\frac{C}{3}$三个数量进行比较，具体区分有没有肉罐头。

在比较时，可能出现的情况有5种：

(1) $\frac{A}{2}=\frac{B}{2}=\frac{C}{3}$

说明 5 听罐头的重量相同,没有肉罐头。

(2) $\frac{A}{2}=\frac{B}{2}\neq\frac{C}{3}$

$\frac{A}{2}=\frac{B}{2}$说明重量是$\frac{A}{2}$、$\frac{B}{2}$的四听罐头①、②、③、④重量相同,不是肉罐头。肉罐头一定是⑤,如果$\frac{C}{3}>\frac{A}{2}$,肉罐头比苹果罐头重,如果$\frac{C}{3}<\frac{A}{2}$,肉罐头轻。

(3) $\frac{A}{2}=\frac{C}{3}\neq\frac{B}{2}$

从$\frac{A}{2}=\frac{C}{3}$,知道①、②、③、⑤不是肉罐头,④是肉罐头,比较$\frac{B}{2}$与$\frac{C}{3}$的大小,可以判断肉罐头是轻还是重。

(4) $\frac{B}{2}=\frac{C}{3}\neq\frac{A}{2}$

参照以上的分析,②是肉罐头。

(5) $\frac{A}{2}\neq\frac{B}{2}\neq\frac{C}{3}$

因为①和③称过两次,当①或③中有一个肉罐头时,才会使这三个数都不相等。所以,现在可以肯定肉罐头不是①就是③。区分的办法是:

计算$\dfrac{\frac{C}{3}-\frac{B}{2}}{\frac{C}{3}-\frac{A}{2}}$,如果结果等于$-2$,①是肉罐头;结果等于$-\frac{1}{2}$,③是肉罐头。

这是什么道理呢?设肉罐头重量是a,苹果罐头重量是b。不论①和③哪一听是肉罐头,有$\frac{C}{3}=\frac{2b+a}{3}$。至于$\frac{A}{2}$和$\frac{B}{2}$,有肉罐头的将等于$\frac{a+b}{2}$,没有

肉罐头的就等于 b。

$$\frac{2b+a}{3}-\frac{a+b}{2}=\frac{b-a}{6}$$

或
$$\frac{2b+a}{3}-b=\frac{a-b}{3}$$

因此，如果①是肉罐头，$\dfrac{\dfrac{C}{3}-\dfrac{B}{2}}{\dfrac{C}{3}-\dfrac{A}{2}}=\dfrac{\dfrac{a-b}{3}}{\dfrac{b-a}{6}}=-2$；如果③是肉罐头，$\dfrac{\dfrac{C}{3}-\dfrac{B}{2}}{\dfrac{C}{3}-\dfrac{A}{2}}=\dfrac{\dfrac{b-a}{6}}{\dfrac{a-b}{3}}=-\dfrac{1}{2}$。

至于肉罐头的轻重，比较一下 A 和 B 就可知道。

我们还可以告诉大家，用台秤称 3 次最多能从 6 听罐头中找出肉罐头，或者确定没有肉罐头，不过称的办法和区分办法都要复杂些，这里就不说了。

14. 排轻重次序

(1) A、B、C 的轻重次序，用符号 A>B>C 表示。

第 1 次让 D 和 B 通过天平比较轻重。如果 D<B，第 2 次让 D 和 C 比较轻重，这样就可以排出次序：A>B>D>C 或者 A>B>C>D。如果 D>B，第 2 次就让 D 与 A 比较轻重，也可以排出次序：D>A>B>C，或者 A>D>B>C。

(2) 第 1 次让 A 和 B 比较，譬如 A<B。第 2 次让 C 和 D 比较，譬如 C<D。第 3 次就让前两次重的两球比较，也就是 B 和 D 比较，譬如结果是 B<D。因此有 A<B<D。

现在用刚才的办法，称两次将 E 和 A、B 和 D 一起排好次序。可以有下面 4 种结果：

① A<B<D<E　　② A<B<E<D

③ E<A<B<D　　④ A<E<B<D

到此为止，我们已称了 5 次。还可以称两次来确定 C 应该排在哪里？别忘了，我们已经知道 C<D。如果上面结果是①，只要用天平比较一下 C 与 A，如果比的结果是 C<A 就完成了，否则将 C 与 B 再称一次比较一下。

如果上面结果是②③④，可以用刚才的办法称 2 次，将 C 与 A、B 和 E 排好次序。

15. 平分汽油

解题的思路，在提示中已经讲清楚，具体倒法如下：

大桶	7	7	2	2	11	11	6	6
5L桶	5	0	5	1	1	0	5	0
9L桶	0	5	5	9	0	1	1	6

16. 古题

因为有一只 3 斤桶，只要在另一只桶里能倒出 2 斤水，利用 3+2=5，就可以把水分成 5 斤一桶。关键是要先倒出一个 2 斤，从算式 3+3+3−7=2，可以分析出以下的倒法：

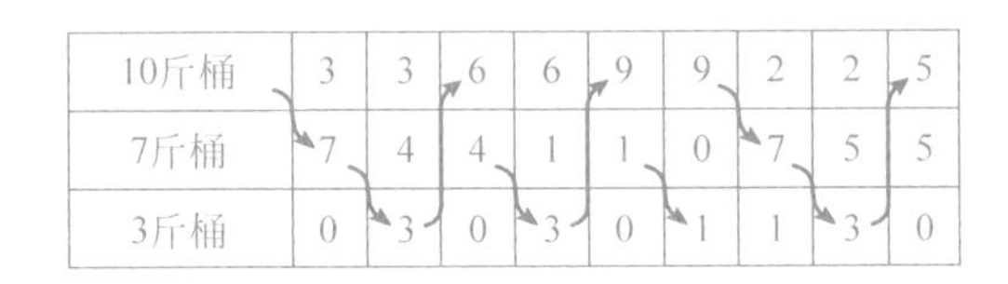

10斤桶	3	3	6	6	9	9	2	2	5
7斤桶	7	4	4	1	1	0	7	5	5
3斤桶	0	3	0	3	0	1	1	3	0

17. 领煤油

由于有 5L 桶和 4L 桶，5−4=1，可以得到 1L。利用 10L 桶和 4L 桶，10−4=6，可得到 6L。而 6+1=7，有了 7L，也就有了 3L，这是因为 7−4=3。

因为 7L 一定是在 10L 桶里，所剩的 3L 也是在 10L 桶里，没法直接拿走。怎么办呢？把 5L 桶灌满以后往这只桶里倒，大桶里成了 8L。然后，再把 5L 桶灌满，往这只桶里倒煤油，这回，只能倒入 2L，10L 桶就满了，这就在 5L 桶里剩下了 3L 煤油。

剩下的问题是如何在 4L 桶内倒成 3L。

如果在10L内有9L,或者在5L桶内有4L,用4L桶补足它1L后,4L桶内也就剩下3L。分析到此,我们已明确,4只桶要倒成9、3、4、4,问题已基本解决。由此,就容易得出下表的倒法:

10L桶	5	5	9	9	9	9	9	9	9	4	4
10L桶	10	10	10	6	7	7	3	3	8	8	10
5L桶	5	1	1	1	0	4	4	5	0	5	3
4L桶	0	4	0	4	4	0	4	3	3	3	3

18. 分柴油

本题与前两题不同,要求每只桶里倒成的柴油容量各不相同。但是,虽然有3个不同的容量,实际上,只要倒成两桶,剩在第3只桶的油自然符合要求。问题的难点在于,空桶同时又是量具,如果有一只桶先倒成,就少了一个量具,剩下两只桶就无法倒来倒去。因此,两只桶必须同时倒成,这是考虑问题的出发点。

其实也好办,在7L桶内先倒好了3L,然后把12L的桶倒满,再从12L桶里倒4L到7L的桶里,恰好两桶同时倒成。

现在问题的关键是要倒成一个3L。怎么办呢?空桶只有12L和7L的,12−7=5,这5L油在12L桶里,倒入7L的空桶,便留下2L的空地方。有办法了,重复2次,就有了2个5,成为一个10,而10−7=3。根据这个思路,容易得出下表的倒法:

大桶	9	9	16	16	4	4	11	11	18	18	6	6
12L桶	12	5	5	0	12	10	10	3	3	0	12	8
7L桶	0	7	0	5	5	7	0	7	0	3	3	7

19. 喝果汁

这一题的关键是倒出1两,从算式3+3+3−8=1,知道1两的倒法。8−3−3=2,说明倒3两的过程中,8两瓶中只剩下2两。因此先喝掉一些2两是较有利的。

如果能先喝掉3次2两，一次1两问题就解决了。因为还剩下9两，很容易倒成1两、2两、2个3两。

上面的分析，将启发我们得出下表所示的倒法：

8两瓶	8	8	8	8	5	②	0	0	3	3	6	8	5	2
8两瓶	5	②	3	6	6	6	8	5	5	②	0	0	0	0
3两杯	3	3	0	0	3	3	①	3	0	3	0	0	③	③
3两杯	0	3	3	0	0	3	3	3	3	3	3	①	0	0

注：有圈的数字表示已经先喝掉。

20. 分色拉油

先进行计算，中桶的容量比小桶多6斤，大桶的容量就比小桶多12斤。小桶的容量应该是：(39－6－12)÷3＝7(斤)。中桶是13斤，大桶是19斤。因此，可以算出共有油13＋7＝20(斤)。平分成两份，每份应该是10斤。

已有7斤桶，要倒成10斤，需要先倒成3斤。可是13和7要直接凑成3是不行的，因此要倒几次，采用间接的办法来达到目的。先在13斤桶里倒成9斤，留出4斤的空位，然后从7斤桶倒油去补足它，7斤桶就能剩下3斤。

由7斤桶要倒成9斤，需要先倒成2斤。要倒成2斤，先在13斤桶里倒成8斤，留出5斤的空位，然后用7斤桶去补足，7斤桶就能剩下2斤。

要倒成8斤，就要先倒成1斤。经过一步步分析，已明确首先要倒成1斤，办法请看下表：

次数	1	2	2	4	5	6	7	8	9	10	11	12	13	14	15	16
19斤桶(0)	7	19	12	12	5	5	18	18	11	11	4	4	17	17	10	10
13斤桶(13)	13	1	1	8	8	13	0	2	2	9	9	13	0	3	3	10
7斤桶(7)	0	0	7	0	7	2	2	0	7	0	7	3	3	0	7	0

注：括号内数字为桶内开始时色拉油的斤数。

21. 配农药

这个题目看起来很复杂，其实，可以用简单的办法来解决。

先要考虑一点，大桶都装着液体，从大桶里分出一定数量的乳剂来，又要占用一个小桶，这样，就只有一只桶可以作为量具。4 斤桶和 7 斤桶，哪只当量具好呢？当然是 4 斤的好，用 4 斤桶量水，倒 5 次可量出 20 斤水，配上 10 斤乳剂，就可以配成 1∶2 的农药，共 30 斤。30 斤比题目要求的 27 斤多 3 斤，但是，多了也不要紧，把多余的 3 斤倒出来就行了。把剩余的农药、水、乳剂合在一起，也就配成了 1∶4 的乳剂 25 斤。具体倒法见下表：

40斤桶	38(水)	38	38	34	34	30	30	26	26	22	22	18	18	22	22	22	25	25
40斤桶	14(乳剂)	10	10	10	14	14	18	18	22	22	26	26	30	30	23	23	23	27
7斤桶	0	0	4	4	4	4	4	4	4	4	4	4	4	0	7	3	0	0
4斤桶	0	4	0	4	0	4	0	4	0	4	0	4	0	0	0	4	4	0

第6章 代数的威力

当你学算术的时候，会感到有些应用题很难做，不容易列出算式。上中学以后，用代数解这些算术“难题”就容易得多了。代数总结了算术中的一般规律，因此方法上比算术具有普遍性，这就显出了它的威力。难怪英国伟大的科学家牛顿写的代数教科书，就叫作《普遍算术》。牛顿在这本书里写了一段话：“要解答一个问题，如果里面包含着数量间的抽象关系，只要把题目从日常的语言译成代数的语言就行了。”牛顿所说的代数语言就是方程。“从日常的语言译成代数的语言”，这也就是我们通常说的列方程。请看一个例子。

《九章算术》是我国最古老的数学名著，大约在2000年前编成。书中共有246道题，这里选了其中一道：

有人用车把米从甲地运到乙地，装米的重车日行50里，空车日行70里[①]，5日往返3次，问两地相距多少里？

日常的语言	代数的语言
两地相距多少里	x 里
重车从甲地到乙地需要的时间	$\frac{x}{50}$ 日
空车从乙地返回甲地需要的时间	$\frac{x}{70}$ 日
往返一次需要的时间	$\left(\frac{x}{50}+\frac{x}{70}\right)$ 日
5日往返3次	$3\left(\frac{x}{50}+\frac{x}{70}\right)=5$

解方程：$3\left(\frac{x}{50}+\frac{x}{70}\right)=5$，得 $x=48\frac{11}{18}$。

① 1里＝0.5km。

分梨

幼儿园的老师给小朋友分梨，每人 6 个就多出 12 个，每人 7 个还少 11 只。问有几位小朋友和多少个梨？

几本书

小虹、小虎、小方和小华四个孩子共有 45 本书，但是，不知道每人各有几本。如果变动一下：小虹的减 2 本，小虎的加 2 本，小方的增加 1 倍，小华的减少一半，那么 4 个孩子的书就一样多。请你算一算，每个孩子各有几本书？

谁骑得快

星期天，李平和张强从同一幢宿舍楼出发，分别骑自行车去颐和园游玩。两人骑车和游玩所用的时间虽然相同，可是，李平游玩的时间是张强骑车时间的 4 倍，张强游玩的时间是李平骑车时间的 5 倍。你说谁骑车骑得快，两人的速度之比是多少？

两种轿车

有一批乘客，需要用轿车接送。轿车有甲、乙两种，如果用 3 辆甲种轿车和 4 辆乙种轿车，必须跑 5 趟；如果用 5 辆甲种轿车和 3 辆乙种轿车，只

需要跑4趟。你说，哪种轿车坐的乘客多？

5 配果汁

在这道题里，一个数字也没有，却能够算出数字来。究竟是怎么回事？请看图：水与果汁的比是多少，现在仍然是一个谜。

第一步：倒进果汁桶里的水的数量与果汁相等，调匀。

第二步：把果汁水倒回水桶，倒回的数量与桶里剩下的水相等，调匀。

第三步：端起水桶再把果汁水倒回来，仍然注意与果汁桶里的果汁水数量相等。

现在两桶都是果汁水，而且数量相等，只是浓度不同。现在请你算一算：

(1) 开始时水与纯果汁的比。

(2) 在水桶里水与纯果汁的比。

(3) 在果汁桶里水与纯果汁的比。

6 两支蜡烛

粗蜡烛和细蜡烛长短一样。粗蜡烛可以点5h，细蜡烛可以点4h。同时点燃这两支蜡烛，点了一段时间后，粗蜡烛比细蜡烛长4倍。你能算出这两支蜡烛点了多少时间吗？

7 哥俩的年龄

今年,兄弟俩的岁数加起来是55岁。曾经有一年,哥哥的岁数是今年弟弟的岁数,那时哥哥的岁数恰好是弟弟的2倍。问哥哥和弟弟今年多大年龄?

8 托尔斯泰的问题

伟大的俄国作家托尔斯泰,曾提出一个有趣的数学题:

一组人割草,要把两块草地的草割完。大的一块比小的一块大1倍。上午全部人都在大的一块草地割草。下午一半人仍留在大草地上,到傍晚时把草割完,另一半人去割小草地的草,到傍晚还剩下一块,这一块由一个人再用一天时间刚好割完。

问这组割草人共有多少人?

9 我的年龄

一个中学生正在做数学练习,有人问他今年几岁,他就编了一道题:

我的年龄加上10,开方以后得到的一个平方根,恰好是我的年龄减去10。我的年龄是几岁?

10 一句话里3个问题

“当王强达到张洪现在的年龄时，张洪的年龄是李勇年龄的2倍。”

根据上面这一句话，请你回答3个问题：

（1）谁的年龄最大？

（2）谁的年龄最小？

（3）王强和李勇现在的岁数是几比几？

11 两个孩子的年龄

张老师给初二的同学出了一道数学题：“我有两个孩子都在上小学，老大岁数的平方减去老二岁数的平方等于63，请大家算一算这两个孩子的年龄。”

请你也算算这道题。

12 搬砖

院子里散放着一些砖，作为邻居的小林和小华一边拣砖，一边把砖搬运到角落里堆放好，小林的弟弟和小华的弟弟看见了也来参加。

搬完砖，发现几个巧合的数字：4个人搬的砖数目都不同，每人搬砖的次数和自己每次搬几块砖是同一个数。小林比小华总共多搬 15 块，且比他们的弟弟搬的多，小林的弟弟也比小华的弟弟多搬了 15 块。

请你算一算，他们一共搬了多少块砖？

13　几分钟后两人相遇

沿着铁路线，有两个人迎面相对走着，两个人的速度是一样的。一列火车开来，整个列车从第一个人身边开过用了 8s。5min 后，火车从第二个人身边开过，全列车只用了 7s。

问火车开过第二个人后多少分钟，两人才能相遇？

14　谁骑车

甲、乙两人同时从村庄出发到县城去，一个步行，一个骑自行车。出发 40min 以后知道：如果甲已走的路增加到 3 倍，那么他剩下的路程就要少一半；如果乙已走的路减少一半，那么他剩下的路程就要增加到 3 倍。

猜猜看，谁步行，谁骑车？

15　同时到达

连长和指导员要从营房赶到工地。从营房到工地有 26km 的路程，步行每小时只能走 5km，摩托车却能每小时开行 65km。通讯员要用摩托车送他们，摩托车又只能带一个人。为了使连长和指导员同时到达工地，大家来想

想办法，怎么充分利用这一辆摩托车，使连长和指导员同时动身，又同时到达工地？最少需要多少时间才能不停顿地赶到工地？

电车和自行车

张明骑自行车上班，以均匀速度前进，他观察来往的同一线路的电车，发现每隔12分钟有一辆电车从后面超过他，每隔4分钟有一辆电车迎面开来。他想，如果电车也是匀速行驶，那么起点站和终点站几分钟发一辆电车呢？

你能帮助他想出这个问题的答案吗？

会议的时间

会议开始的时候，老张看了看表。开完会后，再看看表，分针和时针恰好对调了位置。会议是在6—7点之间开始，9—10点之间结束。现在请大家算一算，会议什么时间开始，什么时间结束？

18 牛顿的问题

牛顿在《普遍算术》一书中，提出下列问题：

有三片牧场，场上的草长得一样密，而且长得一样快。它们的面积是$3\frac{1}{3}$亩、10亩和24亩[1]。12头牛4周吃完第一片牧场原有的和4周内新长出来的草；21头牛9周吃完第二片牧场原有的和9周内新长出来的草。问多少头牛18周才能吃完第三片牧场原有的和18周内新长出来的草？

19 2辆汽车

早上6点一辆大卡车从甲地向乙地开去，一辆小汽车从乙地向甲地开来。一路上都是匀速行驶，几小时以后，它们在途中相遇。这之后小汽车只

---

① 1亩=666.67m^2。

要 4h 就能到达甲地,大卡车却要 9h 才能到达乙地。

2 辆车在途中相遇的时候是几点钟?

提示:解这一题的关键是先求出大卡车和小汽车的速度之比。

20 帮记者算一算

记者说:“听说你们车间通过搞技术革新,减少了两批工人,仍然完成了任务。”

车间主任说:“是的。我们这个车间,原来每个工人看管的布机是相同的,通过第一次技术革新,每人可以多看管一台布机,节省了 15 名工人。第二次技术革新,每人又可以多看管两台,你说,巧不巧,又节省了 15 名工人。”

记者问:“那么,工作效率提高了多少呢?”

车间主任说:“那就请你算算吧。”

记者问:“可是,我还不知道有多少台布机呢!”

车间主任说:“根据刚才介绍的情况,你也可以计算出有多少台布机。”

请大家来帮记者算一算吧!

21 分糖

新年里,同学们去李老师家做客。李老师用一种新颖的方式给大家分糖,她手里端着一盘糖,让第一个同学先拿 1 块糖,再把盘子里的糖分 1/7 给他。然后让第二个同学拿 2 块糖,再从盘子分 1/7 给他。第三个同学拿 3 块糖后,仍然从盘子里分 1/7 给他。照这个办法分下去,最后一个同学自己

拿完糖后，糖恰好分完，而且每人分到的糖块数相同。

李老师要求大家算一算，盘子里原来有多少块糖？当时在场的同学，因为知道来了的人数，这只是一道算术题。可是对读者说来，却少了一个条件，成为一道比较难的代数题。你愿意试一试吗？

22 自行车比赛

小张、小王和小李 3 个人进行自行车比赛。小张比小王早 12min 到达终点，小王比小李早 3min 到达终点。他们算了一下，小张比小王每小时要快 5km，小王比小李每小时要快 1km。

他们 3 人进行自行车比赛的路程有多长？

23 谁完成任务最多

黄、刘、洪、赵 4 位师傅加工同一种零件，在谈到完成任务情况的时候，统计员说：

赵师傅比洪师傅加工的多；

黄、刘二位师傅加工的数量合在一起，赵、洪二位师傅加工的数量合在一起，恰好一样多；

刘、洪二位师傅加工的数量合起来要比黄、赵二位师傅合起来的多。

请问：哪位师傅完成任务最多？谁第二？谁第三？

24 4 种几何体

这一题是试试你解方程的本领。

请看图。3 次天平平衡，已经告诉你，圆柱体、圆锥、球和正方体 4 种几何体相互间的重量关系。

请你推算一下，4 个圆锥的重量相当于几个球的重量？

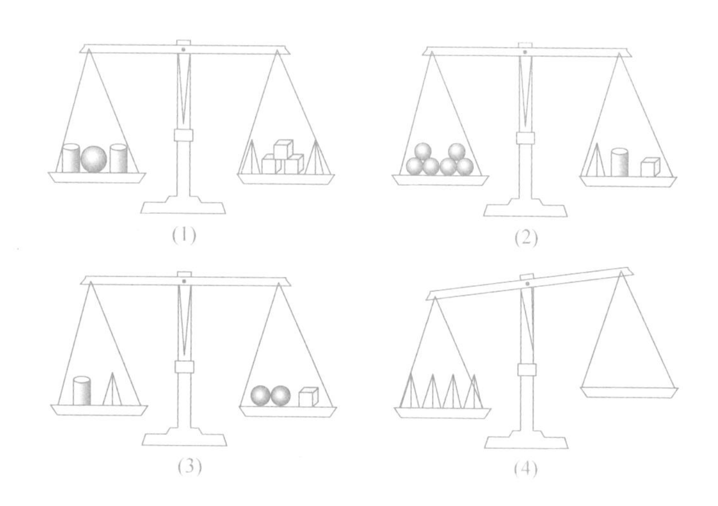
(1)　(2)　(3)　(4)

25 作文本和红铅笔

教室里共有 7 个同学，王勇要去买文具，其他几个同学让他代买红铅笔和作文本。结果，两种文具共花了 1 元零 7 分。王勇告诉大家：红铅笔每支 1 角 1 分，作文本每本 1 角 3 分，大家来拿。来拿的人，红铅笔最多拿一支，作文本最多拿一本，只有 3 个同学既买红铅笔，又买作文本。你猜，是不是有的同学什么文具也没买？

当你列方程解本题时，设红铅笔是 x 支，作文本是 y 本，共有两个未知数，可是只有一个方程：$11x+13y=107$。如果未知数不加任何限制，方程就可以有无穷多个解，这种方程叫不定方程。但是，方程是反映实际的，把实际因素考虑进去，不定方程将可以找到确定的解答。红铅笔的支数和作文本的本数都是正整数，这就是本题要考虑的实际因素。请你动动脑筋，如何求出上面不定方程的解答。

从这一道题开始，后面还有几道不定方程题。要考虑的实际因素都是：未知数是正整数。

26 水池子

有个长方形(长与宽不相等)水池，面积数和周长数恰好相等，它的长和宽分别有多少米长？

这个题的解答本来很多，可是，由于边长都是整数，解答就只有一个了。

27 欧拉的问题

大数学家欧拉曾提出下面的问题：

一头猪卖 $3\frac{1}{2}$ 银币，一头山羊卖 $1\frac{1}{3}$ 银币，一头绵羊卖 $\frac{1}{2}$ 银币。有人用 100 个银币买了 100 头牲畜。问猪、山羊、绵羊各有几头？

提示：本题有 3 个解答。

28 学生宿舍

某学校共有 12 间宿舍，住着 80 个学生。宿舍的大小有 3 种，大的住 8 个学生，中等的住 7 个学生，小的住 5 个学生。请你算一算，每一种房间各有几间？

根据题目的条件，可以列出两个方程，通过解方程组，将会得到 3 组解答。但是，若还有一个条件：“中等的宿舍最多”，解答就只有一个了。

饲料和桶一起分

21只桶装饲料，7桶装得满满的，7桶只装了个半满，另外7桶还空着。如果不许把饲料倒来倒去，要求连桶带饲料，平均分给3位饲养员，问你该怎么分？

这道题，不列方程，大家也能猜出来。不过，希望你多想一想，用列方程的办法算一算，看看有几种不同的分法？

小荣分糖

春节，妈妈给小荣买了1斤水果糖（不超过100块）。上午小荣吃了1块，然后把剩下的糖分出1/3送给奶奶。下午，小荣又吃了1块糖，把剩下的糖分出1/3送给同院的小弟弟。晚上，小荣又吃了1块，然后把剩下的糖分出1/3给爸爸妈妈吃。第二天，来了两位小朋友，小荣把剩下的糖平分成3份，最后还多了1块。

请你算一算，一共有多少块糖？

排队

一个中学，学生不超过400人，全体学生排队，2人排一行多出1人，改为3人、4人、5人、6人排一行，也都多出1人。7人排一行却正好不多不少，这个中学究竟有多少学生？

解这道题有个办法，先求出2、3、4、5、6的最小公倍数是60，推算出学生总数应该是$60x+1$，并且知道$60x+1$能被7除尽，经过几次试算，就能找出x是什么数，也就知道学生是多少了。

这个办法，实际上是"凑"出个数来，对付较简单的数是可以的。如果我们把题目改一下，把"学生不超过400人"改为"学生人数在1000～1200"之间，或者改为"学生人数在3900～4200之间"，用凑数的办法就很困难了。如果采用列不定方程的办法，就可以使解答具有普遍性，不论题目的数字多

大，总是可以应用这种方法找到解答的。

32 校长和数学老师

校长问："这学期订购的教科书都送来了吗？"

数学老师说："按计划是分3次送来，第1次是303本，第2次是1/5，都送到了。还有$x/7$没有送到。"

校长问："x是多少？"

老师说："x是整数，请你算一算，这是一道很好的代数题。"

请大家来算一算x是多少？同时算一下订购了多少本书？

33 3个相连的数

从1～9的九个数中，有3个顺序相连的数a、b和c，用它们组成6个分数，$\frac{b}{a}$、$\frac{c}{a}$、$\frac{a}{b}$、$\frac{c}{b}$、$\frac{a}{c}$和$\frac{b}{c}$。把6个分数加起来是整数，你知道a、b和c是哪三个数吗？

34 一个方程3个未知数

有一个生产大队，牛和马的数量相加，与马的匹数相乘，恰好等于猪的头数加120。

设牛的头数为 x，马的匹数为 y，猪的头数为 z。那么，可列出方程：

$$y(x+y)=z+120$$

一个方程中有3个未知数，这是没有办法求解的。可是，这个生产队的牛、马、猪的数量碰巧都是质数，3种牲畜的数量也不同，利用这个条件，就可以求出唯一的解答。

你还记得质数的定义吗？质数只能被1和本身整除，不能被其他整数整除。例如2，3，5，7，11，13，…都是质数。

第6章解答

1. 分梨

设小朋友的人数为 x,依题意可列出方程:

$$6x+12=7x-11$$

解方程,得 $x=23$。$6\times23+12=150$。

小朋友有23人,共有梨150个。

2. 几本书

设四个孩子书一样多的时候,每人各有 x 本。那么小虹原有书 $x+2$ 本;小虎原有书 $x-2$ 本;小方原有书$\frac{x}{2}$本,小华原有书 $2x$ 本。于是可列出方程:

$$(x+2)+(x-2)+\frac{x}{2}+2x=45,\quad 即\quad \frac{9}{2}x=45$$

解方程,得 $x=10$。因此,小虹有书12本,小虎有书8本,小方有书5本,小华有书20本。

3. 谁骑得快

设李平骑车时间是 xh,张强骑车时间是 yh。因此李平游玩的时间是 $4y$,而张强游玩的时间是 $5x$。二人所花时间一样,于是列出方程:

$$x+4y=y+5x$$

解方程,得 $x=\frac{3}{4}y$。所以李平骑得快,李平和张强骑车速度之比是 $4:3$(与时间成反比)。

4. 两种轿车

这道题,用代数更方便些。

设甲种轿车每辆能坐 x 人,乙种轿车每辆坐 y 人。依照题意列方程:

$$5(3x+4y)=4(5x+3y)$$

$$5x=8y$$

$$x=\frac{8}{5}y$$

这说明每辆甲种轿车坐的人数是乙种轿车的 $1\frac{3}{5}$ 倍。甲种车坐的人多。

5. 配果汁

设水桶里有 $x$kg 水，果汁桶里有 $y$kg 纯果汁。每次倒后，每只桶里液体数量的变化请看表：

次数	水桶内液体数量	果汁桶内液体数量
开始	x	y
第 1 次	$x-y$	$2y$
第 2 次	$2(x-y)$	$2y-(x-y)=3y-x$
第 3 次	$2(x-y)-(3y-x)=3x-5y$	$2(3y-x)$

第 3 次倒后，两只桶里果汁水数量相等，所以 $3x-5y=2(3y-x)$。即 $5x=11y$，$x=\frac{11}{5}y$。开始时，水与纯果汁的比是 11∶5。

第 2 次，水桶里原来的水是 $x-y$，倒入的果汁水也是 $x-y$，其中一半是水，一半是果汁。因此，水与纯果汁的比是 3∶1。

第 3 步，果汁桶里原有的液体是 $3y-x$，有 $\frac{1}{2}(3y-x)$ 是水，$\frac{1}{2}(3y-x)$ 是纯果汁，后来倒入的液体中，有 $\frac{3}{4}(3y-x)$ 的水和 $\frac{1}{4}(3y-x)$ 的纯果汁。

因此，水与纯果汁的比是 $\left(\frac{3}{4}+\frac{1}{2}\right):\left(\frac{1}{4}+\frac{1}{2}\right)=5:3$。

6. 两支蜡烛

设蜡烛已点了 xh。粗蜡烛每小时点掉 $\frac{1}{5}$，xh 点掉 $\frac{1}{5}x$；细蜡烛每小时

点掉$\frac{1}{4}$，xh点掉$\frac{1}{4}x$。于是可以列出方程：

$$1-\frac{x}{5}=4\left(1-\frac{x}{4}\right)$$

解方程，得$x=3\frac{3}{4}$。

两支蜡烛已点了3h45min。

7. 哥俩的年龄

设哥哥今年是x岁，弟弟今年是y岁。因此，哥俩的岁数总是相差$x-y$岁。

在“曾经有一年”的时候，哥哥的岁数是弟弟今年的岁数，也就是y岁；弟弟就应该是$y-(x-y)$岁。根据“那时哥哥的岁数恰好是弟弟的2倍”这句话，可以列出方程：

$$y=2[y-(x-y)]$$

解方程，得$x=\frac{3}{2}y$。

而今年哥俩的岁数加起来是55岁，又可以列出方程：

$$x+y=55$$

解方程组$\begin{cases}x=\frac{3}{2}y\\x+y=55\end{cases}$ 得$\begin{cases}x=33\\y=22\end{cases}$

因此，哥哥今年33岁，弟弟今年22岁。

8. 托尔斯泰的问题

参照本章的例题，采用列表的办法，说明列方程的过程：

日常的语言	代数的语言
这组割草人的人数	x
（再多一个人能把两片草地割完） 一天内割完两片草地所需人数	$x+1$

续表

日常的语言	代数的语言
$\left(\text{小草地占两片草地总面积}\frac{1}{3}\right)$ 一天内割完小草地所需人数	$\frac{x+1}{3}$
一半人割了半天(相当于需要人数)	$\frac{1}{2}\cdot\frac{x}{2}=\frac{x}{4}$
(再要一个人割剩下的一块) 一天内割完小草地所需人数	$\frac{x}{4}+1$

从上面的表,可列出方程:$\frac{x+1}{3}=\frac{x}{4}+1$。

解方程,得 $x=8$。

从这道题可以看出,对“一天内割完小草地所需人数”,可以从两个不同的角度进行表达,便于列出方程。

因此,我们要记住:对一个“量”从不同的角度进行表达,形成一种等量关系,然后利用等量关系来列方程,是列方程常用的方法。

如果对“割完大草地所需人数”,从两个不同的角度进行表达,可以列出方程:

$$\frac{2}{3}(x+1)=\frac{x}{2}+\frac{x}{4}$$

如果把“割完小草地所需人数”和“割完大草地所需人数”进行比较,又可以列出方程:

$$\left(\frac{x}{4}+1\right):\left(\frac{x}{2}+\frac{x}{4}\right)=1:2$$

因此本题可从三个不同的角度列出方程。

9. 我的年龄

设我的年龄是 x。

于是,可列方程:$\sqrt{x+10}=x-10$

解方程得到两个根:15 和 6。通过验算,知道 6 是增根,不合题意,应舍

去。因此,“我的年龄”是15岁。

下面,我们再介绍另一种列方程的办法:

设平方根为 x。

那么,在第一句话中,“我的年龄”是 x^2-10,

在第二句话中,“我的年龄”是 $x+10$,

于是,得到一个方程:$x^2-10=x+10$。

即:$x(x-1)=20$,x 和 $x-1$ 是两个相连的整数,只可能是5。我的年龄是 $5+10=15$。

除此以外,还有第三种方法,那就有点“猜”的味道了。中学生的年龄一般在12~20岁之间。加上10,这个数在20~30之间。在这些数中,只有25开方以后是整数。这就可以猜出平方根是5,5+10=15(岁)。

10. 一句话里3个问题

第一个问题最容易回答,张洪年龄最大。谁的年龄最小不好回答,只有先知道王强和李勇现在的岁数是几比几,才能回答。

这道题,既有现在的年龄,又有未来某一年的年龄。3个人的2种年龄,共6个数,都不知道具体数字,很容易把人弄糊涂了。

做数学题,最重要的是整理思路。为了便于思考,先把3个人现在的年龄用字母来表示:

张洪为 a,王强为 b,李勇为 c。

再假设 x 年以后,王强达到张洪现在年龄。那么,x 年以后,3个人的年龄是:

张洪 $a+x$,王强 $b+x$,李勇 $c+x$。

现在,分析题意就方便多了。先看王强与张洪的年龄关系是:

$$b+x=a \tag{1}$$

再看张洪与李勇的年龄关系是:

$$a+x=2(x+c)$$

化简： $$a=x+2c \quad (2)$$

比较两个式子得到：

$$b+x=x+2c$$

$$b=2c$$

因此，王强现在的年龄是李勇现在年龄的2倍，即2∶1。同时也回答了李勇年龄最小。

11. 两个孩子的年龄

设老大的年龄为x岁，老二的年龄为y岁。

得到方程： $$x^2-y^2=63$$

即： $$(x+y)(x-y)=63$$

这个方程有很多解，但是，年龄一定是正整数，它们的和与差也是正整数。因为$63=63\times1=21\times3=9\times7$，这就可以得到3组方程：

$$(1)\begin{cases}x+y=63\\x-y=1\end{cases}\quad(2)\begin{cases}x+y=21\\x-y=3\end{cases}\quad(3)\begin{cases}x+y=9\\x-y=7\end{cases}$$

解方程，得到3组解：

$$(1)\begin{cases}x=32\\y=31\end{cases}\quad(2)\begin{cases}x=12\\y=9\end{cases}\quad(3)\begin{cases}x=8\\y=1\end{cases}$$

在这3组解中，只有第2组适合小学生的特点，因此，老大是12岁，老二是9岁。

12. 搬砖

设小林每次搬x块砖，x次共搬x^2块。小华每次搬y块砖，y次共搬y^2块，于是可以列出方程：$x^2-y^2=15$。

$$(x-y)(x+y)=15$$

因为砖数应是正整数，所以$x-y$和$x+y$也是正整数，它们应是15的因子。将15分解因数，只能是3×5，或者1×15，这就可以得到两组方程：

$$(1)\begin{cases}x+y=15\\x-y=1\end{cases}\quad(2)\begin{cases}x+y=5\\x-y=3\end{cases}$$

解(1)得 $x=8, y=7$；解(2)得 $x=4, y=1$。

因为小林的弟弟也比小华的弟弟多搬15块砖，上面列的方程也适用于他们两人，但是4个人搬的砖数目都不同，所以只能是小林每次搬8块，小华每次搬7块，小林的弟弟每次搬4块，小华的弟弟只搬1块。他们一共搬砖：

$$8^2+7^2+4^2+1^2=130(\text{块})$$

13. 几分钟后两人相遇

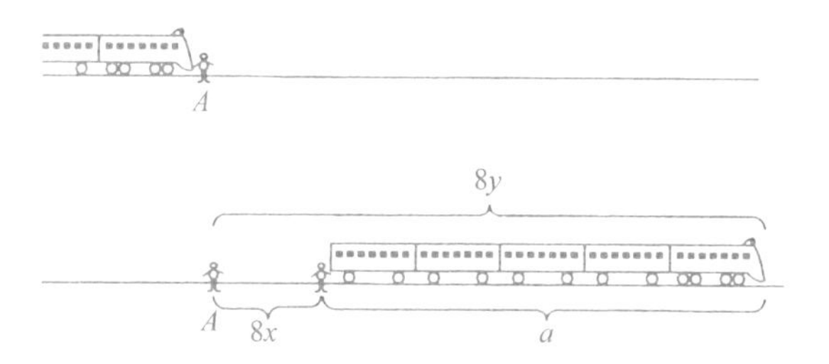

设全列车长度为 am，火车速度是 ym/s，人步行的速度是 xm/s。火车从第一个人身边开过，全部过程请看图。从图上可以看出：$8y=8x+a$，因此 $a=8(y-x)$。火车从第二个人身边开过，相当于火车和这人一起走了 am，因此，$a=7(y+x)$。于是 $8(y-x)=7(y+x)$，化简 $y=15x$。这样就知道了火车速度和人步行速度之比。

5min，即300s后，火车行驶的路程是 $300y$，第一个人走的路程是 $300x$，火车与第一个人相距 $300y-300x$。火车已经与第二个人相遇，所以这一段距离同时也是两个步行人相隔的距离。两人相遇，需要共同走完这一段距离，需要的时间是：

$$\frac{300(y-x)}{x+x}=\frac{300\times14x}{2x}=2100(\text{s})=35(\text{min})$$

14. 谁骑车

设村庄到县城全程是 $x$km，甲40min走了 $y$km，于是剩下的路程是 $x-y$km。根据条件可以列出方程：$x-3y=\frac{1}{2}(x-y)$，即 $x=5y$，由此得

出 $y=\frac{1}{5}x$，即出发后 40min 甲走了全程的$\frac{1}{5}$。

再来看乙已走了多少路呢？设乙出发后 40min 已走了 $z$km，因此还剩下 $x-z$km。如果他只走了$\frac{z}{2}$km，那么剩下的路程还有 $x-\frac{z}{2}$km，于是可以列出方程：

$$x-\frac{z}{2}=3(x-z)$$

解得 $z=\frac{4}{5}x$。说明乙已走了全程的$\frac{4}{5}$，是甲已走路程的 4 倍。

因此，乙骑车，甲步行。

15. 同时到达

从营房出发时，连长步行，通讯员用车把指导员送到 D 点。这时，指导员步行，通讯员骑摩托车返回来，在 C 点接连长坐车，当指导员到达工地时，摩托车恰好赶到。

为了达到这个目的，必须做到：

连长步行和坐车的时间恰好等于指导员步行和坐车的时间。很明显，连长和指导员坐车的时间相等，步行的时间也相等。

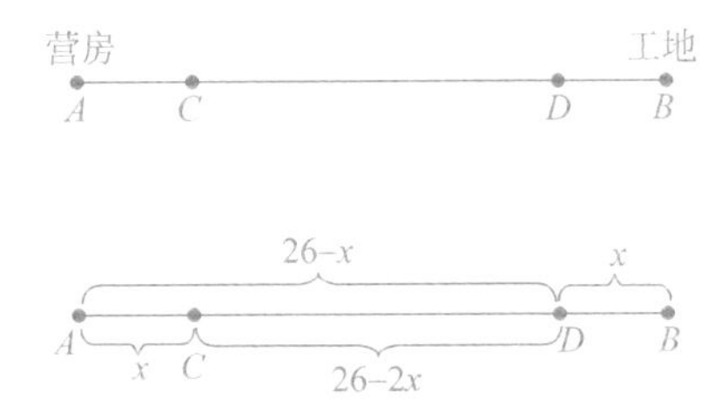

如上图，设 DB 距离为 x，则 $AC=x$。

在连长走完 $x$km 时，通讯员骑车行驶的路程是$(26-x)+(26-2x)$，他们所用的时间相等。因此，可列出方程：

$$\frac{x}{5}=\frac{(26-x)+(26-2x)}{65}$$

化简得：

$$4x=13$$

$$x=3\frac{1}{4}$$

连长和指导员步行和坐车所用的时间是：

$$3\frac{1}{4}\div 5+\left(26-3\frac{1}{4}\right)\div 65=1\text{h}$$

连长和指导员用上面的办法，1h就同时赶到了工地。

16. 电车和自行车

这一题的方程不容易直接列出，需要作一些分析。

设起点站和终点站每隔 x 分钟发一辆车，如果张明到 A 点时(见图)有一辆电车超过他，那么 $x$min 后就有第 2 辆电车开到 A 点。12min 后，张明从 A 点骑到 B 点，第 2 辆电车将在 B 点超过他，电车从 A 点开到 B 点的时间是 $12-x$min。换句话说，张明在 12min 内所经过的路程和电车在 $12-x$min 内经过的路程一样多，因此两种速度之比是 $\frac{12-x}{12}$。

现在假设张明在 A 点碰上迎面来的电车，4min 后，他在 C 点又碰上迎面开来的第 2 辆电车，那么这辆电车必定在 $x-4$min 后到达 A 点。因此，按这样的算法，两种速度之比是 $\frac{x-4}{4}$。

从两个不同角度，得到的两种速度之比，使我们能列出方程：

$$\frac{12-x}{12}=\frac{x-4}{4}$$

解方程，得 $x=6$。因此每隔 6 分钟有一辆电车从起点站和终点站发出。

17. 会议的时间

根据题目的条件可以知道，会议开始时，时针在钟面上 6～7 之间，分针在钟面上 9～10 之间(如图)。

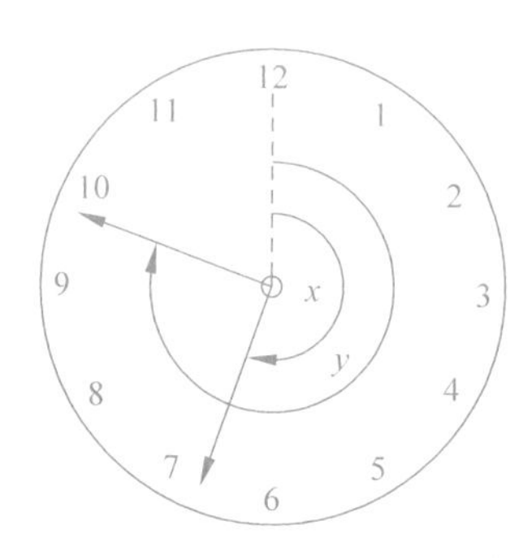

我们把时针 1h 所走的角度作为 1(即相当于钟面上 5min 刻度的角度)。设会议在 x 时开始,那么时针(从 12 点的位置算起)走过的角度也是 x。设会议在 y 时结束,那么时针走过的角度也是 y。从 6 时整到会议开始时这一段分针走过的角度也是 y,时针的速度是分针的$\frac{1}{12}$,因此它从数字 6 起走了$\frac{y}{12}$的角度。于是可以列出方程:

$$x=6+\frac{y}{12}$$

会议结束时两针对调了位置,根据相同的道理,又可以列出方程:

$$y=9+\frac{x}{12}$$

$$\begin{cases}x=6+\dfrac{y}{12}\\ y=9+\dfrac{x}{12}\end{cases}$$

解方程组: $$\begin{cases}12x=72+y & (1)\\ 12y=108+x & (2)\end{cases}$$

从式(2)得: $$x=12y-108$$

代入式(1): $$12(12y-108)=72+y$$

$$144y=1368+y$$

$$143y=1368$$

$$y=9\frac{81}{143}$$

同理可求出：

$$x=6\frac{114}{143}$$

把答案中的$\frac{114}{143}$时和$\frac{81}{143}$时换算成分和秒，那么，会议大约是在6时47分50秒开始的，结束的时间大约是9时33分59秒。

18. 牛顿的问题

参照本章的例题，采用列表形式，说明列方程的过程：

编号	日常的语言	代数的语言
1	每亩地原有的草	a
2	1周内每亩地新长出来的草	b
3	第一片牧场$\left(3\frac{1}{3}\text{亩}\right)$原有的草和4周内新长出来的草	$3\frac{1}{3}a+\left(4\times3\frac{1}{3}\right)b$
4	(12头牛4周吃完第一片牧场的草)每头牛每周吃多少草	$\frac{3\frac{1}{3}a+\left(4\times3\frac{1}{3}\right)b}{12\times4}$
5	第二片牧场(10亩)原有的草和9周内新长出来的草	$10a+(9\times10)b$
6	(21头牛9周吃完第二片牧场的草)每头牛每周吃多少草	$\frac{10a+(9\times10)b}{21\times9}$
7	第三片牧场(24亩)原有的草和18周内新长出来的草	$24a+(18\times24)b$
8	有多少头牛18周吃完第三片牧场的草	x(头)
9	(有x头牛18周吃完第三片牧场的草)每头牛每周吃多少草	$\frac{24a+(18\times24)b}{18x}$

每头牛每周吃的草是一样的，利用上面表里第4项和第6项的等量关系，可列出：

$$\frac{3\frac{1}{3}a+\left(4\times 3\frac{1}{3}\right)b}{12\times 4}=\frac{10a+(9\times 10)b}{21\times 9}$$

于是可以算出 $5a=60b$，即 $a=12b$。这个式子反映出原有的草和新长的草的数量关系，使我们可以把两种量转化成一种量。$\frac{10\times 12b+(9\times 10)b}{21\times 9}=\frac{10}{9}b$，也就是说，每头牛每周吃$\frac{10}{9}b$ 的草。

这要与上页表中最后一项相等，于是列出方程式：

$$\frac{24\times 12b+18\times 24b}{18x}=\frac{10}{9}b$$

解方程，得 $x=36$。第三片牧场可供 36 头牛吃 18 周。

解这道题时，引入了两个辅助的未知数 a 和 b，这里并不需要将它们求出，但是由于这两个未知数的引入，使列方程的手续简化了。这也是列方程解应用题常用的办法，希望能引起大家注意。

19. 2 辆汽车

先设大卡车的速度是 $x$km/h，而小汽车的速度是 $y$km/h。再设经过 th 以后，两车相遇。因此大卡车从甲地至乙地共需要$(t+9)$h，小汽车从乙地至甲地需要$(t+4)$h。甲、乙两地的距离就可以用下列 3 个式子表示：

$$(t+9)x,\quad (t+4)y \quad 和 \quad t(x+y)。$$

这样使我们得到两个方程：

$(t+9)x=t(x+y)$，即 $9x=ty$，或者 $t=\frac{9x}{y}$；

$(t+4)y=t(x+y)$，即 $4y=tx$，或者 $t=\frac{4y}{x}$。

由 $t=\frac{9x}{y}=\frac{4y}{x}$，$9x^2=4y^2$，$x$ 和 y 都应是正数，两边开方得 $3x=2y$，$x=\frac{2}{3}y$。

再将它代入 $t=\frac{9x}{y}=\frac{9\cdot\frac{2}{3}y}{y}=6$。

中午 12 点，两辆车在途中相遇。

20. 帮记者算一算

设车间原来有 x 名工人，每人看管 y 台布机，按照题意可列出方程组：

$$\begin{cases} xy=(y+1)(x-15) \\ xy=(y+3)(x-30) \end{cases}$$

化简：

$$\begin{cases} x-15y=15 \\ 3x-30y=90 \end{cases}$$

解方程组，得 $x=60$，$y=3$，车间共有 $60\times3=180$(台)布机，原来每人看管 3 台，两次技术革新后每人看管 6 台，因此效率提高了 1 倍。

21. 分糖

设盘子里原来有 x 块糖，那么第一个同学共分得 $1+\frac{x-1}{7}$ 块糖，第二个同学分得 $2+\frac{1}{7}\left[x-\left(1+\frac{x-1}{7}\right)-2\right]$ 块糖，根据两人分得糖数一样，可以列出方程：

$$1+\frac{x-1}{7}=2+\frac{1}{7}\left[x-\left(1+\frac{x-1}{7}\right)-2\right]$$

解方程，得 $x=36$。$1+\frac{36-1}{7}=6$，因此每人分得 6 块糖，共有 6 个同学。后面几位同学分得糖数是不是 6 块呢？你验算一下，就知道了。

现在再把题目化作一般形式，将会帮助大家加深认识和理解这一题目。如果第一个人先拿 a 块，然后再给他剩下的$\frac{1}{n}$；第二个人先拿 $2a$ 块，然后再给他剩下的$\frac{1}{n}$……依次类推，这样一来，我们可以列出方程：

$$a+\frac{x-a}{n}=2a+\frac{1}{n}\left[x-\left(a+\frac{x-a}{n}-2a\right)\right]$$

解方程，$x=a(n-1)^2$。注意，a 和 n 都是已知数，取 $a=1,n=7$，就是本题解答。

读者还可验算一下，每人分得糖数是一样的。

22. 自行车比赛

我们知道，路程等于速度乘以时间，而题中并没有直接把速度和时间告诉我们，因而需要先求出一个人的时间和速度来。

设：小张所用的时间为 xh，速度为 $y$km/h。小王比小张晚 12min 到达，12min 是$\frac{1}{5}$h，所以小王所用的时间是 $x+\frac{1}{5}$h。小李比小张晚 $12+3=15$min 到达，$15\text{min}=\frac{1}{4}$h，小李所用的时间是 $x+\frac{1}{4}$h。小王的速度是 $y-5$，小李的速度是 $y-5-1=y-6$。

（注意：在同一方程中，单位要一致！）

由于他们 3 人走过的路程都相同，可以利用这个等量关系列出方程组：

$$\begin{cases} xy=\left(x+\frac{1}{5}\right)(y-5) \\ xy=\left(x+\frac{1}{4}\right)(y-6) \end{cases}$$

化简：
$$\begin{cases} 25x-y=-5 \\ 24x-y=-6 \end{cases}$$

解方程组，得 $x=1,y=30$，

因此，$xy=1\text{h}\times 30\text{km/h}=30\text{km}$。

路程长 30km。

23. 谁完成任务最多

用代数语言来表示，题意会更清楚一些。设黄、刘、洪、赵 4 人加工零件的数量分别是：a、b、c、d。从题意，可以得到 3 个式子：

$$d>c \tag{1}$$

$$a+b=c+d \tag{2}$$

$$b + c > a + d \tag{3}$$

式(2)加式(3)得到：

$$a + 2b + c > a + c + 2d$$

两边各减去 $a+c$，得到 $2b>2d$，即 $b>d$。

式(2)可变换为：$c-a=b-d$。因为 $b-d>0$，所以 $c-a>0$，即 $c>a$。

归纳起来，4 个数的大小顺序是：$b>d>c>a$。

刘师傅完成任务最多，其次是赵师傅，洪师傅第三。

24. 4 种几何体

我们可以把“平衡的天平”看成一个等式，这就可以应用数学方法进行加减了。

第 2 个天平与第 3 个天平相加，结果见图：

化简：

把第 3 个天平左右两端对换为：

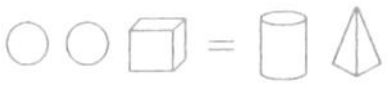

3 个天平同时相加：

化简：

把正方形换为球后化简：

25. 作文本和红铅笔

将方程 $11x+13y=107$ 转化成：

$$x=\frac{107-13y}{11}=9-y+\frac{8-2y}{11}$$

分析这一方程，由于 x 和 y 都是正整数，$\frac{8-2y}{11}$ 必须是整数。只有当 $y=4$ 时，$\frac{8-2y}{11}$ 才是整数，因此 $y=4$。代入方程，求出 $x=5$。

王勇买了 5 支红铅笔，4 本作文本。题目告诉我们，有 3 个同学既买红铅笔，又买作文本，还剩下 2 支红铅笔、1 本作文本，这是另外 3 个同学买的。

$7-3-3=1$。所以，有一个同学什么文具也没买。

26. 水池子

设长方形的长和宽分别是 xm 和 ym。长方形的周长是 $2x+2y$，面积是 xy，于是可以列出方程：

$$2x+2y=xy$$

解出 x，得到：

$$x=\frac{2y}{y-2}$$

因为 x 和 y 都是正数，$y-2$ 也必须是正数，所以 y 大于 2。

由于 $2y=2y-4+4=2(y-2)+4$ 于是得到：

$$x=\frac{2y}{y-2}=\frac{2(y-2)+4}{y-2}=2+\frac{4}{y-2}$$

x 是整数，所以 $\frac{4}{y-2}$ 也必须是整数，换句话说，$y-2$ 是 4 的整数因子，而 $y-2$ 是正数，因此 $y-2$ 只能取 1、2 和 4 三个数值，可得到 3 组解：

$$\begin{cases}x=6\\y=3\end{cases}\quad\begin{cases}x=4\\y=4\end{cases}\quad\begin{cases}x=3\\y=6\end{cases}$$

因为水池子是长方形，两条边长是不相等的，所以长和宽的长度分别是 6m 和 3m。

27. 欧拉的问题

设 x 是猪的头数，y 是山羊的头数，z 是绵羊的头数。于是可以列出两个方程：

$$x+y+z=100$$

$$3\frac{1}{2}x+1\frac{1}{3}y+\frac{1}{2}z=100$$

第 2 个方程乘以 2，减去第 1 个方程，消去 z，

$$y=60-\frac{18}{5}x$$

因为牲畜的头数都是整数，所以$\frac{x}{5}$必须是整数。我们设整数 $t=\frac{x}{5}$，于是得：

$$x=5t$$

代入 y 的表达式，得：$y=60-18t$。

将 x 和 y 代回第一个方程，得到方程：

$$z=40+13t$$

因为 y 是正数，所以 $y=60-18t>0$，而 t 也是正整数，t 只能取 1、2、3 三个值。这样，我们就得到 3 组解答：

$$t=1\text{ 时},\begin{cases}x=5\\y=42\\z=53\end{cases};\quad t=2\text{ 时},\begin{cases}x=10\\y=24\\z=66\end{cases};\quad t=3\text{ 时},\begin{cases}x=15\\y=6\\z=79\end{cases}$$

28. 学生宿舍

设小宿舍为 x 间，中宿舍为 y 间，大宿舍为 z 间。可以列出方程：

$$x+y+z=12$$

从学生共有 80 人，又可以列出方程：

$$5x+7y+8z=80$$

将第一个方程两边乘以 5，再用第二个方程减它，得到 $2y+3z=20$，即 $y=10-\frac{3}{2}z$。因为 y 是整数，所以 z 必须是偶数。同时 y 又是正数，z 只能取 2、4、6 三个数，其他偶数都会使 y 成为负数。将 $z=2$，$z=4$，$z=6$ 代入第 1 个和第 2 个方程，可以得到 3 组解答：

$$\begin{cases}x=3\\y=7\\z=2\end{cases}\quad\begin{cases}x=4\\y=4\\z=4\end{cases}\quad\begin{cases}x=5\\y=1\\z=6\end{cases}$$

题目中补充了一个条件，中宿舍最多，因此，只有第一个解答适合。即小宿舍 3 间，中宿舍 7 间，大宿舍 2 间。

29. 饲料和桶一起分

共有 21 只桶，每位饲养员应该分得 7 只桶；饲料共有 7 个满桶和 7 个半桶，合计 10 桶半，每位饲养员应该分得饲料 3.5 桶。根据这两个要求，每位饲养员可能的分法有几种呢？

设 x 是分得的满桶数目，y 是半桶的数目，z 是空桶的数目。从每人应该分得 7 只桶，可以列出一个方程：

$$x+y+z=7$$

从每人应该分得 3.5 桶饲料，又可以列出方程：

$$x+\frac{1}{2}y+0\cdot z=3\frac{1}{2}\text{，即 }2x+y=7$$

我们用与上一题相同的办法，用 z 来表示 x 和 y。也可以先把 z 当作已知数，然后解上面两个方程，将 x 和 y 解出(这是解不定方程组常用的办法)。得：$\begin{cases}x=z\\y=7-2z\end{cases}$。因为 y 是正数，所以 $7-2z>0$，即 $z<3\frac{1}{2}$。z 必须是整数，所以可以取值 0、1、2 和 3。因此，相应地可以得到 4 组解答：

$$\begin{cases}x=0\\y=7\\z=0\end{cases}\quad\begin{cases}x=1\\y=5\\z=1\end{cases}\quad\begin{cases}x=2\\y=3\\z=2\end{cases}\quad\begin{cases}x=3\\y=1\\z=3\end{cases}$$

分法	满桶	半桶	空桶
第 1 种	0	7	0
第 2 种	1	5	1
第 3 种	2	3	2
第 4 种	3	1	3

这样，每位饲养员有 4 种可能的分法(见上表)，但是我们还要考虑到 3 位饲养员合起来，恰好是满桶、半桶和空桶都是 7 只，3 位饲养员可能的分配办法只有下列两种：两位饲养员第 3 种分法，一位饲养员第 4 种分法；一位饲养员第 2 种分法，两位饲养员第 4 种分法。

通过以上的方法，就把所有的解答都找出来了，这就可以断定再没有其他解答了。

30. 小荣分糖

设一共有糖 x 块，最后平分为 3 份时，每个小朋友分得的糖为 y 块。

分给奶奶$\frac{1}{3}$后，剩下的糖是$(x-1)\times\frac{2}{3}$

分给小弟弟$\frac{1}{3}$后，还有糖$\left[(x-1)\times\frac{2}{3}-1\right]\times\frac{2}{3}$

分给爸爸妈妈$\frac{1}{3}$后，还有糖：

$$\left\{\left[(x-1)\times\frac{2}{3}-1\right]\times\frac{2}{3}-1\right\}\times\frac{2}{3}$$

3 个小朋友平分糖时，共有糖 $3y+1$，可列方程：

$$\left\{\left[(x-1)\times\frac{2}{3}-1\right]\times\frac{2}{3}-1\right\}\times\frac{2}{3}=3y+1$$

$$x=\frac{81}{8}y+\frac{65}{8}=10y+8+\frac{y+1}{8}$$

因为 y 是整数，$\frac{y+1}{8}$也必须是整数。设$\frac{y+1}{8}=t$，而 y 是正整数，因此 t 也是正整数。变换一下得 $y=8t-1$。将 y 代回到 x 表达式中，得：

$$x=10(8t-1)+8+t=81t-2$$

现在 t 可以取正整数1,2,3,…但是题目中规定这一斤糖不超过100块,因此 t 只能取值1。于是 $x=79$。

一共有糖79块。

31. 排队

设这个中学有 x 人。每2人、3人、4人、5人、6人排一行都多出1人,换一句话说,$x-1$ 能被2、3、4、5和6整除,而2、3、4、5和6五个数的最小公倍数是60,因此 $x-1$ 也能被60整除。设 $\frac{x-1}{60}=y$,y 应该是正整数,变换一下,就列出不定方程式:

$$x=60y+1$$

x 能被7整除,即 $\frac{60y+1}{7}=8y+\frac{4y+1}{7}$ 是正整数。设 $\frac{4y+1}{7}=t$,t 也应是正整数。变换一下,得出:

$$y=\frac{7t-1}{4}=t+\frac{3t-1}{4}$$

设 $\frac{3t-1}{4}=t_1$,为了使 y 是正整数,t_1 应该也是正整数,变换一下,得出:

$$t=\frac{4t_1+1}{3}=t_1+\frac{t_1+1}{3}$$

设 $\frac{t_1+1}{3}=t_2$,为了使 t 是正整数,并注意 t_1 是正整数,t_2 也必须是正整数,变换一下,得出:

$$t_1=3t_2-1$$

现在我们来列一个 t_2 与 x 的关系式:

$$x=60y+1=60\left(\frac{7t-1}{4}\right)+1=105t-14$$

$$=105\left(\frac{4t_1+1}{3}\right)-14=140t_1+21=420t_2-119$$

t_2 是正整数，可以取 1，2，3，…但题目规定学生不超过 400 人，所以 t_2 只能取值 1，即 $x=420-119=301$，这支队伍有 301 人。

引入这样多未知数，目的就是要求出未知数 x 的通解(也可以求出 y 的通解)。当 t_2 取任何整数，我们将得到方程式 $x=60y+1$ 所有整数解，这样的解，具有普遍性，数学上称为通解。有了通解，就可以按照题目要求的条件来选择所需要的解。事实上，这一题的解法，基本上已告诉大家，对 $ax+by=c$ 这种类型的不定方程式，求出所有整数解的一般方法。如果你知道，求两个整数最大公约数是“辗转相除”方法(或者将一个分数化成连分数的方法)，你就会发现，上面的解法实际上就是“辗转相除”。

采用这个方法，很快就可以算出，当学生人数在 1000～1200 之间时，解答是 1141 人($t_2=3$)。学生人数在 3900～4200 之间时，解答是 4081 人($t_2=10$)。

32. 校长和数学老师

设订购教科书 y 本。

于是可以列出方程：　　$303+\frac{y}{5}+\frac{xy}{7}=y$

$$y(28-5x)=5\times7\times303$$

$$y=\frac{5\times7\times101\times3}{28-5x}$$

书的本数 y 是正整数，因此，分子要被分母整除。因为分子是 4 个奇数相乘，所以分母 $28-5x$ 不能是偶数，而且必须是正数，因此，x 只能取 1、3、5 这三个值。取 1 和 3 都不能整除，x 只能取 5。于是 $y=\frac{3\times5\times7\times101}{28-5\times5}=3535$。

共订购教科书 3535 本，第 2 批运来 707 本，还有 $\frac{5}{7}$，即 $3535\times\frac{5}{7}=2525$(本)未运到。

33. 3 个相连的数

设 b 是 x，于是 $a=x-1$，$c=x+1$。再设 6 个分数加起来是正整数 y。

由此可以列出方程式：

$$y=\frac{x}{x-1}+\frac{x+1}{x-1}+\frac{x-1}{x}+\frac{x+1}{x}+\frac{x-1}{x+1}+\frac{x}{x+1}$$

$$y=\frac{6x^2}{(x-1)(x+1)}=\frac{6x^2}{x^2-1}=\frac{6(x^2-1)+6}{x^2-1}=6+\frac{6}{x^2-1}$$

y 是正整数，所以$\frac{6}{x^2-1}$也是整数，换句话说，6 要被 $x-1$ 和 $x+1$ 整除。6 的整数因子有 1、2、3、6，但 $x+1$ 和 $x-1$ 之差等于 2，因此，只能 $x+1=3$，$x-1=1$，即 $x=2$。

这顺序相连的 3 个数就是 1、2 和 3。

34. 一个方程 3 个未知数

$$y(x+y)=z+120$$

方程左边是两数相乘，这两个数也是 $z+120$ 的因子。这就可以断定 z 不可能是 2。如果是 2，$z+120=122$，122 只有两个整数因子：2 和 61，y 也必须是 2，由于 y 和 z 不相同，这是不可能的。

质数中，除 2 是偶数外，其余质数都是奇数，因此 z 是奇数，$z+120$ 也是奇数。这样一来，左边 y 和 $x+y$ 也必定是奇数。y 是奇数，而 $x+y$ 还是奇数，x 只能是偶数。所有质数中，只有 2 是偶数，所以 x 是 2。当确定 $x=2$，方程就可以写成：

$$y^2+2y-120=z\text{，即}(y-10)(y+12)=z$$

右边 z 是质数，它只能被 1 和本身整除。因此 $y-10$ 和 $y+12$ 必须分别等于 1 和 z。y 是正数，$y+12$ 不能等于 1。只能 $y-10=1$ 即 $y=11$。$y+12=z$，$z=11+12=23$。

生产队有 2 头牛、11 匹马和 23 头猪。

第7章　不要忘记算术

有些人学会了代数，就丢掉了算术。我们要劝告他：不要忘记算术。

总的来说，解应用题时，代数的方法比算术方法更快更好，这好比骑自行车总比走路快。但是，对于成长中的孩子，多走路更能锻炼腿功，两条腿有劲了，骑车也更快一些嘛！还有，在爬山的时候，遇上崎岖小道，那就无法骑车，只好步行了。解应用题也有类似的情况，多用算术方法解题，更能培养人的思考能力，何况有的题目根本列不出代数方程来，那只好求助于算术了。

有些题需要代数和算术结合才能求解，正像做一些精细的活，需要机器和手工结合。

通过分析抓住问题的实质，运用推理使思考深入，做这一章题目还要善于把分析和推理与计算结合起来。

要求又快又准

下面列出20个小题目，试试你的算术熟练程度。希望你能在15min以内把题目做完，要算得准，算得越快越好。

(1) $73+29=?$

(2) $102-71+65-11=?$

(3) $19\times17=?$

(4) $1024\div32=?$

(5) $15\times4\div15\times4=?$

(6) $\frac{1}{2}\div\frac{1}{3}=?$

(7) $5\frac{1}{2}\div11=?$

(8) $6\frac{1}{4}+3\frac{1}{3}+2\frac{1}{2}=?$

(9) $\frac{1}{2}-\frac{1}{3}=?$

(10) $1979\times85+1979\times27-1979\times12=?$

(11) 写出整数48的因数。

(12) 求63、36、75、40的最大公约数。

(13) 求3、4、6、7、10、15的最小公倍数。

(14) 将$\frac{3}{8}$换算成百分比。

(15) 将12%写成最简分数。

(16) 将$\frac{1}{16}$写成小数。

(17) 将0.175写成分数。

(18) 把1～30三十个数中的质数挑出来。

(19) 8个人从甲地到乙地要走2天，12个人从甲地到乙地要走几天？

（20）3 个人包 100 个饺子用了 30min，包 150 个饺子要用多少分钟？

算错了没有

有人买了 3 支铅笔、5 支圆珠笔、8 个笔记本和 12 张绘图纸，总共用去 2 元 1 角。现在只告诉你，铅笔是 4 分一支，圆珠笔是 2 角 8 分一支，请你回答，这笔账是不是算错了？

乍看时，好像不知道笔记本和绘图纸的价钱，就算不清账。其实，只要动动脑筋分析一下，是可以回答的。

3 弟弟写了多少个数码

弟弟在认真地练习写数，1，2，3，…一直写下去，写到 1000 多才停止。小明要算一算弟弟一共写了多少个数码，一位数 1 个数码，两位数 2 个数码，……小明第一次算出弟弟共写了 3201 个数码，又算了一遍，却是 3203 个。

我也算了一算，知道小明算出的两个数，有一个是正确的。请你也算一算，小明哪一次算得对？弟弟写的最后一个数是什么？

把汽油挑出来

油库里有 6 个油桶，有的盛汽油，有的盛柴油，有的盛机油。油桶上标明了桶里盛了多少升油，可没有标明盛的是哪一种油（请看插图）。这不会

弄错吗？管理员说：“不会。”因为他知道，汽油只有一桶，而柴油正好比机油多一倍。请你推算一下，把那一桶汽油挑出来。剩下的哪几桶是机油？哪几桶是柴油？

5 账本上的数字

一位采购员买了72只水桶，在小账本上记下这笔账。可是，由于吸烟时不小心，火星掉在账本上，把这笔账的总数烧去了两个数字，账本的数字是这样的：

72只水桶共□67.9□元。

请你帮他把这笔账补上。

提示：一个数的最后三位数能被8整除，它一定能被8整除；一个数的各位数字之和能被9整除，它一定能被9整除。

6 田径比赛

初三的3个班级进行百米跑、跳高和跳远3项比赛。前4名得分的标准是：第1名5分，第2名3分，第3名2分，第4名1分。

比赛结果，甲班得名次的人最少，总分却是第一；乙班没有人得第一，总分比甲班少1分；丙班得名次的人数最多，总分比乙班少1分。请问：每个班级各得了几个什么名次？

7 锯圆木

甲、乙、丙3组同学参加锯圆木劳动，圆木粗细都相同，只是长度不一

样。甲组领的是 2m 长，乙组领的是 1.5m 长，丙组领的是 1m 长，要求都按 0.5m 长的规格锯开。

说来也巧，劳动结束时，3 个组恰好同时把领来的圆木都锯完。李明那个小组共锯成 27 段，王勇那个小组共锯成 28 段，张宏那个小组共锯成 34 段。

问：李明，王勇和张宏 3 个人分别属于甲、乙、丙中的哪个组，哪一个组锯得最快？

8 谁射中了靶心

3 位小朋友自己画了个靶子，用汽枪比赛射击。每人 6 发子弹，枪枪中靶，射击成绩看图。

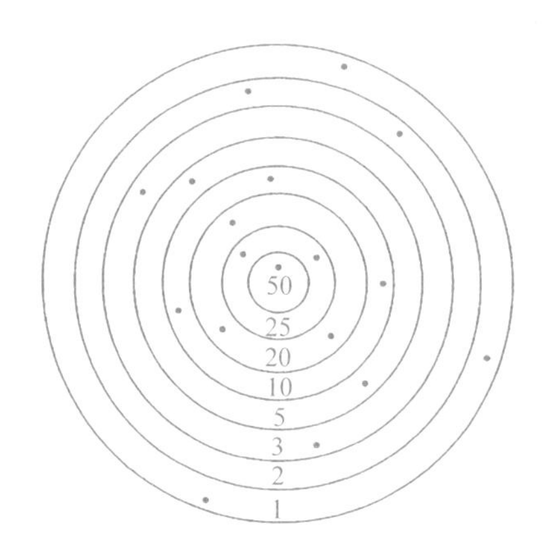

现在知道：3 人得分相等，但是，小方前两发得分最高，小强前两发得 15 分，小华前两发得 35 分。请你算一算，是谁射中了靶心？

9 不需要列方程

1979 年那一年，有人问张爷爷的年龄。张爷爷只说了一句话：“我 x 岁那一年，正好是公元 x^2 年。”你能把张爷爷的年龄算出来吗？

有的人一看题目里有 x，马上就想到可以列方程，于是列了一个方程：

$$\sqrt{x^2}=x$$

结果，未知数仍然是未知数。又想从别的角度来列方程，想来想去，找到等量关系，却又发现条件不够，很难办。其实，解这样的题目，首要的是分析，分析透了，可以用一个简便的算术方法找出答案来。

10 数字编组

这里有 10 个数：21、22、34、39、44、45、65、76、133 和 153。请你把它们编成两组，每组 5 个数。要求这组 5 个数的乘积恰好等于另一组 5 个数的乘积。

如果任意编组，需要进行大量的计算，算起来很麻烦，会浪费很多时间，要注意寻找编组的办法。

11 4 个孩子的年龄

有 4 个孩子，恰好一个比一个大一岁。他们的年龄相乘等于 3024。算一算，这 4 个孩子的年龄是多少？

这个题如果用代数做，首先设最小的孩子的年龄是 x，则其他 3 个孩子的年龄是：$x+1$，$x+2$，$x+3$。

列方程：

$$x(x+1)(x+2)(x+3)=3024$$

方程是列出来了，初中的同学没有学过高次方程，不会解。即使会解，也很麻烦。

我们要告诉你，列方程是解题的重要方法，可是，也有一些题目，不列方程反而更容易算。所以，不论做什么题，首先要把问题分析透彻，找到问题的关键，抓住它的特殊性，再比较一下，用什么方法更快更好。

请你先想一想，试一试，再对照本书的答案。答案中没有用列方程的方法，列举了两种解题的简便办法。

12 哪一天去的

今年2月的某一天，我去张老师家串门。他说："今天我已经在家接待了三次学生了，每次来的人数都不相等，这3个数相乘，恰好等于今天的日期。请你猜猜，每一次去张老师家有多少位学生？"

我看了一下日历，觉得这个问题可以有多个解答，估计其中的一个解答可能性很大，就问了他一个问题。他回答说："没有。"于是我就确定我的估计是正确的。

请大家想一想，我是哪一天去张老师家的？我向他提了一个什么问题？

注意：不要忽略"2月"和"没有"这两个重要条件。

13 5个人的年龄

王、张两位数学老师一起外出，在路上碰到王老师的3个邻居。王老师对张老师说："他们3个人的岁数加起来，恰好是你的岁数的两倍，3个人的岁数相乘，乘积是2450。你能算出他们的年龄吗？"张老师想了一阵后说：

“你的题目还差一个条件。”王老师也想了一阵后说：“我疏忽了，还应该告诉你，他们的年龄都比我小。”

爱动脑筋的读者，根据两位老师的对话。你能推算出张老师、王老师以及那3个邻居的年龄吗？

提示：先把2450分解成3个数的乘积，要把各种可能都列出来。

14 5个集训队

市业余体校组织了篮球、排队、足球、乒乓球和羽毛球5个集训队。

篮球队每隔1天训练一次，

排球队每隔2天训练一次，

足球队每隔3天训练一次，

乒乓球队每隔4天训练一次，

羽毛球队每隔5天训练一次。

7月8日，5个队同时开始第一次训练。现在要问：

(1) 8月里，有没有各队都在同一天训练的机会？

(2) 8月里，有哪几天各队都不训练？

15 有这样的数吗

一个数，除以3余1，除以4余2，除以5余3，除以6余4。你说有这样的数吗？

提示：请注意除数和余数的差有什么特点。

16 一支队伍

一支队伍不超过6000人。列队时，2人一排，3人一排，4人一排，5人一排，6人一排，7人一排，8人一排，9人一排和10人一排，最后一排都缺一个人。改为11人一排，最后一排只有一个人。

这支队伍究竟有多少人？

提示：这一题和后面两题都要用到“一个整数被11整除的特征”：

一个数的奇数位数字之和减去偶数位数字之和，所得的数能被11整除或者都是零，那么这个数一定能被11整除。

例如：一个数是51876，奇数位的数字之和是$5+8+6=19$，而偶数位的数字之和是$1+7=8$，$19-8=11$，就知道51876能被11整除。

这是因为：

$$\begin{aligned}51876 &= 5\times 10000+1\times 1000+8\times 100+7\times 10+6\\ &= 5\times(10000-1)+5+1\times(1000+1)-1+8\times(100-1)+\\ &\quad 8+7\times(10+1)-7+6\\ &= 5\times 9999+1001+8\times 99+7\times 11+(5-1+8-7+6)\end{aligned}$$

在这个算式里，9999、1001、99、11都能被11整除，所以只要$5+8+6-1-7$能被11整数，51876就能被11整除。

17 余数相同

$26\div 6=4\cdots\cdots 2$

$50\div 6=8\cdots\cdots 2$

两个整数被第3个整数除，所得的余数相同。那么，将出现一个特点，这两个整数之差一定能被第3个整数整除：

$$50-26=24,\quad 24\div 6=4$$

记住这个特点，再做下面的题目：

有701、1059、1417、2312四个数，请你找出一个最大的整数，去除这4个数，使所得的余数都相同。

18 怎么知道的

张爷爷找了4个二年级小学生，对他们说：“你们每人随便想一个四位数，各想各的，想好了别告诉我，记在纸上。”

小学生把自己想好的数记到纸上后，张爷爷又说：“现在，你们把最后一

位数移到第一位，又是一个四位数。把这两个数加在一起，告诉我，我就能知道你们算对了没有。”

甲：“8732。”

乙：“6451。”

丙：“8470。”

丁：“13356。”

张爷爷想了一下，告诉他们，只有丙算得对，其他人都算错了。小学生又重新算了一次，证明张爷爷说对了。

那么，张爷爷是怎么知道的呢？

19 十位数字

用从 0～9 十个不同的数字，可以组成无数个十位数，比如 2307814659，7538902164，…在无数个十位数中，一定有许多能被 11 整除的数，请你试着把最大的和最小的找出来。

20 里程碑上的数字

一辆汽车在公路上匀速行驶，司机李师傅看见里程碑上的数字是个两

位数(用 $\overline{AB}$ 表示),马上看看手表,记下时间。1h 以后,再看里程碑,上面仍然是一个两位数,不过恰好是第一个两位数颠倒了顺序(用 $\overline{BA}$ 表示)。再过 1h,里程碑上是三位数,又恰好是第一个两位数中间加了零(用 $\overline{A0B}$ 表示)。请问你,车速是多少?3 个里程碑上的数字各是多少?

提示:在算术中,34 实际是 $10\times3+4$。一个两位数,如果十位数字是 A,个位数字是 B,那么,这个两位数应该是 $10A+B$。

21 种了多少棵树

两个少先队小队参加植树活动,按照要求,他们把树木种成一个正方形。种树的时候,工人叔叔一次只给每队各发 10 棵树,种完这些树,再给每队各发 10 棵树,……发到最后那次,甲队先领了 10 棵树,乙队就不足 10 棵。

有人粗略估计,他们一共种了 200 多棵树。希望你能细算一下,到底种了多少棵树?

22 里程表

一辆新汽车出厂以后,为了试验汽车的性能,两位司机轮流驾驶,每小时行驶 77km,不停地行驶了一整天。停下来以后,看看手表,行驶时间整整几小时,是个整数,看看里程表,出发时是个三位数($\overline{abc}$),停止时,三位数恰好颠倒了顺序,变为($\overline{cba}$)。

(1) 汽车行驶了几小时?

(2) $a+b+c$ 不超过 9,你知道这 2 个三位数是多少吗?

23 也是纸老虎

$\overline{abcdefghijklmnopqrsty}7\times7=?$

在这个奇特的算式中，被乘数是个很大的数，共有22位。除7外，其他各位数都用字母表示。这个数乘7，得数也很有趣。它是：

$$\overline{7abcdefghijklmnopqrsty}$$

这仍然是个22位数，与被乘数比较一下，唯一的变化只是“7”从最后一位数移到了第一位，除此以外，没有别的变化。请你求出字母表示的21位数是什么数？

一看题目，那么大的数，恐怕有的人会感到无法下手。不要怕，这也是一只纸老虎，只要认真想一想，解题的方法其实很简单。

提示：首先确定y，然后……

24 步行与坐车

一位科学家参加重要会议，每天按固定时间出门，所以司机也总是按固定时间从会场开小轿车来接科学家。

有一天，科学家提早出门，沿着小轿车的路线步行。半小时后，碰上来接他的小轿车，然后乘车去开会，比平时早10min到会场。

请你算一算，科学家比平日提早多少时间出门？小轿车比步行快多少倍？

25 储蓄箱

小明有一只储蓄箱，有一天，他把储蓄的硬币倒出来一数，二分硬币比五分硬币多24枚。按钱数算，五分的却比二分的多3角。还有53枚一分的硬币。小明存了多少钱(硬币)？

本章最后几题，希望你能用算术方法和代数列方程两种方法来做。做完以后，比较一下两种方法是很有意思的。

两筐苹果

有两筐苹果，如果从第一筐拿出 9 个放到第二筐里，两筐的苹果数就一样多。如果从第二筐里拿出 12 个放到第一筐里，第一筐的苹果就是第二筐的 2 倍。

问每筐各有几个苹果？

3 种小虫

蜘蛛有 8 条腿，蜻蜓有 6 条腿和 2 对翅膀，蝉有 6 条腿和 1 对翅膀。现有这 3 种小虫 18 只，共有 118 条腿和 20 对翅膀，问每种小虫各几只？

28 两针互换位置

某人离开办公室时看了看钟，外出了两三小时以后，回到办公室又看了一下钟，发现时针和分针恰好互换了位置。

你能否算出，他离开办公室多少时间？

地铁列车

地铁列车载着乘客从北京站开出，到崇文门站有 20 位乘客上车。到前

门站下去了一半乘客，上来了 20 位乘客。到和平门站，有$\frac{1}{3}$的乘客下车，上来了 8 位乘客。到宣武门站时，有$\frac{1}{4}$乘客下车，又新上来 9 位乘客。到长椿街站时，有$\frac{1}{5}$乘客下车，新上来 6 位乘客。到复兴门站时，有$\frac{3}{10}$乘客下车，但只有 1 位新乘客上车。这时数了一下，车上还有 106 位乘客。请你算一算，从北京站开出时，车上有多少位乘客？

30 父女的年龄

爸爸和女儿两人岁数加起来是 91 岁。当爸爸的岁数是女儿现在岁数 2 倍的时候，女儿的岁数是爸爸现在岁数的$\frac{1}{3}$。

请你算一算，爸爸和女儿现在的年龄？

题目的条件有点绕，不容易理解，用画图的办法将能帮助你思考。用线段 AB 表示爸爸现在的岁数，线段 CD 表示女儿现在的岁数(如图)。如果减少 EB 年，爸爸的岁数是 AE，AE 是女儿现在岁数的 2 倍，即 $AE=2\times CD$。爸爸的年龄减少了 EB，女儿的年龄应减少相同的年数，取 $FD=EB$，于是 CF 是女儿那时的年龄，应有 $CF=\frac{1}{3}\times AB$。

然后，可以找出 AB 与 CF 和 FD 的关系，从而找出 AB 与 CD 的比例关系。

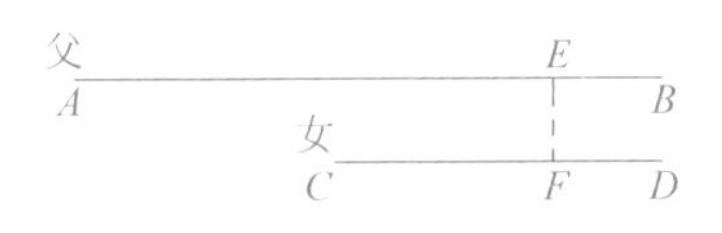

31 吃草问题

在内蒙古牧区，一位牧民正在考虑一个问题：有一片草场，如果让马和牛去吃草，45 天内将吃完草场原有的草和 45 天内新长出来的草；如果让马和羊去吃草，60 天将吃完原有的草和 60 天内新长的草；如果让牛和羊去吃草，90 天将吃完草场原有的草和 90 天内新长的草。那么，如果同时让马、牛、羊去吃草，这片草场够吃多少天呢？

牧民想了一下，为了计算方便，只好假定每天长的新草和牲畜的吃草量是稳定的。同时，他知道牛、羊吃草量的和等于马的吃草量。

第7章解答

1. 要求又快又准

(1)102,(2)85,(3)323,(4)32,(5)16,(6)$1\frac{1}{2}$,(7)$\frac{1}{2}$,(8)$12\frac{1}{12}$,(9)$\frac{1}{6}$,(10)197900,(11)1、2、3、4、6、8、12、16、24、48,(12)1,(13)420,(14)37.5%,(15)$\frac{3}{25}$,(16)0.0625,(17)$\frac{7}{40}$,(18)2、3、5、7、11、13、17、19、23、29,(19)2天,(20)45min。

2. 算错了没有

铅笔的价格是4分,圆珠笔是2角8分,4和28都可以被4除尽。再看笔记本和绘图纸,虽然不知道价钱,但是一个是8本,一个是12张,8和12也能被4整除。

这样,4种东西的钱数都能被4整除,加起来的总钱数也必然能被4整除。可是,题目上的总钱数却是2元1角,也就是210分,不能被4整除,所以说这笔账是算错了。

3. 弟弟写了多少个数码

一位数(1～9)九个,共9个数码;

两位数(10～99)九十个,共90×2个数码;

三位数(100～999)九百个,共900×3个数码。从1～999共$9+180+2700=2889$(个)数码。余下的是四位数。总数码数减去2889后要能被4整除,$3201-2889=312$能被4整除,而$3203-2889=314$不能被4整除,因此第一次算出的数3201是正确的。$\frac{312}{4}=78$,弟弟写的四位数是从1000～1077,即最后一个数是1077。

4. 把汽油挑出来

管理员说："汽油只有一桶，而柴油正好比机油多一倍。"那么，柴油和机油一共 5 桶，它们的体积比是 2∶1。这 5 桶油加在一起，一定能被 3 整除。

哪 5 桶油加在一起能被 3 整除呢？先把 6 桶油加在一起：

$$15+16+18+19+20+31=119$$

119 被 3 除，余数是 2，不能被 3 整除。在这 6 个数字中，只有 20 被 3 除，余数是 2。把 20L 这一桶挑出来，剩下的 5 桶就能被 3 整除了。所以 20L 这一桶，一定是汽油。

剩下的 5 桶一共是 99L，除以 3，得 33L。15＋18＝33，因而知道这两桶是机油；剩下的 3 桶是柴油。

如果汽油多了 1L，是 21L，推算起来就麻烦得多。你不妨试试。

5. 账本上的数字

水桶是 72 只，72＝9×8，□67.9□能被 72 除尽，也一定能被 9 和 8 除尽。如果一个数能被 8 除尽，最后三位一定能被 8 除尽，79□被 8 除尽，□只能是 2。□6792 能被 9 除尽，那么□＋6＋7＋9＋2＝□＋24，也应被 9 除尽，因此□只能是 3。账本上的数字是 367.92 元。

6. 田径比赛

每一个项目共有 5＋3＋2＋1＝11(分)，三个项目分数总和是 33。甲、乙、丙三个班级得分依次差 1 分，因此甲班得 12 分，乙班得 11 分，丙班得 10 分。

每个项目有 4 个名次，3 个项目共有 12 个名次。甲班得 12 分，而得名次人数最少，必须得 3 个名次，唯一的分数组合是：5＋5＋2。乙班要比甲班得名次人数多，丙班最多。因此，剩下的 9 个名次只能是丙班 5 个，乙班 4 个，乙班没有人得第一名，4 个人得 11 分，唯一的分数组合是 3＋3＋3＋2＝11。这样，丙班的分数组合就知道了。各班得名次的情况是：

甲班得 2 个第一名和 1 个第三名；

乙班得 3 个第二名和 1 个第三名；

丙班得 1 个第一名、1 个第三名和 3 个第四名。

7. 锯圆木

2m 长的圆木，锯 3 次，能锯成 4 段；1.5m 长的，锯 2 次，能锯成 3 段；1m 长的，锯 1 次，锯成 2 段。

甲组领的圆木是 2m 长，锯的圆木段数，要能被 4 整除。在 27、28 和 34 三个数中，只有 28 能被 4 除尽，因此王勇是甲组。他们锯了 7(28÷4)根 2m 长的圆木，共锯了 3×7=21(次)。

乙组锯的圆木段数，要能被 3 除尽，因此李明是乙组，锯了 9(27÷3)根 1.5m 长的圆木，共锯了 9×2=18(次)。

张宏是丙组，锯了 17(34÷2)根 1m 长的圆木，共锯了 17 次。

甲组锯得最多，因此，甲组锯得最快。

8. 谁射中了靶心

从图上可以看出 18 发子弹共计得分：50 分+25 分×2+20 分×3+10 分×3+5 分×2+3 分×2+2 分×2+1 分×3=213 分，每人得分为 213÷3=71(分)。

每人射击的 6 发子弹都得分，6 个分数之和应该是 71。这就要求把 18 个分数分为 3 组，每组分数之和都是 71。试来试去，只有一种分法：

(1) 50,10,5,3,2,1

(2) 25,20,20,3,2,1

(3) 25,20,10,10,5,1

小华前两发得 35 分，只有第三组有 25+10=35，其他两组找不出两发得 35 分的数，小华得分一定是第三组。小强前两发得 15 分，可能是第一组和第三组，由于小华已是第三组，小强一定是第一组。这样看来，是小强射中了靶心。

分析到这里，答案已经找到，题目上还说，小方前两发得分最高，这个条

件是没有用的。有些同学在做题时，常常会想“还有个条件没用上，恐怕是错了”。这要看具体情况，数学题目中也会有多余的条件用不上，我们的思考要尽可能少受它的干扰。

9. 不需要列方程

这道题，需要首先分析 x^2 年的特点。它有两个特点：(1)因为年龄都是整数，x^2 也应该是一个整数。(2)它比 1979 小。假设张爷爷的年龄不会超过一百岁，x^2 的数值应该在 1879～1979 之间。根据这两个特点，只需要在 1879～1979 的数中间，查找平方根是整数的数，就可以找到 x^2 是多少。

查平方表，就知道只有 $1936=44^2$ 符合题意。因此 $x=44$。1936 年，张爷爷是 44 岁，1979 年是几岁，列个算式：

$$44+(1979-1936)=87(\text{岁})$$

张爷爷 1979 年是 87 岁。

10. 数字编组

编成两组以后，每一组的 5 个数乘积相等，这两个乘积的因数必然相同。因此，在编组之前，需要分解因数，把每一个数都分解为质数相乘。这样，我们就可以利用因数来进行分组。

$$21=3\times7,\qquad 22=2\times11$$

$$34=2\times17,\qquad 39=3\times13$$

$$44=2\times2\times11,\qquad 45=3\times3\times5$$

$$65=5\times13,\qquad 76=2\times2\times19$$

$$133=7\times19,\qquad 153=3\times3\times17$$

大家看到 76、133 都含有 19，如果把 76 放在第一组，133 就应该放在第二组；可是，133 和 21 都含有 7，确定 133 放在第二组，21 就应该放第一组……

分组的结果是：

第一组	第二组
76	133
21	39
65	45
22	44
153	34

每一组 5 个数的乘积是：

$2^3\times3^3\times5\times7\times11\times13\times17\times19=349188840$

11. 4个孩子的年龄

这两种方法是：

(1) 分解因数

3024 是 4 个数的乘积，至少包含 4 个因数，我们可以看看它有哪些因数：

$3024=2\times2\times2\times2\times3\times3\times3\times7$

分解因数以后，发现它有 8 个因数。可是，题目要求的是 4 个因数，而且这 4 个数是 4 个相连的数。那么，我们可以把这 8 个因数组合成 4 个数。在这 8 个因数中，最大的是 7，其他 3 个数一定在 7 的附近，这就可以作如下的结合：

$3024=(2\times3)\times7\times(2\times2\times2)\times(3\times3)$

$3024=6\times7\times8\times9$

(2) 排除不可能的因素

我们来分析 3024 的特点，看看可能是哪四个数相乘。通过分析，把不可能的因素排除在外，慢慢地找出这 4 个数的范围。

3024 是个四位数，比 10000 小。那么，4 个乘数会不会比 10 大？不可能。如果 4 个数都比 10 大，那么乘积应该超过 10000。

4 个数中有没有 10 呢？没有。如果有 10，3024 的个位数应该是 0。

排除这两种可能以后，4 个数的范围已缩小到从 1～9 九个数以内。

再问，4 个数中有没有 5 呢？也没有。因为这 4 个数是相连的数，5 的前后是 4 和 6，不论是 4 还是 6 与 5 相乘，个位数一定是 0。

好了。现在只剩下 $1\times2\times3\times4$ 和 $6\times7\times8\times9$ 两种可能。可能并不是解答，一定要有验算，才能确定正确的答案。

$1\times2\times3\times4=24$

$6\times7\times8\times9=3024$

这时得到了唯一的答案：4 个孩子的年龄是 6 岁、7 岁、8 岁、9 岁。

12. 哪一天去的

设日期是 x。x 是 3 个不相等的数的乘积，而且，这样的数共有 4 组。2 月最多只有 29 天，1～29 二十九个数中，只有 $x=24$，才符合这个条件：$1\times3\times8$，$1\times4\times6$，$1\times2\times12$ 和 $2\times3\times4$。我估计 $2\times3\times4$ 可能性较大，因此，我问张老师："这三批学生中，是否有一个人单独来的？"张老师回答："没有。"就可以肯定这三批学生的人数是 2 人、3 人、4 人，而且这一天是 24 号。

13. 5 个人的年龄

把 2450 分解成 3 个数的乘积，有下列各种可能：

$1\times49\times50(100)$	$5\times14\times35(54)$
$2\times25\times49(76)$	$7\times7\times50(64)$
$5\times7\times70(82)$	$7\times10\times35(52)$
$5\times10\times49(64)$	$7\times14\times25(46)$

还有一些分解，比如 $1\times25\times98$，$2\times5\times245$，不适合作年龄的未列出。括号内的数字是 3 个数字之和。

张老师也一定将 2450 作了这样的分解，然后看看哪一组分解的三数和恰好是他的年龄的两倍，就能确定这三个人的年龄。可是他确定不下来，又说："还差一个条件。"因此，张老师一定是 32 岁。因为 32 的 2 倍是 64，上面列出的分解中，有两组数的和是 64，张老师才无法确定是哪一组。

王老师的补充条件是："他们年龄都比我小。"从 $7\times7\times50$ 和 $5\times10\times49$ 两种分解来看，如果王老师大于 50 岁，这两种都适合，如果王老师小于 50 岁，这两种都不适合，只有王老师是 50 岁，他的补充条件排除了 $7\times7\times50$ 这种分解，这就确定了只有 $5\times10\times49$。

因此，王老师是 50 岁，张老师是 32 岁，3 个邻居是 5 岁、10 岁和 49 岁。

14. 5 个集训队

(1) 隔一天训练一次，就是每 2 天训练一次。这 5 个队分别是每 2、3、4、5、6 天各训练一次。设第 x 天是各队同时训练的日子，x 应该能被 2、3、4、5、6 整除，实际上 x 就是 2、3、4、5、6 的最小公倍数 60。第 60 天才是共同训练的日子，那已经是 9 月了，所以，8 月没有同时训练的日子。

(2) 设第 x 天是各队都不训练的日子，x 应该是 2、3、4、5、6 都不能整除的数。8 月是 7 月 8 日后的第 24 天到第 54 天，x 就在这个范围以内。在这个范围以内不能被 2、3、4、5、6 整除的数有 29、31、37、41、43、47、49、53。因此，8 月的 6 日、8 日、14 日、18 日、20 日、24 日、26 日、30 日各队都不进行训练。

15. 有这样的数吗

因为除数和余数的差都是 2，"一个数"加上 2 后，一定能被 3、4、5 和 6 整除。换一句话说，这样的数是有的，3、4、5、6 的公倍数减去 2 都符合题目条件。3、4、5、6 的最小公倍数是 60，$60-2=58$ 是这样的数中最小的数。

实际上，当 n 取正整数 1,2,3,…时，$60n-2$ 得到的数 58,118,178,…都符合条件，因此这样的数有无穷多个。

16. 一支队伍

因为 2 人一排，3 人一排，……，10 人一排都少一个人，所以，这支队伍的人数一定是 2、3、4、5、6、7、8、9、10 的公倍数减 1。2～10 九个数的最小公倍数是 2520，而这九个数的公倍数一定是 2520 乘一个整数 n，这支队伍的人数是 $2520n-1$。题目还有一个条件：11 人一排还多一个人。这也就是说

$(2520n-1)-1$ 要被 11 整除。现在我们看一下，n 取什么整数时，才符合条件呢？

当 $n=1$ 时，$(2520\times1-1)-1=2518$，$2+1-5-8=-10$。根据 11 整除性特征，2518 是不能被 11 整除的。

当 $n=2$ 时，$(2520\times2-1)-1=5038$，$5+3-0-8=0$，根据 11 整除性特征，5038 能被 11 整除，而且，5039 也符合题目规定不超过 6000 的条件。

因此这支队伍的人数是 5039 人。

17. 余数相同

根据题目的提示，要求两个整数被第三个整数相除的余数相同，第三个整数一定能整除两数的差。我们从 4 个数中任意取出 2 个，用大数减去小数，就能得到一个差。由于从 4 个数中取两个数共有 6 种取法，可以得到 6 个差：

$$2312-1417=895=5\times179$$

$$2312-1059=1253=7\times179$$

$$2312-701=1611=9\times179$$

$$1417-1059=358=2\times179$$

$$1417-701=716=4\times179$$

$$1059-701=358=2\times179$$

我们要找的数，是这 6 个差的最大公约数，从上列式子可以看出，它是 179。

对不对呢？大家可以自己检验一下。

18. 怎么知道的

张爷爷让小学生先写下的四位数，如果四位数是由 a、b、c、d 四个数字组成，这个数可以写成：$1000a+100b+10c+d$。把最后一位移到第一位后的四位数可写成：$1000d+100a+10b+c$，两个四位数相加得到的数是 $1100a+110b+11c+1001d$。这个数能被 11 整除，因此张爷爷可以用 11 的

整除性特征来检查4个孩子的答案。因为8732(8+3−7−2=2)、6451(6+5−4−1=6)和13356(1+3+6−3−5=2)都不能被11整除,所以可以知道甲、乙和丁三人都算错了。8470能被11整除,张爷爷就肯定丙算对了。

最后还要告诉大家,张爷爷的方法,用在四位数上可以,用在六位数上也可以,但是用在五位数上是不行的,请你们想想其中的道理。

19. 十位数字

大家先记住,从0～9十个数字之和是45。

在十位数中,奇数位和偶数位各有5个数字。设奇数位数字之和为a,偶数位数字之和是b。要求十位数被11整除,$a-b$应该是0,或者是11、22、33。由于$a+b=45$,是个奇数,而且十个数字都是整数,因此$a-b$不可能有0或者22。如果$a-b=33$,那么$a=39$,$b=6$。b是5个数字之和,不可能是6,$a-b$也不可能是33。因此,$a-b=11$,即:$a=28$,$b=17$。

现在来考虑最大的数,当然,大的数字应该放在前面,先排出前四位数:9876。由于偶数位5个数字的和只是17,现在8+6=14,偶数位其他3个数字之和只能是17−14=3,这3个数字只能是2、1、0。最大的数是:9876524130。

有了组成最大数的经验,要组成最小数就容易些。这时,要注意两点:(1)小的数字应该放在前面;(2)必须让奇数位数字之和等于17,偶数位数字之和等于28。

先安排前四位数字为1023,这样奇数位已有了两个数字1和2,奇数位其他3个数字之和必须等于17−1−2=14,可是4～9六个数字中最小的3个数字4+5+6=15,因此无法满足要求。于是我们只能把前四位数改成1024,这样奇数位有1和2,奇数位剩下3个数字之和等于17−1−2=14就行了。在其他6个数中,3个数字之和等于14,只有3+5+6=14。要组成的最小数是1024375869。

20. 里程碑上的数字

李师傅第一次看到的两位数用10A+B表示,$\overline{BA}$用10B+A表示,$\overline{A0B}$

用 $100A+B$ 表示。汽车 2h 行驶的路程是 $(100A+B)-(10A+B)=90A$，因此，汽车每小时行驶 45Akm。分析一下，如果 $A=2$，那么 $\overline{AB}$ 是二十几，每小时行驶 $45\times2=90$km，90 加二十几已经不是两位数了，与题目上说的 $\overline{BA}$ 是两位数不符，因此，A 只能是 1，也就是每小时行驶 45km。因为 $10B+1=10+B+45$，即 $9B=54$，故 $B=6$。

三个里程碑上的数字是 16、61、106。

21. 种了多少棵树

设他们种的树每行是 $(10a+b)$ 棵，因为树木种成正方形，树木的总数是 $(10a+b)^2$，这个数是 200 多，因此，a 只能是 1。

$$(10+b)^2=10^2+20b+b^2$$

因为两个小队每次领到的树都是 20 棵，10^2 和 $20b$ 都能被 20 整除，所以最后两个小队拿的树苗数一定包含在 b^2 中，而其中一个小队最后拿了 10 棵树，b^2 的十位数字一定是奇数。我们知道，1～9 九个数的平方是 1、4、9、16、25、36、49、64 和 81，十位数字是奇数的只有 16 和 36，b 就可能是 4 和 6。$14^2=196$，$16^2=256$，根据共种树 200 多棵，可以判断他们种的树是 256 棵。

22. 里程表

在演算中，$\overline{abc}$ 应写成 $100a+10b+c$，$\overline{cba}$ 应写成 $100c+10b+a$。汽车行驶的路程是：

$$(100c+10b+a)-(100a+10b+c)=99c-99a$$

根据公式，行驶里程＝速度×时间

$$99(c-a)=77\times\text{时间}$$

$$9(c-a)=7\times\text{时间}$$

分析等式，左边必须包含 7 的因数，右边必须包含 9 的因数。具体地说，$c-a$ 应是 7 的倍数，“时间”应是 9 的倍数。可是，c 和 a 都小于 10，因为 $c-a=7$，这就确定了“时间”为 9h。由于 $a+b+c$ 不超过 9，因此，$c=8$，$a=1$，$b=0$。

汽车出发时,里程表上是108,到达目的地时,里程表上是801。

23. 也是纸老虎

这道题,说穿了很简单。把原题写成竖式(y以前的数,暂时省略):

被乘数和乘数最后一位都是已知数,这部分可以运算。

$$\begin{array}{r} \cdots\cdots\quad y\ 7 \\ \times\quad\ \ 7 \\ \hline 9 \end{array}$$

原来,y=9,把被乘数中的y改为9。竖式中把t写出来。

$$\begin{array}{r} \cdots\cdots\quad t\ 9\ 7 \\ \times\qquad\ 7 \\ \hline 7\ 9 \end{array}$$

再进行运算,就知道t=7。把t改为7,然后求s。

照这个办法算下去,一位数字一位数字地往前推算,就可以把21位数都求出来。这个22位数是:1014492753623188405797。

24. 步行与坐车

小轿车是按固定时间开出来的,现在比平日提早10分钟到达会场,这是因为在途中遇上了科学家,汽车就少走了一段路程。

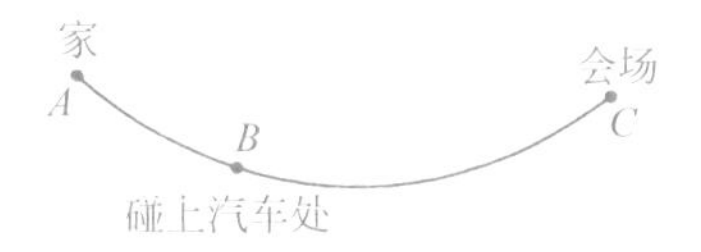

少走了多少路程呢?请看上图,设科学家住在A点,在B点碰上汽车,会场在C点。平日,小轿车需要在A、C间往返一次,行驶的路程是$2AC$,而这一天,到达B点便返回会场,少走的路程是$2AB$。这就是说,平日行驶$2AB$的路程需要10min,那么,行驶AB这一段路程需要5min。如果科学家像平日一样在家等车,那么,从他开始步行的时间算起,再过5min,才能坐上车。因此,科学家比平日提早了35(30+5)min出门。

走AB这一段路程,汽车只用5分钟,步行用了30分钟。在同一段路程内，速度与时间成反比例，所以汽车的速度为步行速度的 6 倍。

25. 储蓄箱

做题要注意“单位”相同。本题把“元”“角”一律化成“分”。

如果 2 分硬币减少 24 个，那么，2 分的和 5 分的硬币个数相等。这 24 个硬币是多少钱呢？24×2=48(分)。

当 2 分硬币和 5 分硬币个数相等时，5 分硬币比 2 分硬币多了几分钱呢？应该是：(30+48)分，而每一个 5 分硬币比 2 分硬币多(5−2)分。因此，5 分硬币的个数是：78÷3=26(个)，2 分硬币的个数是：26+24=50(个)。

小明储蓄的钱是：5×26+2×50+53=283(分)。也就是 2 元 8 角 3 分。

26. 两筐苹果

从第一筐拿 9 个到第二筐，两筐的苹果一样多，说明原先第一筐比第二筐多 18 个。从第二筐拿 12 个到第一筐，那么，第一筐又比第二筐多了 24 个，加上原先多 18 个，共比第二筐多了 18+24=42(个)。多 42 个后，第一筐的苹果是第二筐的 2 倍，也就是说，第二筐还剩 42 个，原先是 42+12=54(个)。

因此第一筐有苹果 54+18=72(个)，第二筐有苹果 54 个。

27. 3 种小虫

如果 18 只都是蜘蛛，共有 18×8=144(条)腿，现在只有 118 条腿，少了 144−118=26(条)腿。每只蜘蛛比每只蜻蜓或每只蝉都多 2 条腿，说明其中有 26÷2=13(只)蜻蜓或蝉。于是蜘蛛有 18−13=5(只)。如果 13 只都是蜻蜓，应有 13×2=26(对)翅膀，可是只有 20 对翅膀，少了 26−20=6(对)翅膀，每只蜻蜓比每只蝉多 1 对翅膀，说明其中有 6 只是蝉，于是蜻蜓有 13−6=7(只)。

蜘蛛、蜻蜓和蝉，各有 5 只、7 只和 6 只。

28. 两针互换位置

分析两针互换位置的特点，应该是分针走到时针的位置上，而时针走到分针的位置上，实际上是两针合起来恰好走了整整一圈了。当这个人外出整整2h的时候，分针还在老地方，而时针已走了$\frac{2}{12}$圈。既然时针多走了$\frac{2}{12}$圈，在计算两针要对换位置的时候，就要扣除$\frac{2}{12}$圈。因此，两针必须合起来继续再走$\left(1-\frac{2}{12}\right)$圈。分针的速度是时针的12倍，于是分钟要走其中$\left[\left(1-\frac{2}{12}\right)\times\frac{12}{13}\right]$圈，也就是说，分针要走$\left(1-\frac{2}{12}\right)\times\frac{12}{13}\times60=\frac{10}{13}\times60=46\frac{2}{13}$min。

因此，这个人离开办公室大约2h46min9s。

29. 地铁列车

这个题的解法要用“还原算法”，从后往前推算。

最后还有106位乘客，礼士路站有1位乘客上车，有$\frac{3}{10}$乘客下车，所以车从长椿街站开出时应有乘客$(106-1)\div\left(1-\frac{3}{10}\right)=150$(人)；长椿街站有6人上车，原先乘客有$\frac{1}{5}$下车，所以车从宣武门站开出时有$(150-6)\div\left(1-\frac{1}{5}\right)=180$(人)，同样地逐步推算，从北京站开出时，有乘客$\left\{\left[(180-9)\div\left(1-\frac{1}{4}\right)-8\right]\div\left(1-\frac{1}{3}\right)-20\right\}\div\left(1-\frac{1}{2}\right)-20=600$(人)。

30. 父女的年龄

因为AE是CD的2倍，而$CD=CF+FD$，所以$AE=2\times(CF+FD)$。由于EB和FD相等，$AB=AE+EB=2\times(CF+FD)+FD=2\times CF+3\times FD$。可是$AB=3\times CF$，于是$CF=3\times FD$。

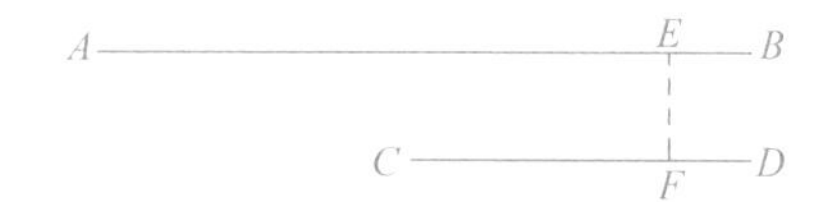

由此可以推算出：

$$CD = CF + FD = 3 \times FD + FD = 4 \times FD$$

$$AB = 3 \times CF = 3 \times 3 \times FD = 9 \times FD$$

而 $AB + CD = 91$，$FD = \frac{91}{4+9} = 7$。

因此，爸爸是 63 岁，女儿是 28 岁。

31. 吃草问题

题目告诉我们的条件，都是把两种牲畜的吃草量混在一起算，增加了解题的困难。因此解这一题的关键，是先求出每种牲畜的吃草量。

因为马的吃草量等于牛、羊吃草量的和，所以马和牛 45 天吃完原有的和 45 天新长的草，相当于羊和 2 倍的牛 45 天吃完这些草。

因为牛和羊 90 天吃完原有的和 90 天新长的草，所以又相当于牛和羊 45 天吃完原有草的一半和 45 天新长的草。

与上面一比较，就知道牛增加 1 倍在 45 天内就多吃原有草的一半，这也就是原有的草单让牛吃可吃 90 天$\left(\text{或者说牛每天吃掉原有草的}\frac{1}{90}\right)$。而牛和羊 90 天吃完原有的和 90 天新长的草，因此相当于羊每天吃掉了每天新长的草。

马和羊 60 天吃完原有的和 60 天新长的草，因此原有的草让马单独吃可吃 60 天$\left(\text{或者说马每天吃掉原有的草的}\frac{1}{60}\right)$。

到此为止，我们已经算出每一种牲畜的吃草量，剩下的问题就好办了。就算羊每天吃掉新长的草，马和牛合吃原有的草，它们应该可以吃 $1 \div \left(\frac{1}{60} + \frac{1}{90}\right) = 36$（天）。

因此这片草场让 3 种牲畜一起吃可吃 36 天。

第8章　图形的切拼

几何学上有一条有趣而奇妙的定理：

“两个面积相等的多边形，可以将其中任意一个切开成有限的块数，然后拼成另一个。”这是由近代最伟大的数学家之一希尔伯特(德国人，1862—1943)证明的。

这条定理告诉我们，一个多边形能切拼成一个正方形，一个正五边形能切拼成一个正三角形……但是，定理并没有告诉我们切拼的具体方法，很明显，切开的块数应该越少越好。因此，我们选了一些图形切拼的题，供大家思考，来寻找切拼的方法。

图形的切拼，不是单纯的动脑筋问题，它有一定的实用价值，对工厂里的下料、工艺美术的图案设计，都有一些用处。

这一章的题目，对增强几何图形的直观感觉和判断能力，丰富图形想象力是有好处的。

1 分成3块

请你将图形分成大小、形状都相同的3块，而且要求每一块都带有一个小圆圈。

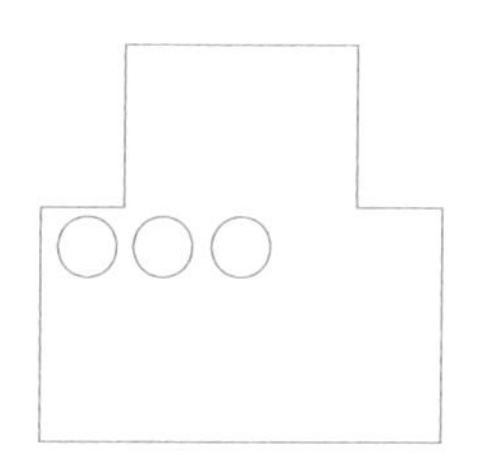

2 分成4块

下图是一个圆，中间挖了一个正方形的孔。请你将它切成大小和形状都相同的4块，使每一块恰好都带有一个小三角形和一个小圆圈。

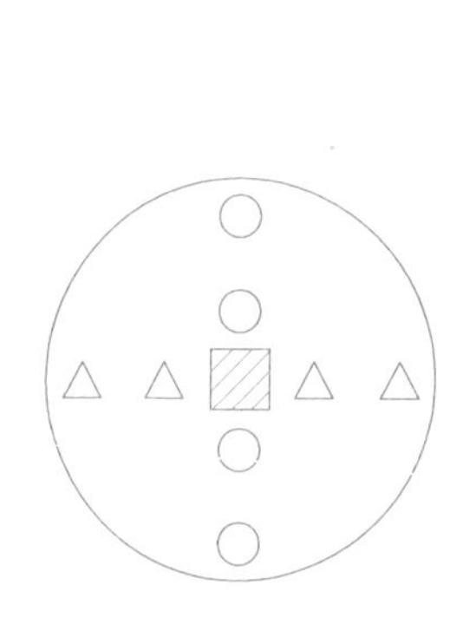

3 分成8块

请看图，这是2个正方形，要求把每一个正方形分为4块。两个正方形，共分为8块，使每块的大小和形状都相同，而且都带有一个“○”。

提示：一个正方形分4块，一定是从中心点分开的，只要你找出其中一块的大小和形状，符合题目要求，围绕中心点旋转90°，就会得到第2块。再

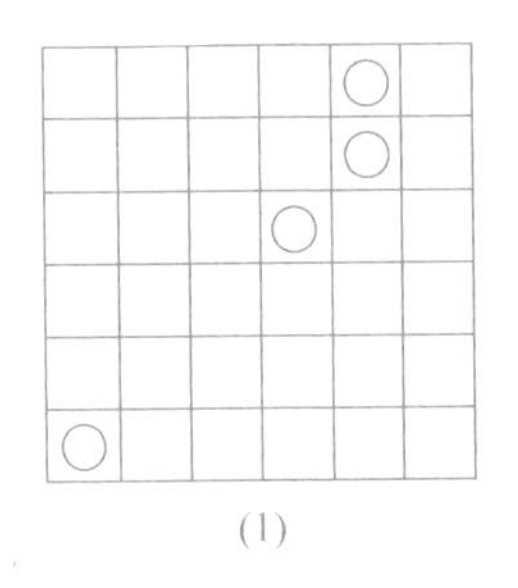

(1)

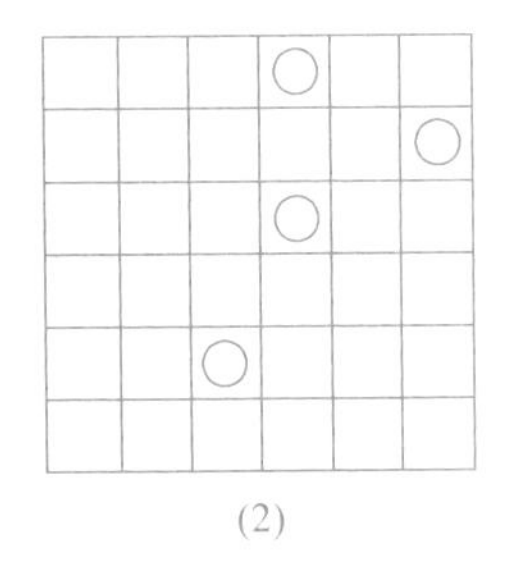

(2)

转 90°,第 3 块、第 4 块就同时出现。

4 两个正方形

下图有两个正方形,现在要把每一个正方形分成两块,两个正方形分成 4 块。要求这 4 块的形状和大小都相同,并且每一块中都有 A、B、C、D 四个字母。

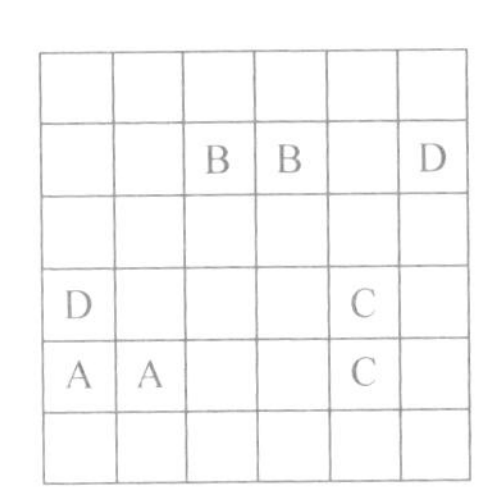

B		D			
B					
		A	C	C	
		A			
		D			

提示:

(1) 要把两个正方形叠合在一起考虑。

(2) 图中有相同的字母挨在一起的情形,肯定要从它们中间切开,因此,可以先在它们之间画上截线。因为每一个正方形分成的两块形状和大小一样,所以其中一块绕中心旋转 180°,必定与另一块叠合。把画的截线绕中点旋转 180°,又可得一些截线,这就为分割找到了许多线索。做这一题要细心加耐心!

5 4 个数字

将图中的正方形,分割成大小和形状一样的 4 块,并且每一块恰好都有 1、2、3、4 四个数字。

提示：分割成的 4 块形状和大小一样，因此将其中一块绕中心分别旋转 90°、180°、270°，就依次与另外 3 块叠合。从这里开始思考是很有好处的。上一题的提示(2)对本题一样是有用的。

			2			1	1
	1		2				
	1			4	4		
	3	3			3	3	
		4	4				
	2	2					

6 节约材料

红光电子仪器厂，在生产某一种产品时，需要用 6 种形状的薄金属片，如图所示。工人师傅为了节约材料，他们从下脚料中选了 6 种形状的材料，每一种材料恰好适合裁切一种薄片，而且一点不浪费材料。

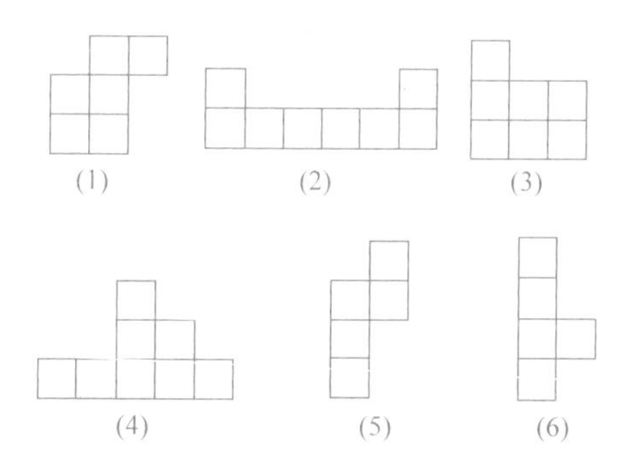

需要切成的薄片

请你找一找，哪种材料适合裁切哪种薄片，怎样裁切？

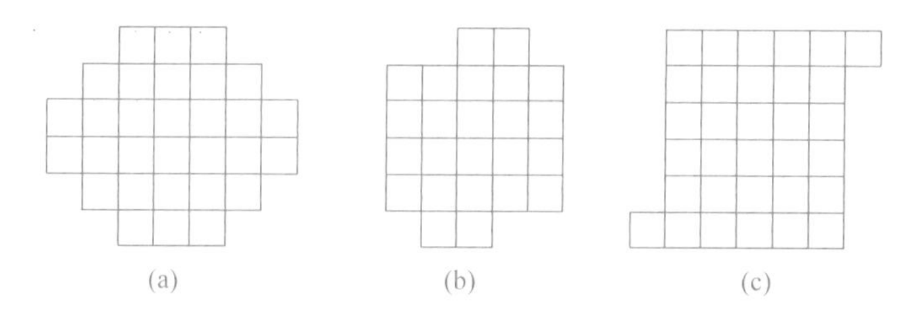

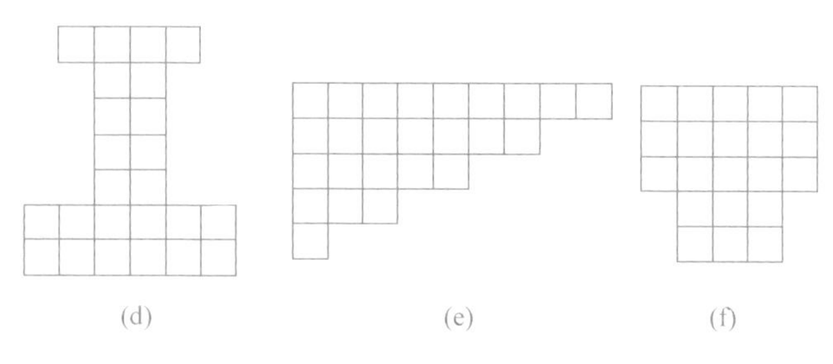

找到的下脚料

7 下料

在许多工厂都要进行板材下料，将大块板材（钢板、木板、铁皮等）裁剪成各种形状的毛坯。现在请大家做两个简单的下料题目：

(1) 一块 5×5 的正方形板材，请你把它裁剪成图(1)的 5 块毛坯。(每一小格的边长为 1)。

(2) 用一块 6×6 的正方形板材，裁剪成图(2)的 8 块毛坯。

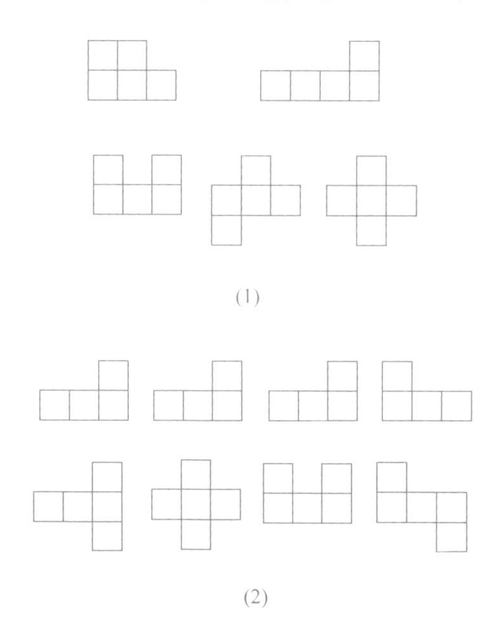

为了便于思考，请你用一些硬纸，剪出各种“毛坯”，然后考虑如何把它们拼成一个正方形。如果能拼成，就知道怎样裁剪了。

8 阶梯形切拼

请把图中的木板切成2块,然后拼成一个正方形。

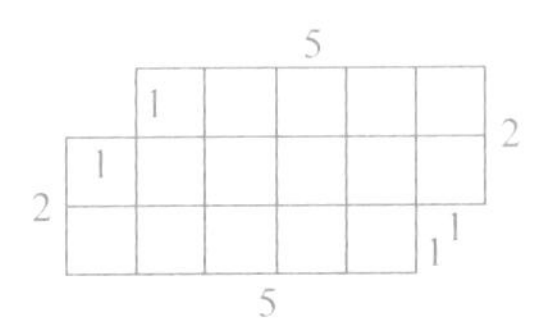

提示:请把这道题看作一道例题,做好这道题,对后面的几道题都有帮助。

首先要算出拼成的正方形面积是多少,然后求出边长。切开后的图形,应该大体类似阶梯,然后由两个阶梯互相咬合,而组成一个正方形。下图就是一种阶梯,宽度是正方形的边长,高度分别是1、2、3,与另一个阶梯咬合,很容易得到要求的正方形。

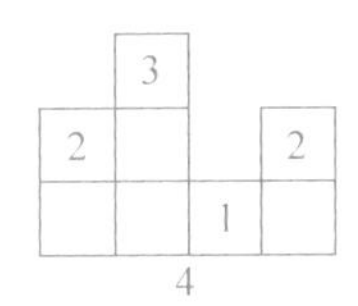

9 长方形变正方形

请你将图中长方形切成两块,拼成一个正方形。

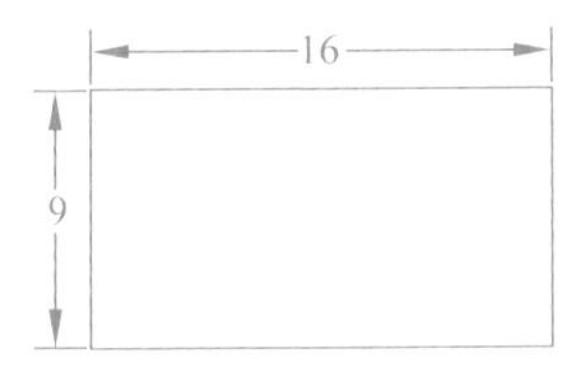

10 拼成长方形

请你将下图切成两块,拼成一个5×6的长方形。

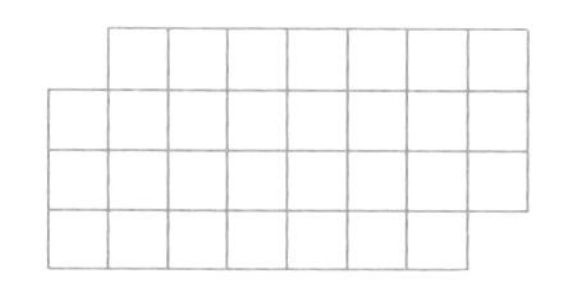

11 缺两角的“长方形”

请你将缺两角的“长方形”切成 2 块，拼成正方形。

提示：本题的“阶梯”类似锯齿。

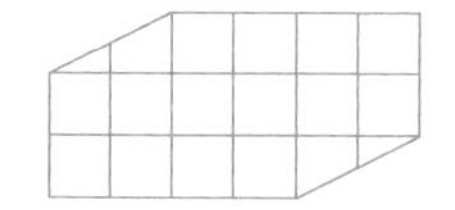

12 阶梯成方

把图中的“阶梯”切成 3 块，就可以拼成正方形。

请你试一试。

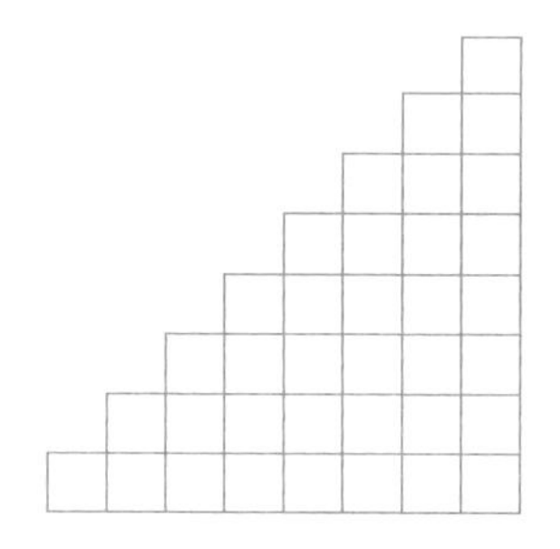

13 $1^2+4^2+8^2$

下图是边长为 1、4 和 8 的 3 个正方形堆叠在一起。它的面积是 $1^2+4^2+8^2=81=9^2$，从这个等式可以看出，它一定能切拼成一个边长为 9 的正方形。问题是最少要切成几块呢？告诉大家最少要切成 3 块。

请你试一试。

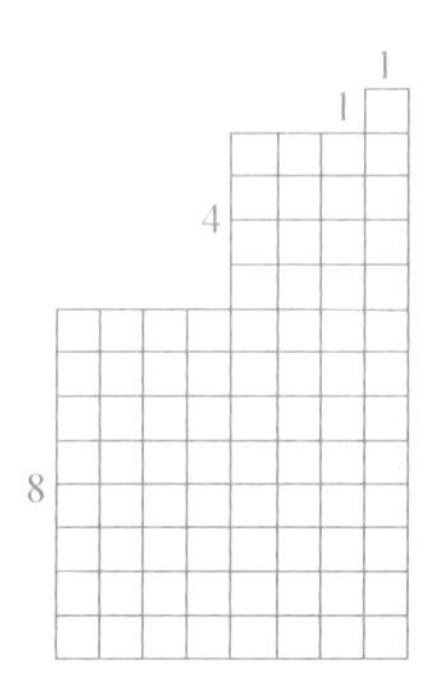

14 正方形桌面

爸爸找到一块废木块(尺寸如图,单位: cm),正在琢磨有什么用处。小林也在考虑同一问题,在纸上又是算,又是画,最后告诉爸爸,这块木料可以做一张边长80cm的正方形桌面。

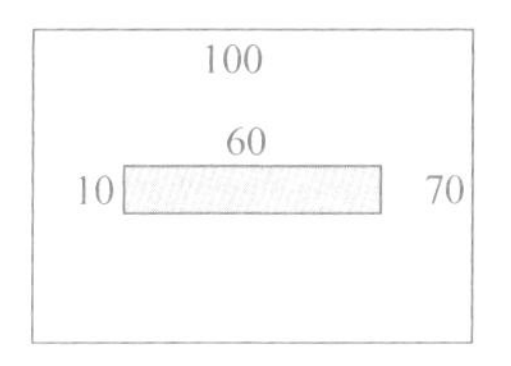

爸爸说:“面积大小倒是正好,可是要截成的块数太多。”

小林说:“只要截成2块,就可以拼成正方形。”

你能像小林那样心灵手巧吗?

15 拼桌布

有一块方格桌布，边不太整齐，现在要切拼成正方形。从图形上看，切成3块以后，很容易拼成正方形。不过，作为一个数学题，要求你只切成2块，就拼出正方形来，这就难多了。请你想一想吧！

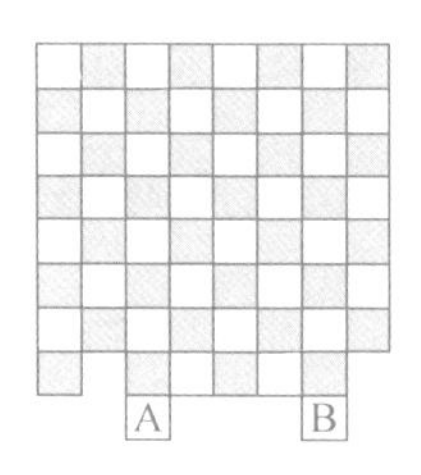

16 巧拼成方(1)

将下面的图形切成3块，然后拼成一个正方形。

提示：a、b、c 这3个小方格，要拼在 A、B、C 三个位置上。

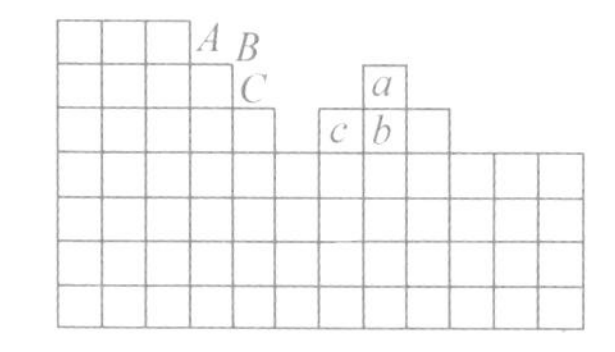

17 巧拼成方(2)

将下面的图形切成3块，然后拼成一个正方形。

提示：不用“阶梯形”，更容易一些。

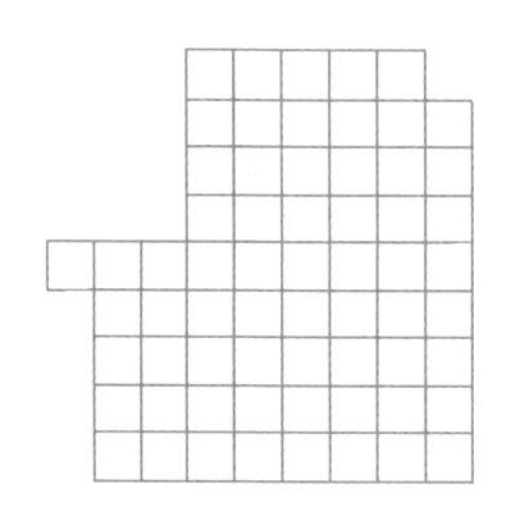

18 拼桌面

有一块木板(如图),请你切成 3 块,然后拼成一个正方形的桌面。

提示:先算出正方形的面积为 5,那么,正方形的边长是$\sqrt{5}$。

$\sqrt{5}$是个无理数,很难用尺子把它准确地划出来,但是,可以应用勾股定理来求出这条边长。当一个直角三角形的直角边是 2 和 1 的时候,根据勾股定理有:$2^2+1^2=5$,斜边的边长就是$\sqrt{2^2+1^2}=\sqrt{5}$。

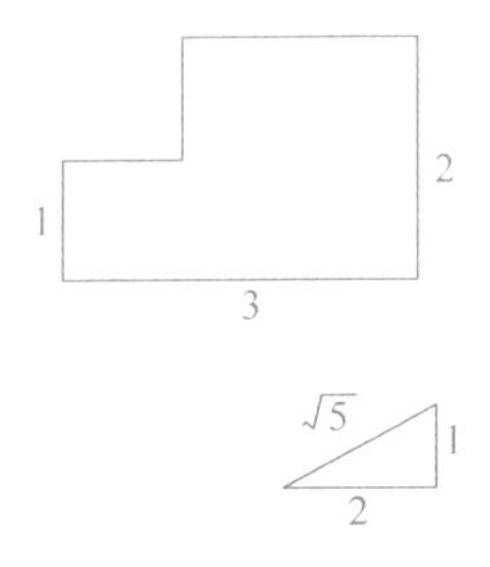

$\sqrt{5}$ 1 2

在木板上,很容易找到这样的线段。

下面的一些题目,就要应用勾股定理。

19 再拼一个桌面

请将左图的图形切成 3 块,然后拼成一个正方形。

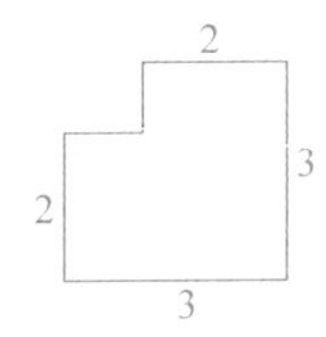

提示:先求总面积,知道拼成的正方形边长为$\sqrt{8}$。应用勾股定理,可以算出$\sqrt{8}=\sqrt{4+4}=\sqrt{2^2+2^2}$,在图形上画一个直角边为 4、4 的直角三角形,就可以找出正方形边长 AB 来。

这时,需要以 AB 为一边,作出一个正方形。可以设想这就是拼成的正方形,然后再检验一下是不是真能这样切拼,如果切拼成功,说明设想是正确的。如果切拼不成功，说明设想不对，需要重新找一找 AB 线段画在哪里合适。

利用“设想的正方形”来找答案，对解这类题目常常是有用的。下面就是两个设想的正方形，你看哪一个设想是正确的？

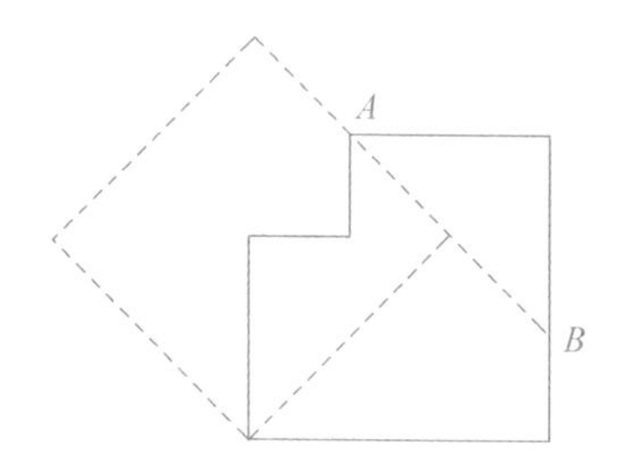

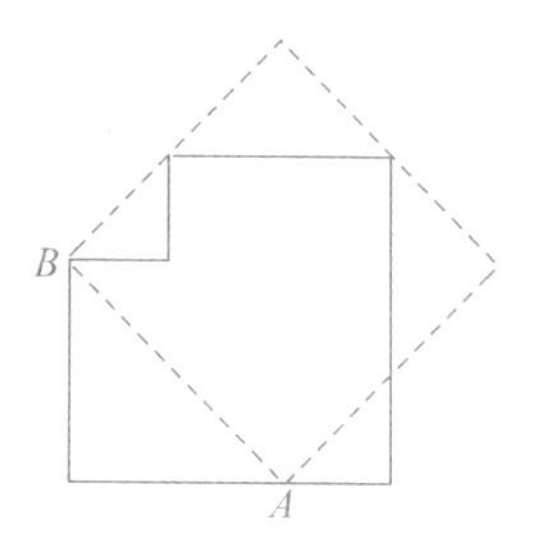

20　面积为 5 的正方形

下面有 6 个面积为 5 的图形。图形的形状虽然不同，但是，切成几块后，都可以拼成正方形。图中的(1)、(2)两个图形，切成 3 块，其他图形切成 4 块，就能拼成正方形。

其中的 5 个图形都有两种切拼方法，如果你有兴趣，可以将两种切拼法比较一下。

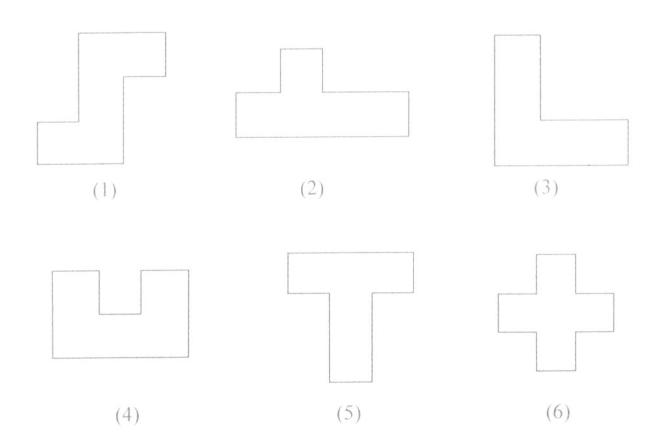

21 面积为 8 的正方形

下面有 6 个面积为 8 的图形，每一个图形切成 4 块，都能各自拼成一个正方形。

图(1)和图(2)有两种拼法。

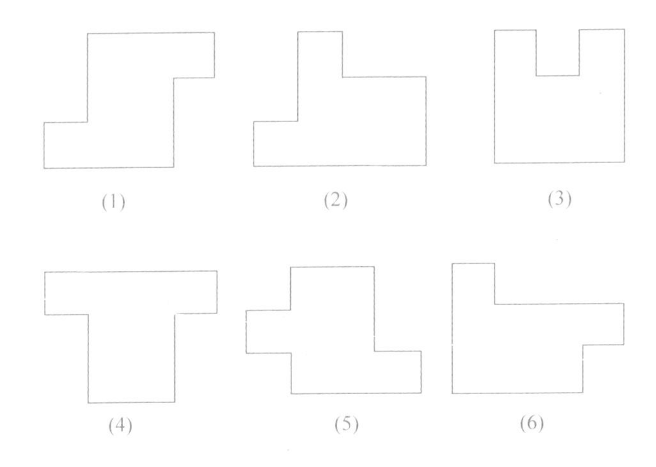

22 面积为 10 的正方形

下面的两个图形都由 10 个方格组成，每一个切成 4 块，可以拼成一个正方形。

每个图形都有两种切拼方法。

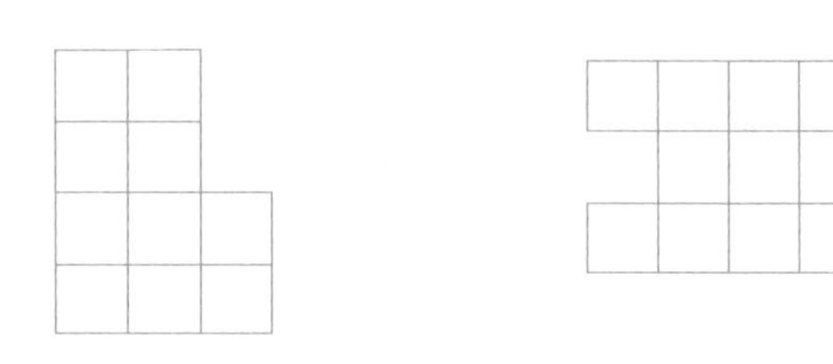

23 一分为二

把一个边长为5的正方形，切开成4块，然后拼成一个边长为3和一个边长为4的正方形。

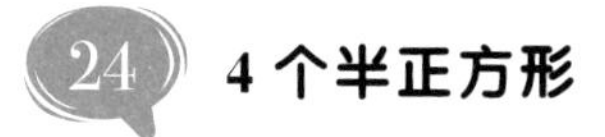

24 4个半正方形

下图是由4个半小方格组成，切开成3块，然后拼成一个正方形。

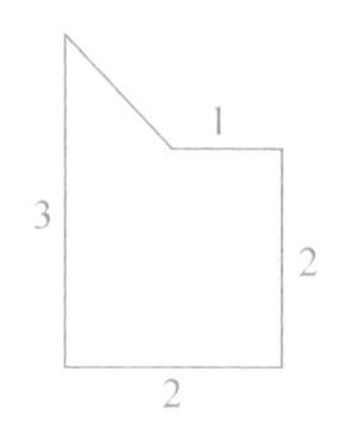

25 两个半正方形

将下图切成3块，然后拼成一个正方形。

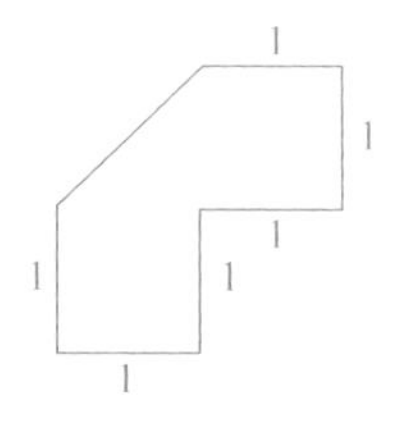

26 等腰直角三角形加正方形

下面3个图形都是由一个正方形和一个等腰直角三角形组成。正方形的边长是b，等腰直角三角形斜边长是$2a$。(1)中$2a<b$；(2)中$2a=b$；

(3)$a<b<2a$。3 个图形外形似乎不太一样，但都可以切开成 3 块，然后拼成一个正方形，而且切拼方法完全类似。

最好 3 个图形都试一试。

这里用字母 a 和 b 表示长度，说明图形具有一般性。

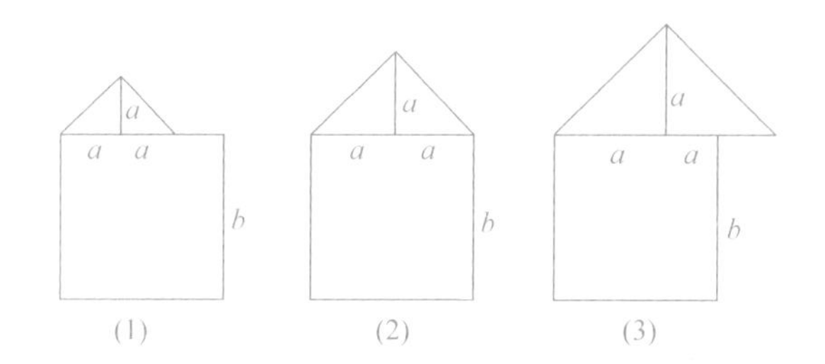

27 双"十"成方

下图是两个"十"字，每一个都是由 5 个方格组成，请将其中一个切成大小和形状相同的 4 块，与另一个"十"字拼在一起，合成一个正方形。

提示：要切成大小和形状一样的 4 块，切线必定过图形的中心。

28 二方合一

两个正方形边长分别是 a 和 $b(b>a)$，请将边长为 b 的正方形切成大小和形状相同的 4 块，与另一个正方形拼在一起，组成一个正方形。

上一题的提示,本题也适用。

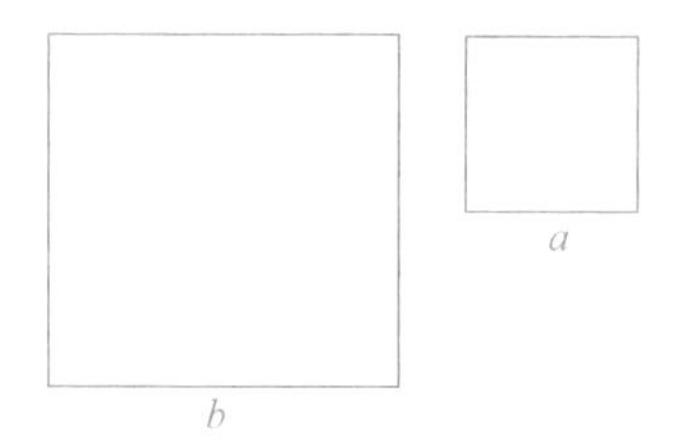

29 几何图形的变化

先看图。别看这 3 个图形弯弯曲曲,把它们剪成 3 块或 4 块,居然可以各自拼成正方形。只要你仔细地观察一下图形,就会发现图形里的曲线,都是圆弧。比如在图(a)中,它是由 6 个圆弧组成的,而且,这 6 个圆弧都相等,每个圆弧恰好是一个圆的$\frac{1}{4}$。

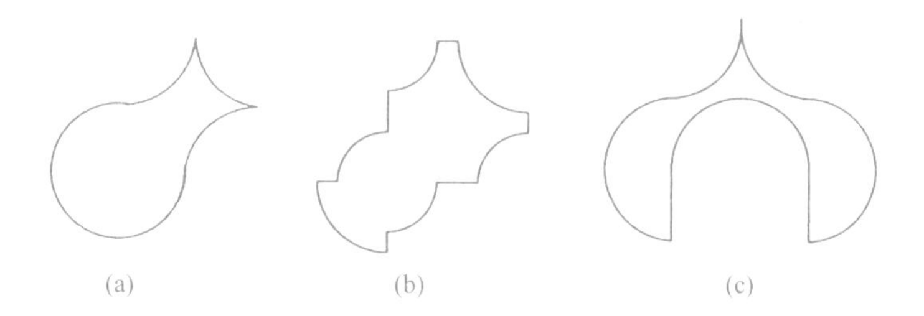

现在,请你把(a)、(b)两个图剪成 3 块,图(c)剪成 4 块,然后分别拼成正方形。

从这道题中,可以看到一点几何图形的千变万化了吧!

第8章解答

1. 分成3块

答案请看图。

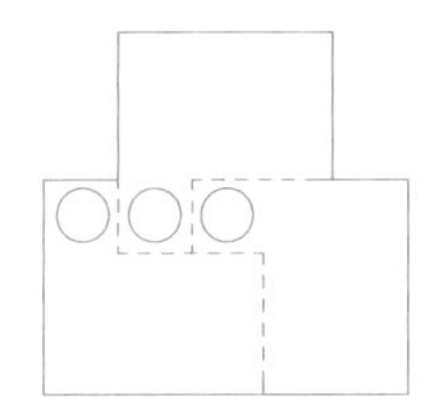

2. 分成4块

答案请看图。

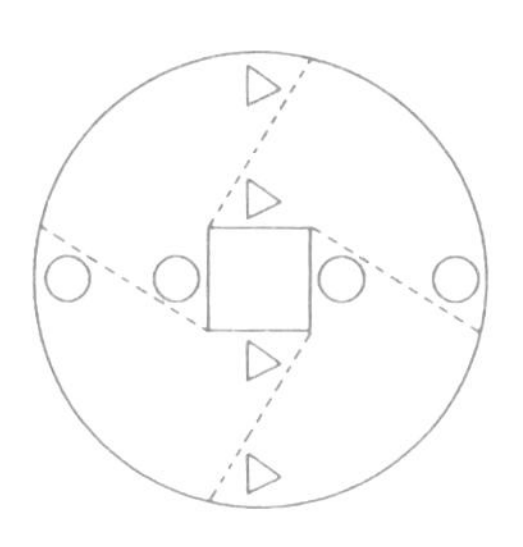

3. 分成8块

请看图,这只是一种答案。

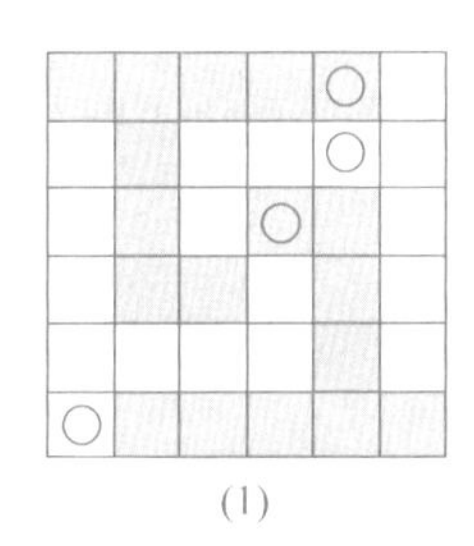

(1)

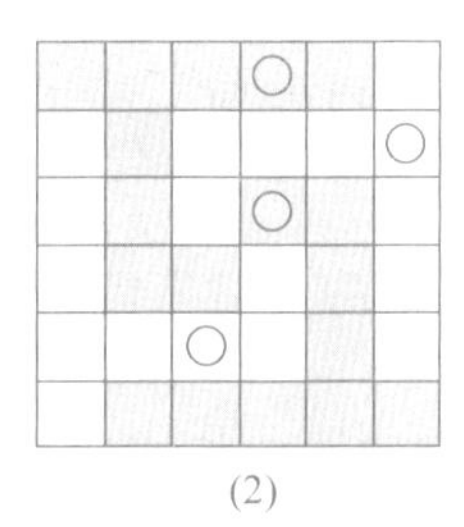

(2)

4. 两个正方形

将两个正方形叠合在图(1)上,为了便于区别,将其中一组的字母A、B、

C、D 改写成 a、b、c、d。为了使相同文字隔开，可以画出 6 条截线(实线)，旋转 180°又可找到 6 段截线(虚线)，就可以逐步确定各段分割线。答案请看图(2)和图(3)。

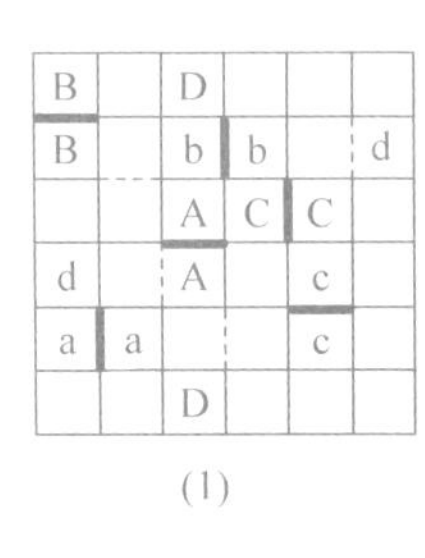

(1)

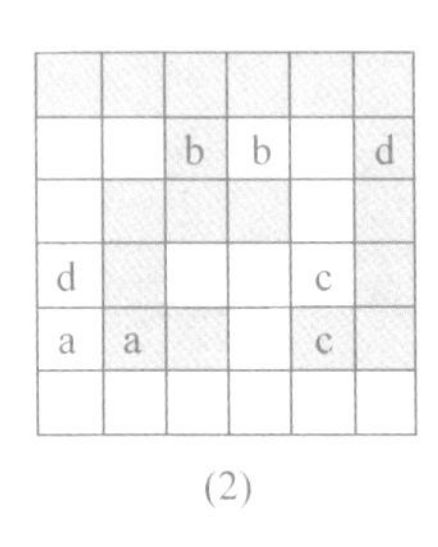

(2)

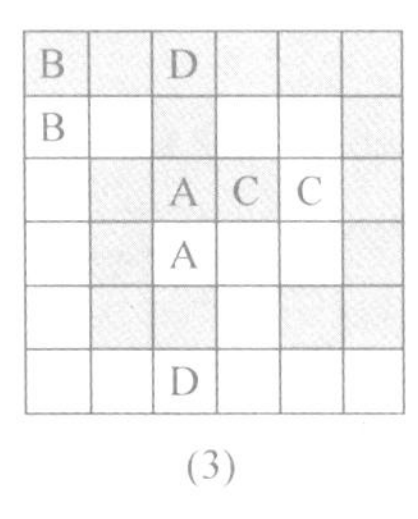

(3)

5. 4 个数字

两个挨着的相同的数字之间先画上一段截线(实线)，然后将每一段截线绕中心旋转 90°、180°和 270°又可以画出 3 段截段(用虚线表示)。中央 4 个小格，必然分别属于 4 小块，不可能两格同属于一块，因此也要分开。在图(a)基础上，就容易得到答案，见图(b)。

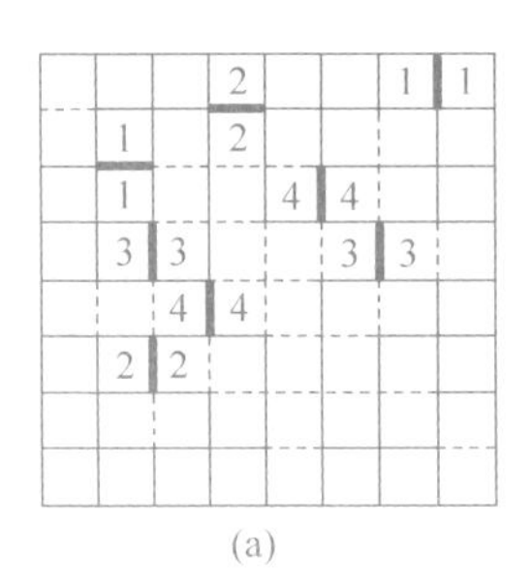

(a)

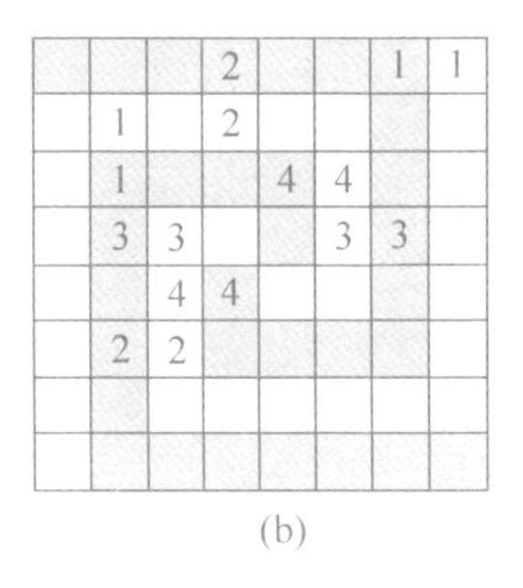

(b)

6. 节约材料

答案见下表，具体裁切见图。

材料型号	适合裁切薄片号	可裁切块数
(a)	(5)	6
(b)	(1)	4
(c)	(4)	4
(d)	(2)	3
(e)	(6)	5
(f)	(3)	3

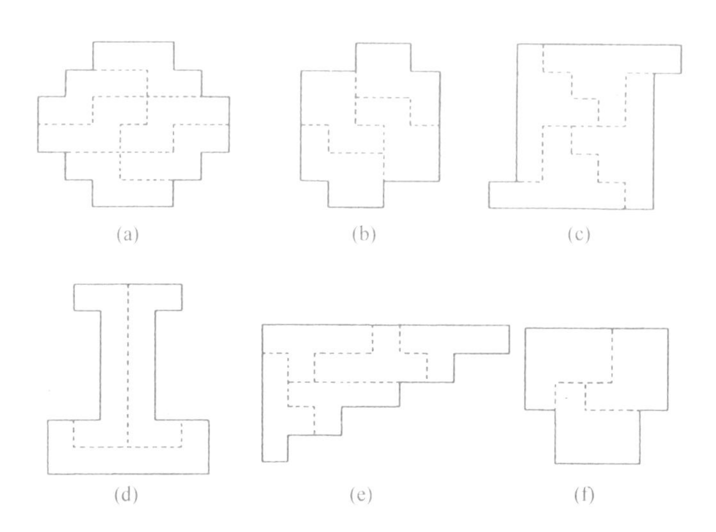

(a) (b) (c)

(d) (e) (f)

7. 下料

(1)见图(a)。　　　(2)见图(b)。

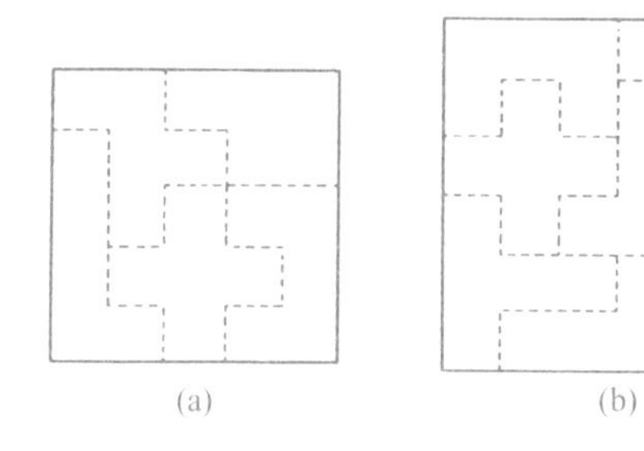

(a) (b)

8. 阶梯形切拼

答案见图。

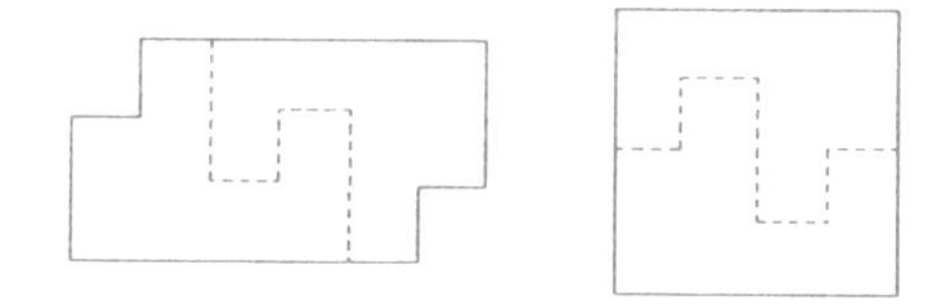

9. 长方形变正方形

按图(a)中虚线切开,就可拼成图(b)12×12的正方形。

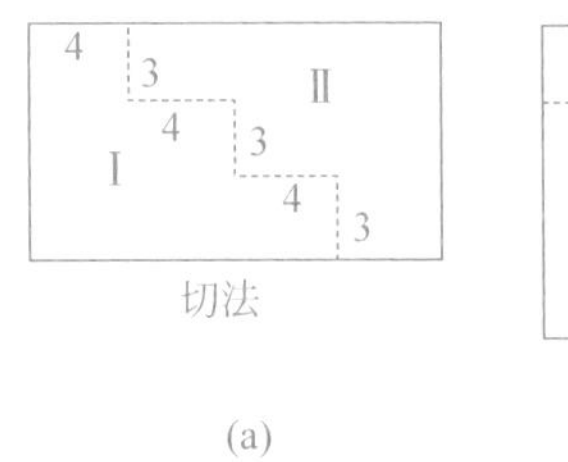

切法

(a)

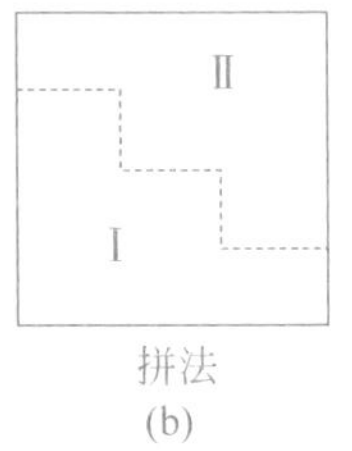

拼法

(b)

10. 拼成长方形

答案见图。

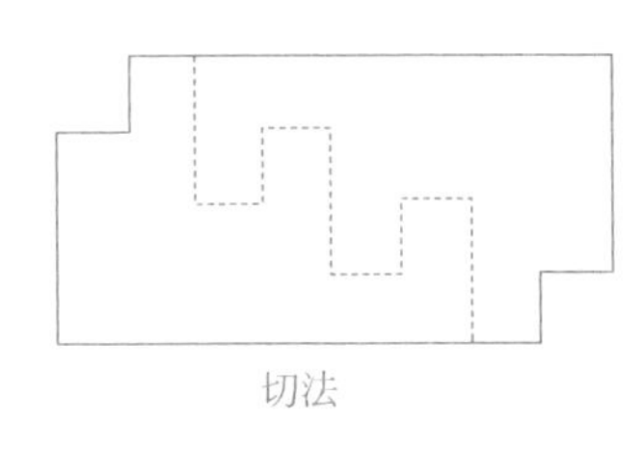
切法

拼法

11. 缺两角的"长方形"

答案见图。

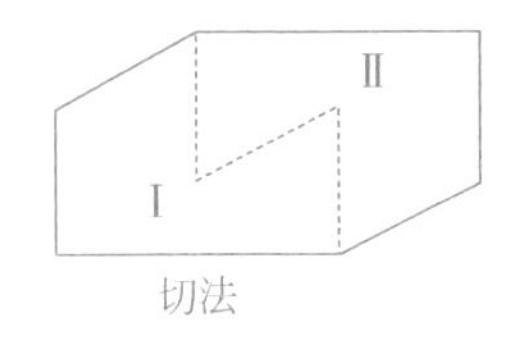

切法

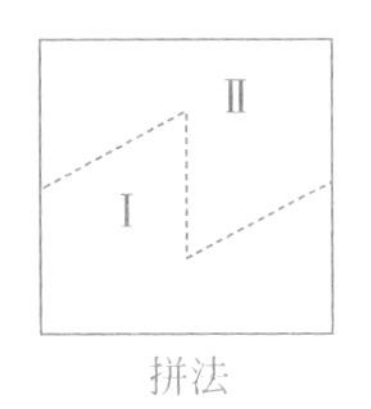

拼法

12. 阶梯成方

先算出正方形边长是 6，再考虑到"阶梯"要对合，于是就会想出这样的切拼办法。

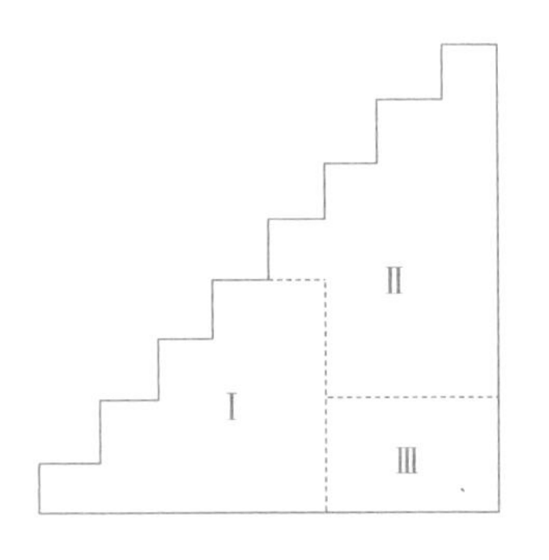

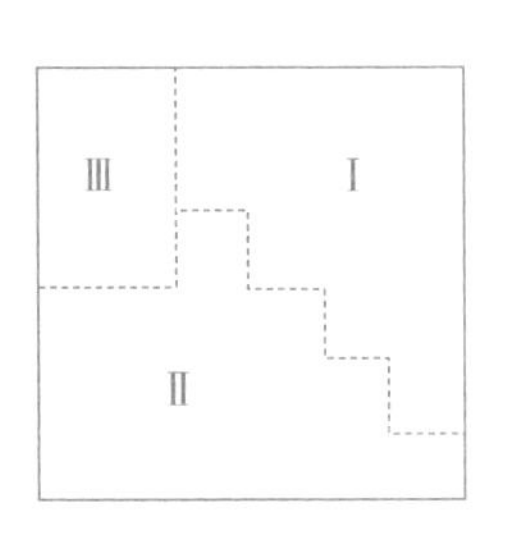

13. $1^2+4^2+8^2$

答案见图。

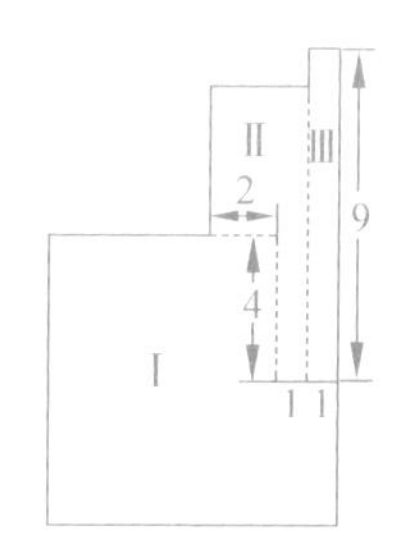

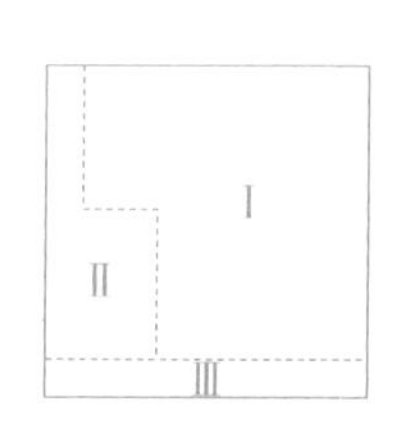

在趣味数学中，这样的切拼问题是很多的。例如，$5^2+12^2=13^2$，边长为5和12两个正方形堆叠在一起，切成3块，拼成一个边长为13的正方形；$1^2+4^2+8^2+12^2=15^2$，边长为1、4、8和12四个正方形堆叠在一起，切成4块，拼成一个边长为15的正方形，等等。如果你对这样的问题有兴趣，还可以试试上面两个问题，做起来也许要让你更费一点脑筋，尤其是“$5^2+12^2=13^2$”，切拼是很巧妙的。

14. 正方形桌面

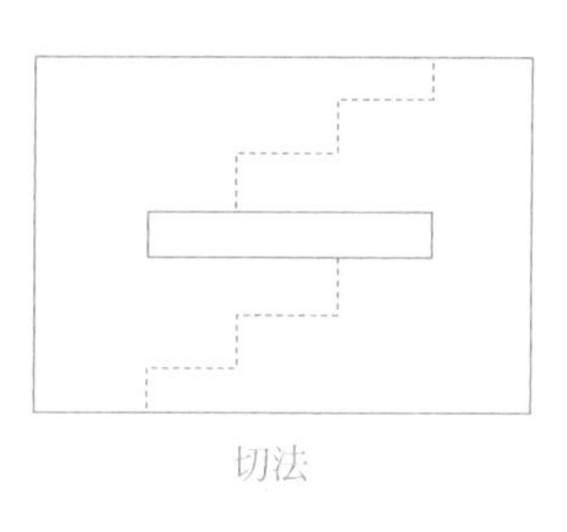
切法

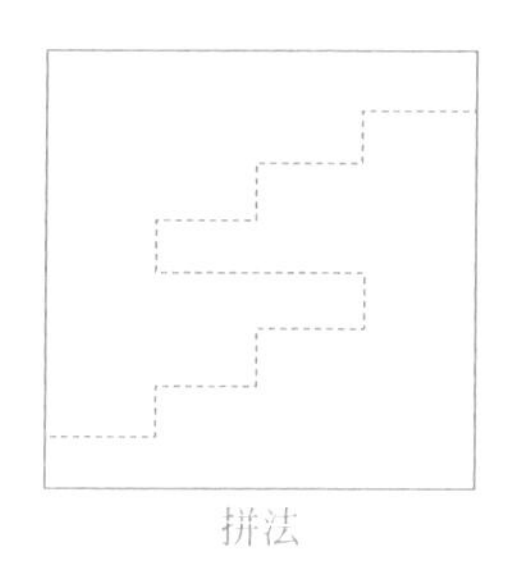
拼法

15. 拼桌布

将方格布裁成图中的两块，就可以拼成正方形。说明一下，左边这一块

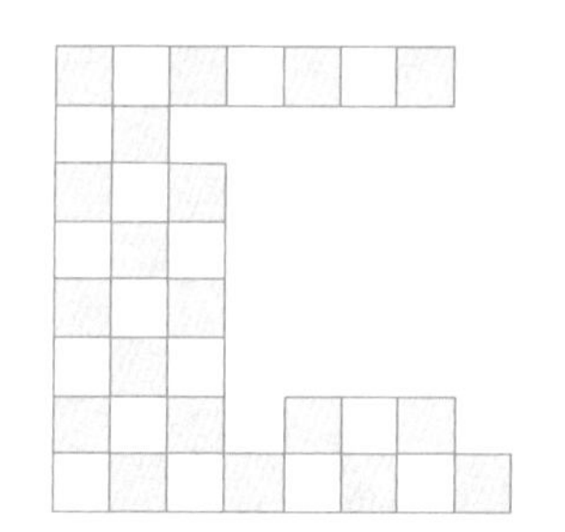

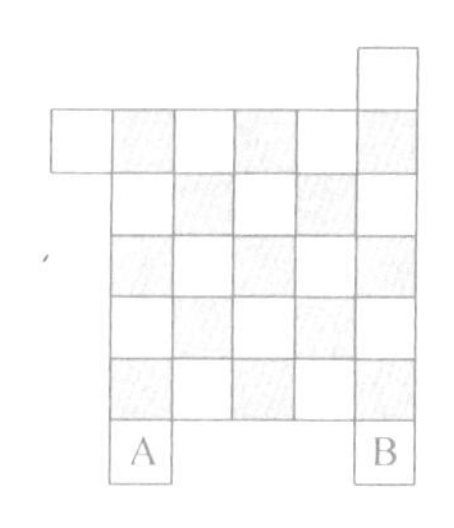

裁下以后转了 90°，右边那块，A 和 B 两个方格，没有转动。

16. 巧拼成方(1)

答案见图。

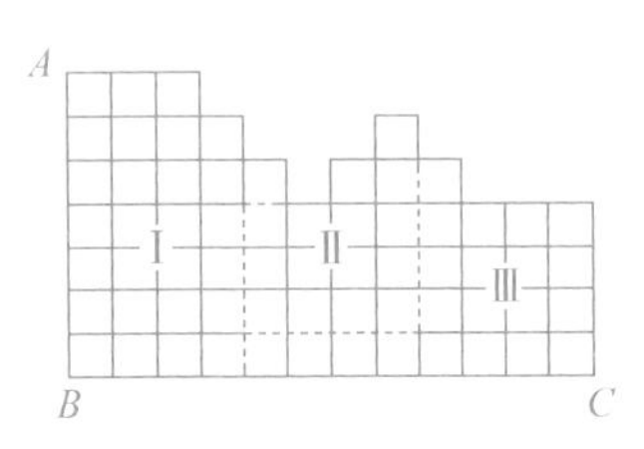

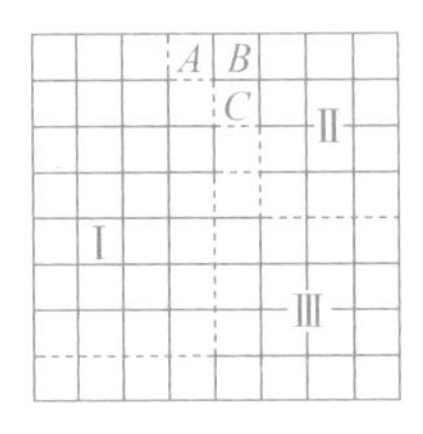

17. 巧拼成方(2)

采用阶梯形的切拼法，阶梯很有规则。

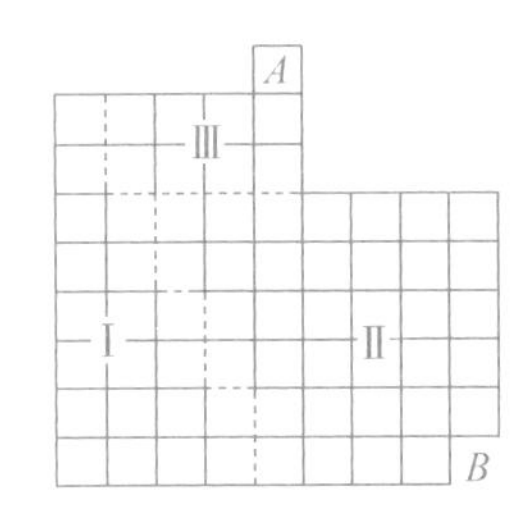

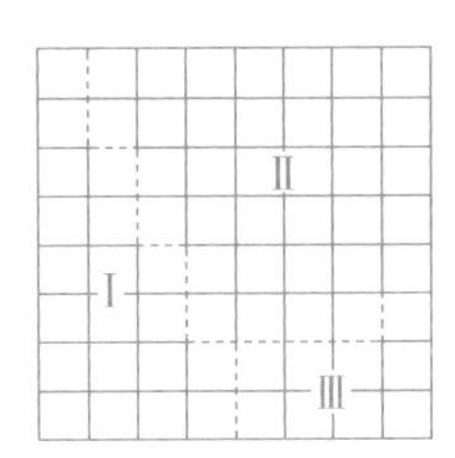

不采用阶梯法，切拼办法倒也简单。

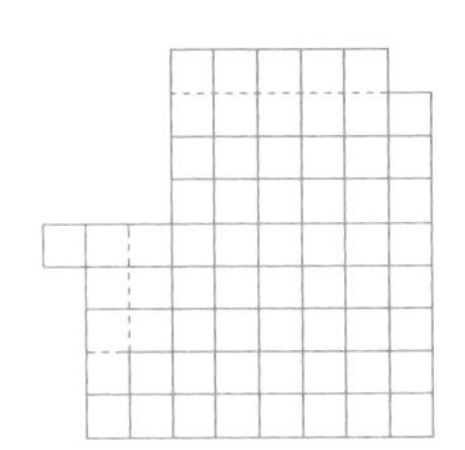

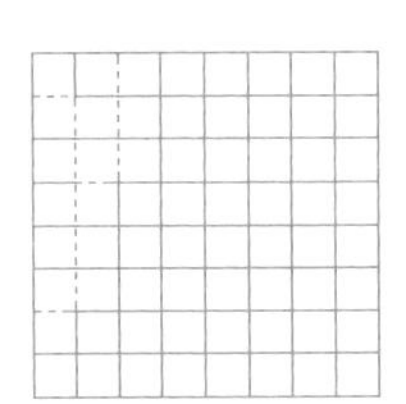

18. 拼桌面

切拼方法请看图。

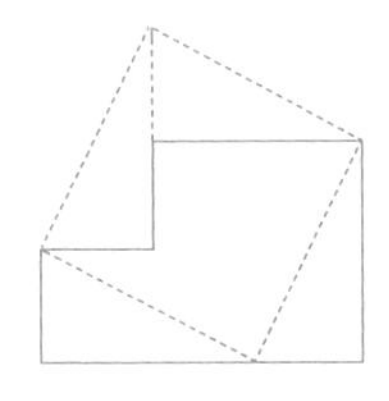

19. 再拼一个桌面

切拼方法请看图。

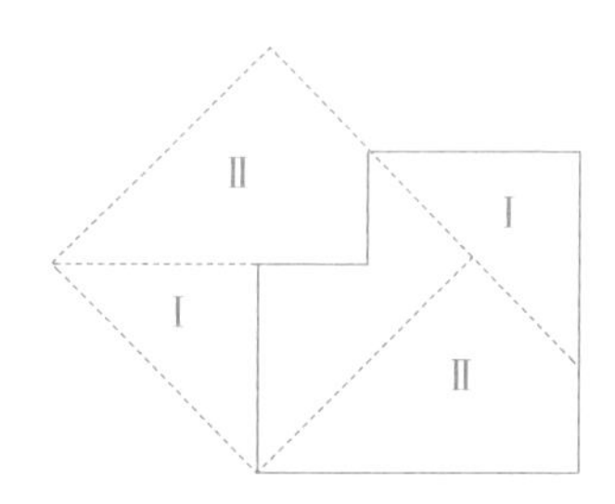

20. 面积为 5 的正方形

在 6 个图形中，图(2)只有一种切拼法，其余 5 个图形有两种切拼法。

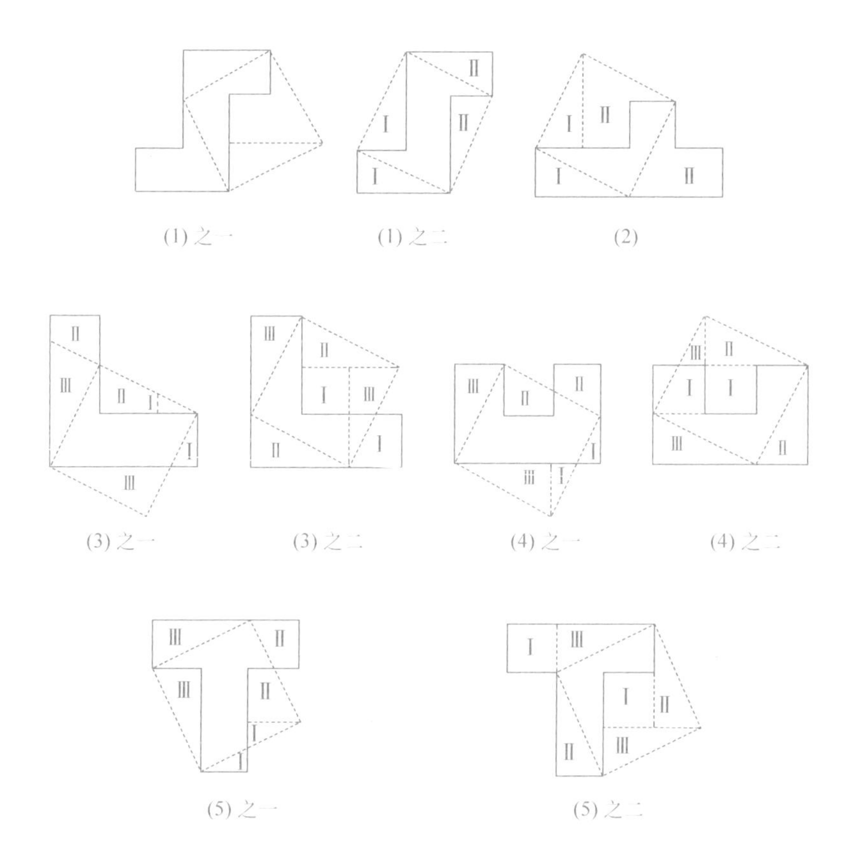

(1) 之一　(1) 之二　(2)

(3) 之一　(3) 之二　(4) 之一　(4) 之二

(5) 之一　(5) 之二

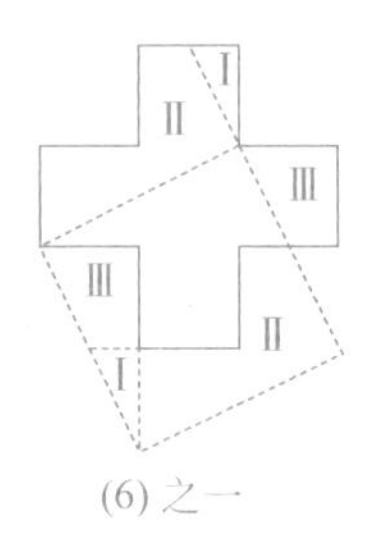

(6) 之一

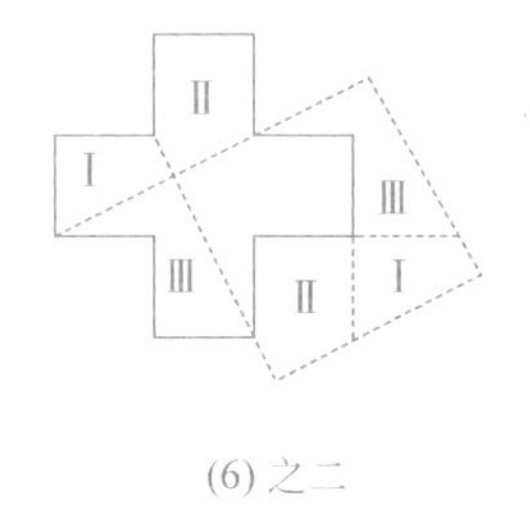

(6) 之二

21．面积为 8 的正方形

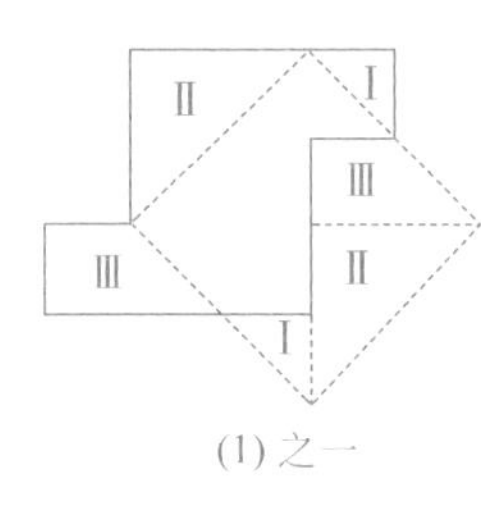

(1) 之一

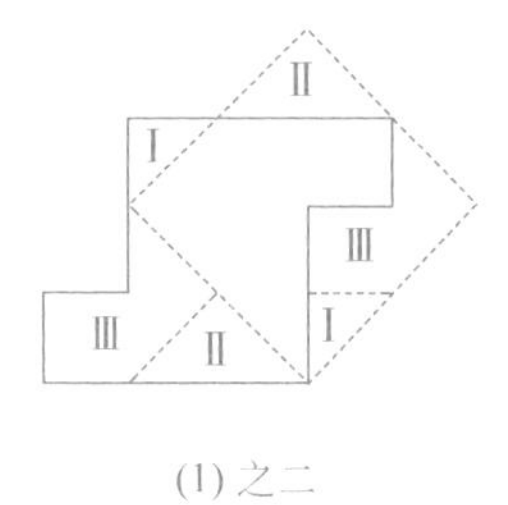

(1) 之二

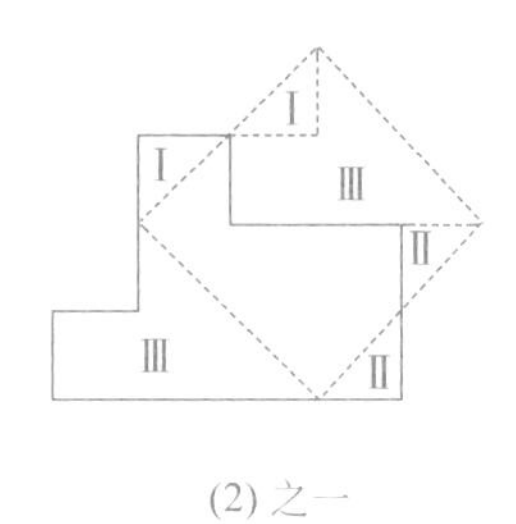

(2) 之一

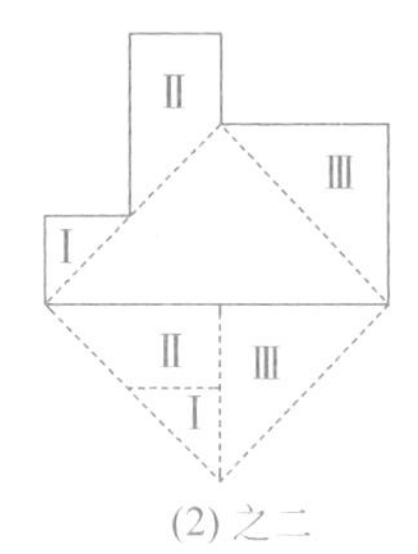

(2) 之二

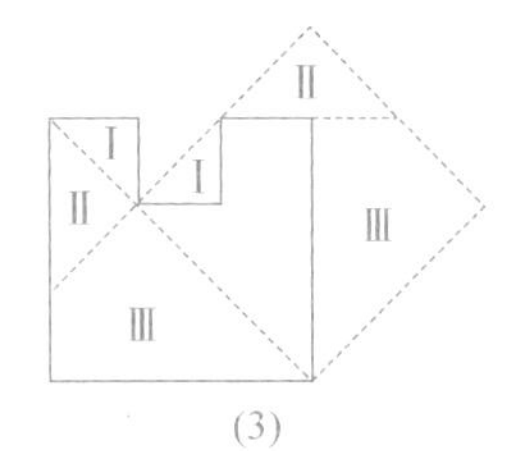

(3)

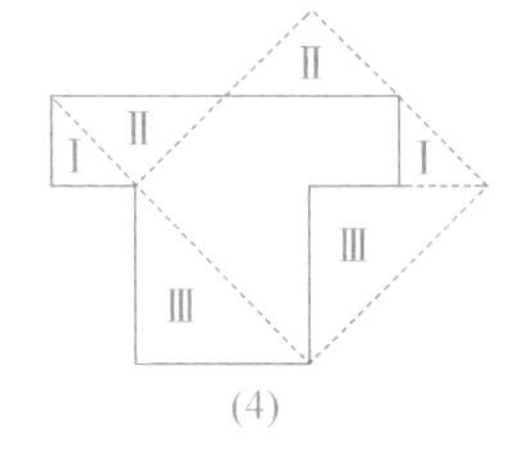

(4)

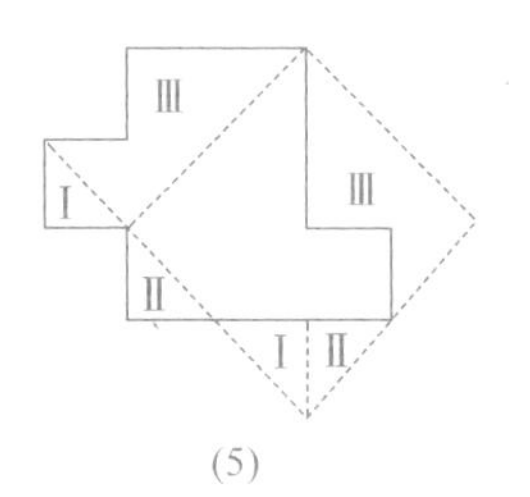

(5)

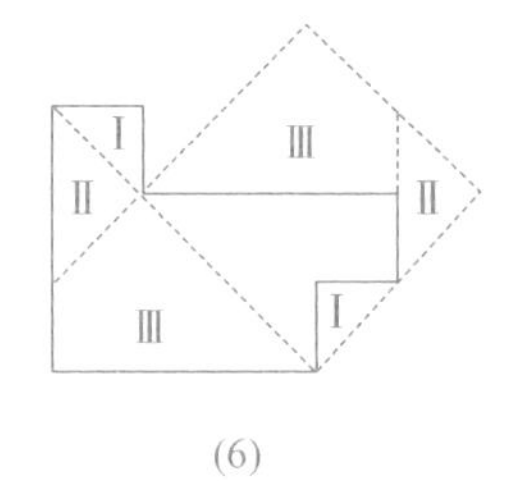

(6)

22. 面积为 10 的正方形

答案见图。

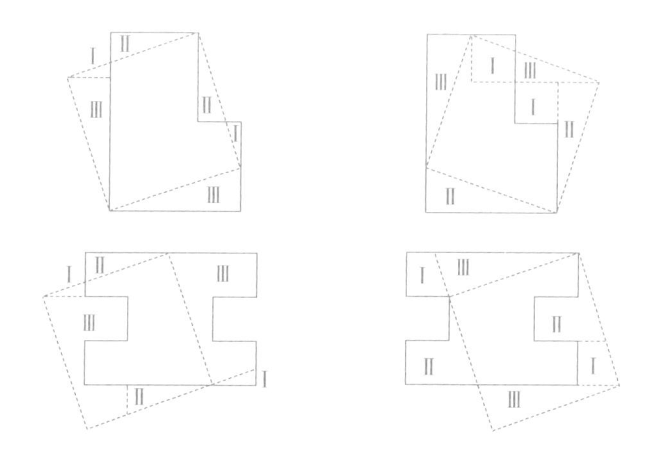

因为图形的面积是 10,所以拼成的正方形边长是$\sqrt{10}$。

23. 一分为二

切拼的办法有好几种,这里只介绍两种,你还可以寻找其他切拼办法。

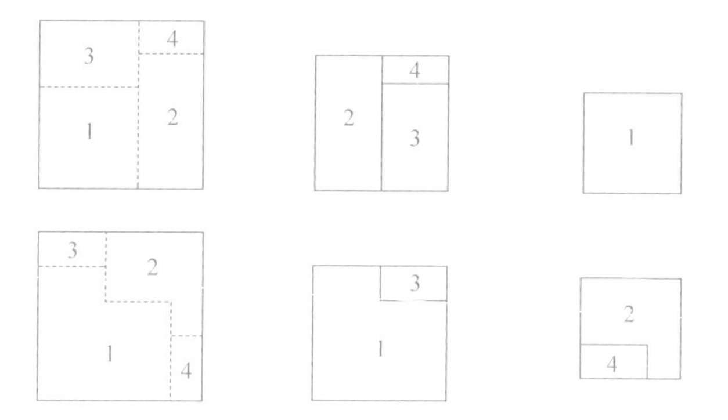

24. 4 个半正方形

因为图形面积是 $4\frac{1}{2}$,拼成正方形的边长是$\sqrt{4\frac{1}{2}}=\sqrt{\frac{9}{2}}=\frac{3}{2}\sqrt{2}$。一个方格的对角线长度是$\sqrt{2}$。取 EK 等于 1,连结 E、F,取它的中点 A,不难算出 $AB=\frac{3}{2}\sqrt{2}$。以 AB 为边作正方形 $ABCD$。$ABCD$ 中,除去与原图形重叠

部分 $ABLF$，剩下的部分将可以由等腰直角三角形 JEF 和四边形 $ABKE$ 拼成。通过一些计算，就可以证明这一事实。因为 $AF=\frac{\sqrt{2}}{2}$，$DF=AD-AF=\frac{3}{2}\sqrt{2}-\frac{\sqrt{2}}{2}=\sqrt{2}$，$\angle D=90°$，$AD\perp JF$，于是 $\angle DFG=45°$，所以 $\triangle FDG\cong\triangle JFE$。$CG=CD-DG=\frac{3}{2}\sqrt{2}-\sqrt{2}=\frac{\sqrt{2}}{2}=AE$，$LG=EK=1$；$LB=KB$，$BC=AB$，$\angle C=\angle K=90°$，因此四边形 $LGCB$ 和 $ABKE$ 全等。

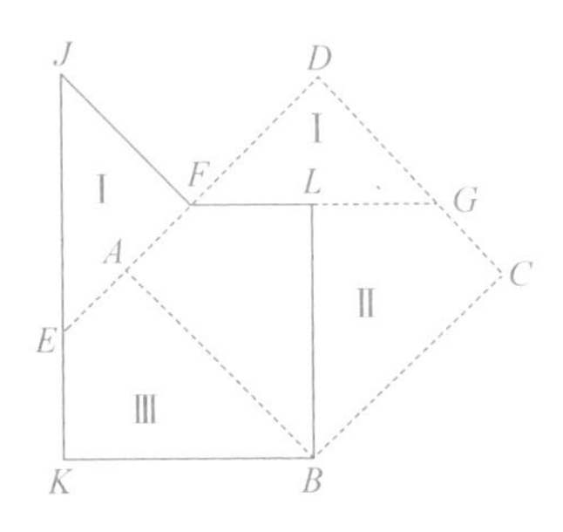

25. 两个半正方形

因为图形面积是 $2\frac{1}{2}=\frac{5}{2}$，所以拼成正方形的边长是 $\sqrt{\frac{5}{2}}=\frac{1}{2}\sqrt{10}$。注意，$\left(\frac{1}{2}\right)^2+\left(\frac{3}{2}\right)^2=\frac{10}{4}$。取 EF 的中心 M，如果从 M 向 AB 作垂线，AM 与垂足组成的直角三角形两条直角边的长度恰好是 $\frac{1}{2}$ 和 $\frac{3}{2}$，所以，$AM=\sqrt{\frac{5}{2}}$。

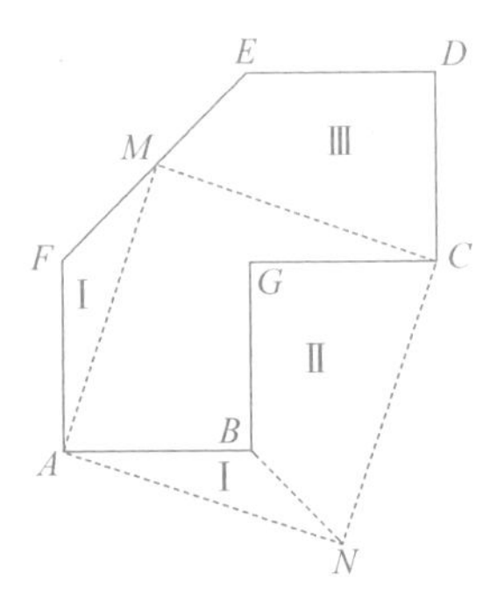

同样可算出：$CM=\sqrt{\frac{5}{2}}$。$\angle MAB=\angle MCD$，AB 与 CD 垂直，因此$\angle AMC=90°$。这就是图上切拼方法的依据。$\triangle AFM\cong\triangle ABN$，$BGCN$ 与 $EDCM$ 全等，这是很明显的，请读者自己再验证一下。

26. 等腰直角三角形加正方形

请看下图。3 个图形的切拼法是相同的。

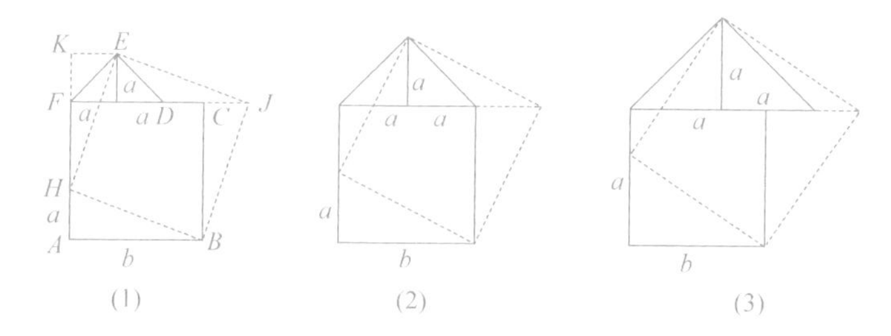

我们以图(1)为例作一些说明。等腰直角三角形的面积是 a^2，正方形的面积是 b^2，因此拼成的正方形面积是 a^2+b^2，边长是$\sqrt{a^2+b^2}$。在 AF 上取 $AH=a$，根据勾股定理 $BH=\sqrt{a^2+b^2}$。连结 H、E，从 E 向 AF 的延长线作垂线，垂足是 K，很明显 $EK=a$，$AK=a+b$，于是 $HK=AK-AH=a+b-a=b$。根据勾股定理 $HE=\sqrt{a^2+b^2}$。由于$\triangle HEK\cong\triangle HAB$，$\angle EHK=\angle HBA$，由此$\angle EHK+\angle AHB=90°$，并且可以推知 $EH\perp HB$。从前面已知 $EH=BH=\sqrt{a^2+b^2}$，这就是切拼的依据。$\triangle HFE\cong\triangle JDE$，$\triangle AHB\cong\triangle CJB$ 是很明显的，拼合就没问题了。

27. 双“十”成方

答案见图。

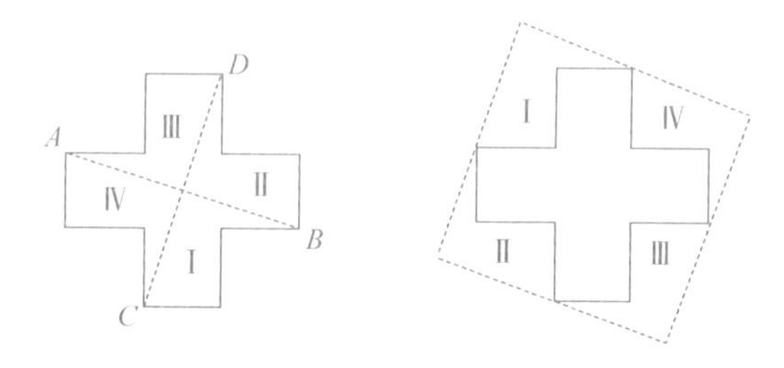

每个“十”字形的面积是 5，拼成的正方形面积应是 10，边长是$\sqrt{10}$。因为要把一个“十”字形切成大小和形状相同的 4 块，切线应过“十”字形的中心，而且每块绕转 90°应与另一块重合。又看到 $AB=CD=\sqrt{10}$，由此就想到了这样的切拼法。

28. 二方合一

拼成的大正方形面积是 a^2+b^2，边长是$\sqrt{a^2+b^2}$。

参考上一题的思路，很容易想到切线要过图形的中心，它的长度应该是$\sqrt{a^2+b^2}$。在 AB 上取 $AE=BJ=\frac{1}{2}(b-a)$，则 $EJ=b-2\times\frac{1}{2}(b-a)=a$，而且在正中位置上。取 $CF=\frac{1}{2}(b-a)$，$\triangle EFJ$ 是直角三角形，$EF=\sqrt{a^2+b^2}$，并且 EF 过正方形中心 O。过中心 O 作 HG 垂直 EF，利用图形的对称性，容易证明 $HG=EF$，$DH=BG=\frac{1}{2}(b-a)$，并且Ⅰ、Ⅱ、Ⅲ和Ⅳ四块全等。这四块和边长为 a 的正方形拼合(下图)，只要算一下各线段的长度，就可以验证拼合是行得通的。(请读者自己验证一下。)

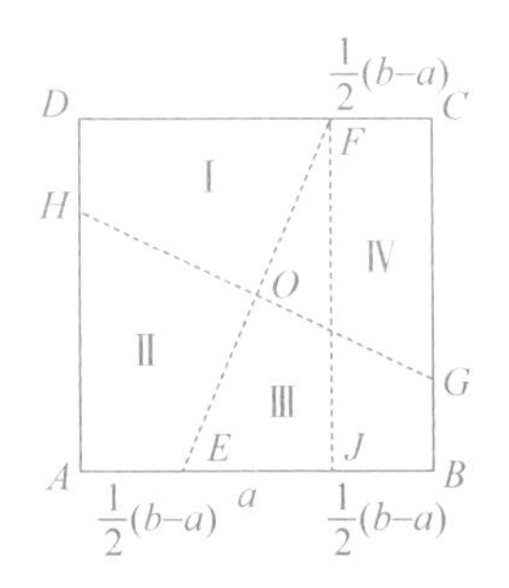

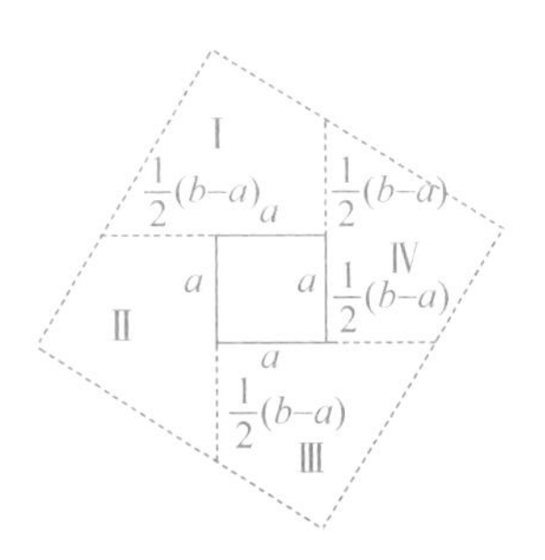

29. 几何图形的变化

按下页图中的虚线剪开，就可以拼成正方形。

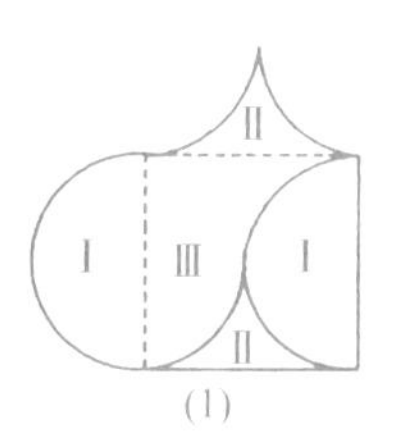

(1)

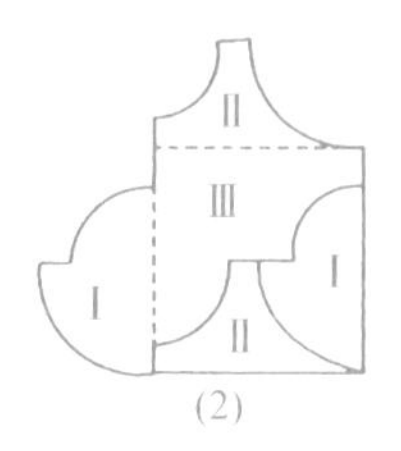

(2)

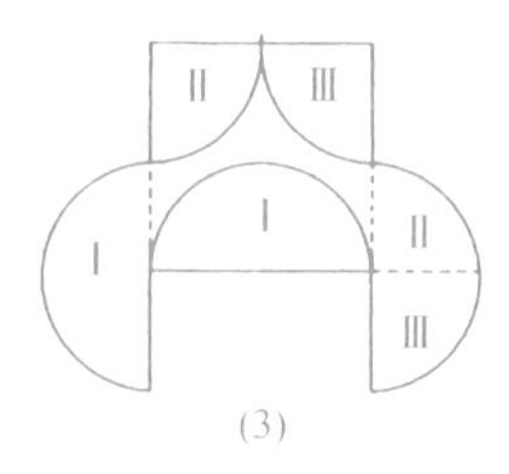

(3)

第9章　有趣的几何题

在选择这一章几何题的时候，我们注意了趣味性，要求大家在做题的时候，注意灵活性。做几何题，不仅要求逻辑严密，同时要求思路灵活。

在平面几何中，作图、证明与计算是同样重要的。当前，有的同学接触到的作图和证明题比较少，我们就适当多选了几个题，希望能对开阔思路有些好处。

数三角形

右图是一个正五边形，5 条对角线连成一个五角星。请你找一找，这个图形中有几个三角形。

注意：不要漏掉和重复。

高年级的同学，还可以再找一找：

(1) 有几个四边形。

(2) 有几个菱形。

(3) 有几个梯形。

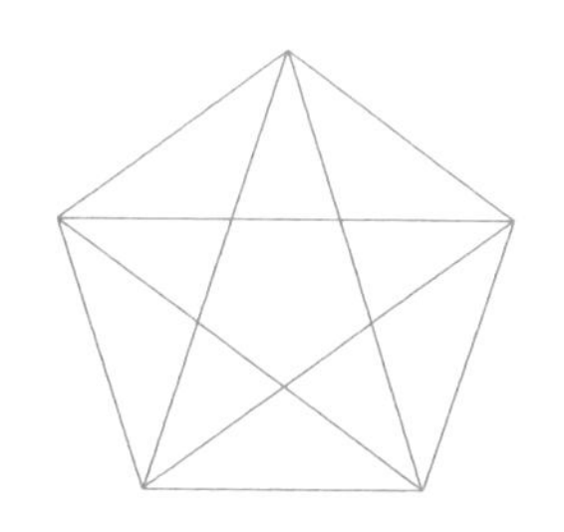

有多少个正方形

一张方格纸上放着 20 枚棋子，请你数一数，以 4 枚棋子作为 4 个顶点可以组成多少个正方形？

注意：$ABCD$ 和 $A'B'C'D'$ 都是正方形。

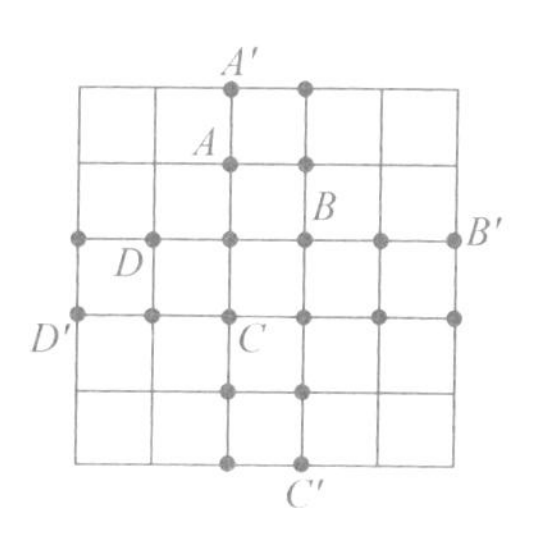

9 棵树

请看图，6 棵树种成了 4 行，每一行都是 3 棵树，安排得很巧。

现在，希望你想一个更巧的办法，把 9 棵树种成 9 行，每行也是 3 棵树。

4 排棋子

用 9 枚棋子可以排成 8 条直线，每条直线上有 3 枚棋子，怎么排呢？

然后，只准移动 2 枚棋子，8 条直线能变成 10 条直线，每条直线上仍然有 3 枚棋子。

5 变换图形

六角星有它的规律，12 个点组成 6 条直线，每条线上都是 4 个点。

（1）允许你移动 4 个点，变换成另一个图形，仍然要求排成 6 条直线，每条直线上都有 4 个点。

（2）只移动 4 个点，还可以变换成另一个图形，共 7 条直线，每条直线上都有 4 个点。这一步比较难一些，试一试吧！

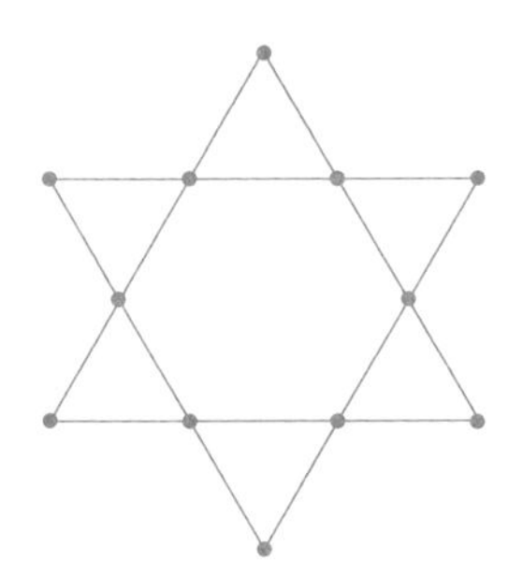

6 都是等腰三角形

有人在纸上画出 6 个点，不论你选哪 3 个点连接成三角形，都是等腰三角形。

这 6 个点该怎么摆，把它画出来。

7 16 个点

用 16 个点，可以组成一个图形，使图上有 12 条直线，每条直线上恰好有 4 个点，每一点恰好有 3 条直线通过。请你把这个图形画出来。

提示：首先用 3 个点画出个三角形来。

连接的折线

下图有 9 个点，用一笔画的办法画出 4 段连接的折线，就把这 9 个点连接起来了。

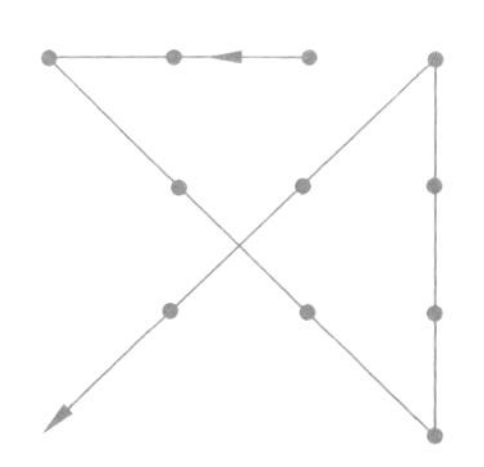

现在，有 16 个点(下图)，请你也用一笔画的办法，画出 6 段连接的折线，把这 16 个点连接起来。

4 块木板

4 块矩形的板，尺寸如图所示，把它们铺在地上，围出一块空地。怎样围，空地的面积最大？

10 巧妙的图形

把火柴的长度当作1，请你用12根火柴摆出一个面积等于3的多边形。然后，拿一些火柴，每12根一组，摆出面积分别等于4、5、7和9的四个多边形。

提示：先摆出面积等于6的三角形，然后再变换图形，可以转化为面积等于3、4、5的多边形。

11 算题要会找窍门

老师出了一道几何题：△*ABC* 的三边长用 a、b 和 c 表示；已知 $a^2=370$，$b^2=74$，$c^2=116$。求△*ABC* 面积。

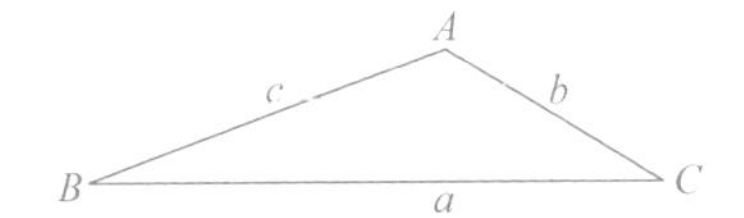

建华的算法是：先求 *BC* 边上的高，然后才算出面积。算的时候数字挺大，最后还要开方，算了好长时间，才算出来。可是，小林却算得很快。于是，他问小林是怎样算的。小林在纸上写了3个等式：$17^2+9^2=370$；$7^2+5^2=74$；$10^2+4^2=116$。然后笑着说："从这3个等式，应用勾股定理，就能找到一条计算的捷径。"

这一下，建华才恍然大悟，佩服小林算题会找窍门。

小林是怎么算的？

12 是什么三角形

△*ABC* 中 *AB* 上的高不小于 *AB*，*AC* 上的高也不小于 *AC*。

你能求出∠*A*、∠*B* 和∠*C* 的度数吗？

13 巡回演出

有一个剧团，从甲地出发，依次到乙、丙、丁、戊4个地方巡回演出。他

们走过的路程是：从甲地到乙地 33km；从乙地到丙地 78km，从丙地到丁地 235km，从丁地到戊地 81km。而从戊地回到甲地只有 43km，可是，在戊地还未动身的时候，丙地的观众热烈要求他们再去演出一次。于是，他们决定再到丙地，请你算一算，从戊地到丙地的距离是多少千米？

14 拴羊

在麦地中间，有一块半圆形的草地。小晖牵了一头羊来吃草，想钉根木桩把羊拴在草地上，好去干别的事，可是，又怕羊乱啃附近的麦苗。

他想了一下，钉了三根木桩，用三根长短合适的绳子和一个小铁环，把羊拴住。拴好以后，羊可以走遍半圆形的草地，却不会跑出草地去啃麦苗。

请你想想，他是怎么拴羊的？

15 硬币转圈

取 8 个大小相同的硬币，摆成如图的形状。将最上端那个硬币(圆 O)，顺着排成圈的 6 个硬币，滚动着旋转一周。

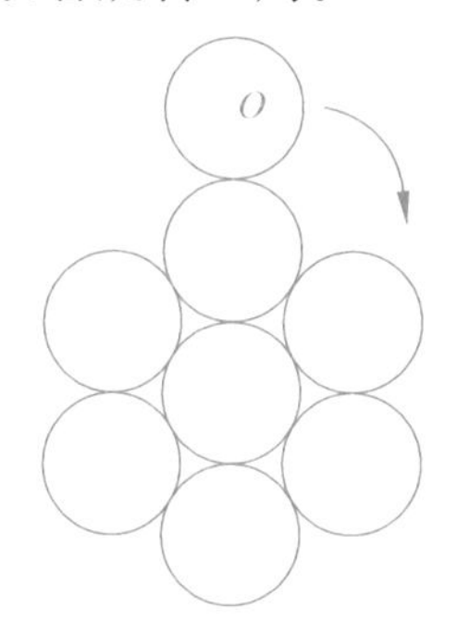

请你算一算，这个硬币一共转动了几周？

蚂蚁爬行

在长方体上，有一只蚂蚁从顶点 A 出发，要爬到顶点 B 去找食物。我们已经知道，长方体的各边长是 1、2、4，如果蚂蚁爬行走的是最短途径，请你算一算，从 A 点到 B 点的距离有多长？

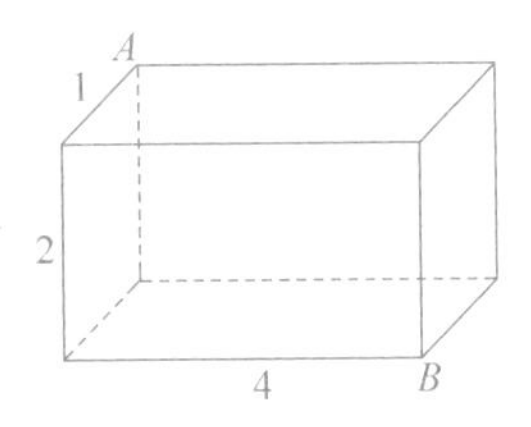

大家知道："两点之间的距离，直线最短。"这道题和下面 3 道题，都需要应用这个命题。

桶外到桶内

在圆柱形的木桶外，有一只小虫要从桶外的 A 点爬到桶内的 B 点。

现在已经知道，A 点到桶口的 C 点的距离是 14cm，B 点到桶口的 D 点的距离是 10cm，而 C、D 两点之间的距离是 10cm。

如果小虫爬行的是最短路径，应该怎么走？距离是多少？

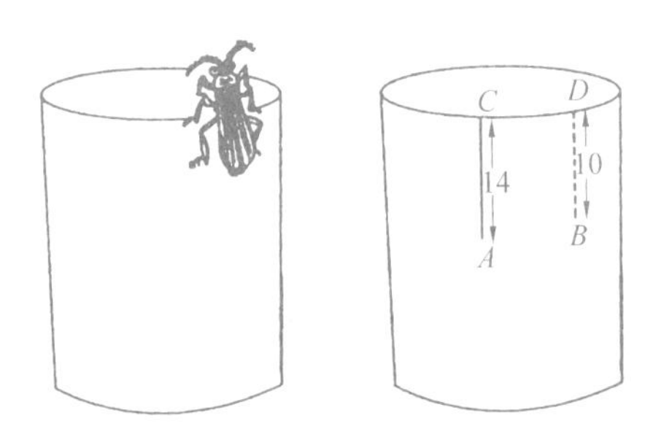

架桥

甲、乙两个村子，中间隔了一条小河[图(1)]。现在，要在小河上架一座

桥，请你在河的两岸选择架桥地点，使甲、乙两个村子之间行程最短。

如果甲、乙两个村子之间隔了两条河，两条河的宽窄相同[图(2)]。为了使两个村子之间的行程最短，在这两条河上架桥的时候，应该把这两座桥架在哪里？

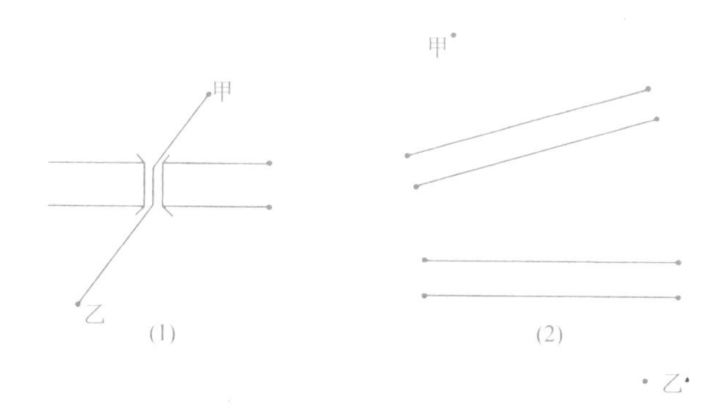

19 有几个锐角

一个凸 n 边形，至多有几个内角是锐角？

先想一想，n 边形所有外角之和是多少度？

20 锯正方体

有一个边长 30cm 的正方体木块，每一面都涂上红漆。现在，要把它锯成边长为 10cm 的小正方体，请你回答 6 个问题：

(1) 需要锯几次？能截成多少个小正方体？

(2) 四面有红漆的小正方体有多少个？

(3) 三面有红漆的小正方体有多少个？

（4）两面有红漆的小正方体有多少个？

（5）一面有红漆的小正方体有多少个？

（6）没有红漆的小正方体有多少个？

圆和点

平面上5个点，其中任意3点不在同一直线上，任意4点不在同一个圆上，那么一定可以经过其中3点作一个圆，使其他两点，一点在圆内，一点在圆外。

这个结论的依据是什么，你知道吗？

周长最长的三角形

直线AB是圆的一条弦，$\overset{\frown}{AB}$上任何一点与A、B两点相连，就构成一个三角形。弧上有无数个点，就构成无数个三角形，例如$\triangle ABC_1$、$\triangle ABC_2$、$\triangle ABC_3$等。这么多的三角形中，哪一个三角形周长最长，你知道吗？

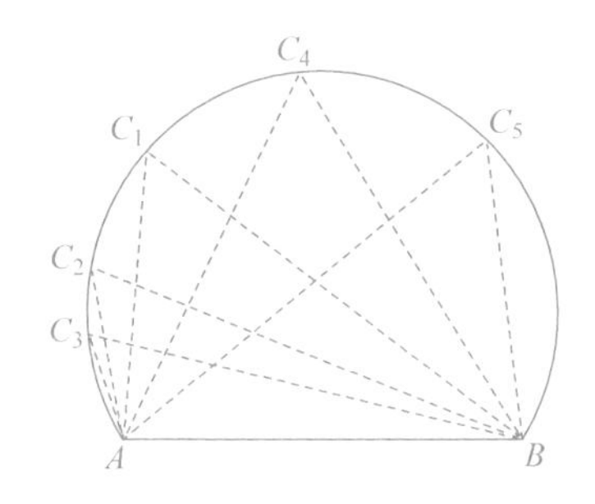

只用直尺作垂线

已知圆的直径AB，在圆外有一点C。要求你只用直尺，作出从C点到AB的垂线。

通常，这类作图题可以用直尺和圆规，很容易把题做出来。现在，要求你只用直尺，少了一件工具，困难就多了，正因为这样，为你创造了一个动脑筋想办法的机会。试一试吧，做完以后，会发现这类题目别有一番风味。最

后告诉你，作图的过程只是多次重复“过两个已知点作一条直线”。

24 作边长的$\frac{1}{2}$，$\frac{1}{3}$，$\frac{1}{4}$，$\frac{1}{5}$，…

六边形 $ABCDEF$ 是一个正六边形，它有两个性质：

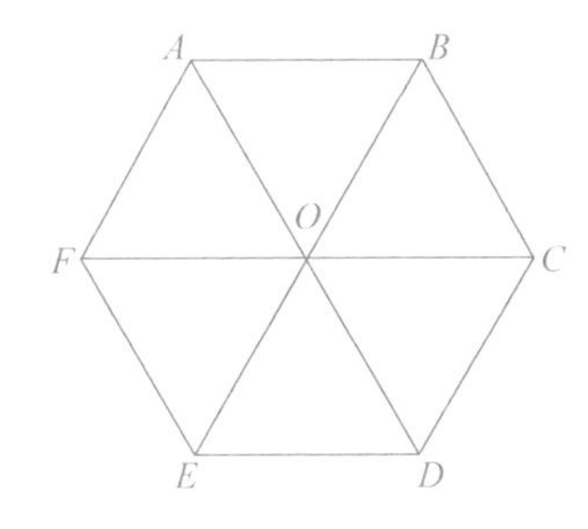

（1）$AB /\!/ DE /\!/ CF$，$BC /\!/ EF /\!/ AD$，$CD /\!/ AF /\!/ BE$；

（2）外接圆半径（OA、OB、…）等于边长。

利用这两个性质，只用直尺，就可以作出边长的$\frac{1}{2}$，$\frac{1}{3}$，$\frac{1}{4}$，$\frac{1}{5}$，…

这是一道有趣的作图题，请你试一试。

25 求两点的中点

已知两条平行线 l_1 和 l_2，在 l_1 上有两个点 A 和 B（如图）。只许用直尺，请你作出 A 和 B 的中点。

提示：直线 l_2 和 l_1 平行是非常有用的，在两条直线的上方，任取一点 C，连结 A、C 和 B、C，可以形成相似三角形和一定的线段比例关系。

只许用一次圆规

把上一题改动一下，取消那条平行线，要作出 A、B 两点的中点，只用直尺就不行了。但是，只要允许用一次圆规，就可以完成这个作图题。

用一次圆规，可以作一个圆。然后使用直尺，就可以产生平行线。虽然这不是上一题的重复，但是，可以利用上一题的作图方法。

这也是一道很有趣的题目。

将圆四等分

不用直尺，只用圆规，你能将一个圆的圆周四等分吗？

用圆规作图，只有一个作法："以已知点为圆心，已知长度为半径作圆。"要用它来四等分一个圆，是比较难办的。

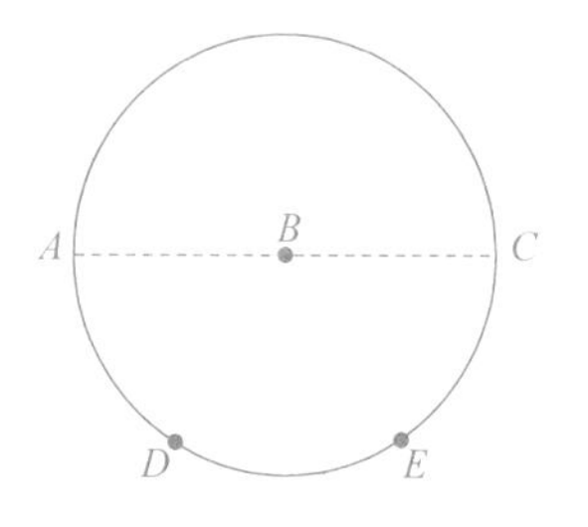

这里，先讲一个基本作图，供大家参考。已知 A、B 两点，求作一点 C，使 $AC=2AB$，作法如下：

以 B 为圆心，BA 长为半径作圆。以 A 为圆心，AB 长为半径画弧交圆于 D，即在圆上截取 $AD=AB$。再在圆上截取 $DE=AB$，$EC=AB$，得到的 C 点就是所求点，即：$AC=2AB$。

因为$\triangle ABD$、$\triangle BDE$ 和$\triangle BEC$ 都是等边三角形，因此$\angle ABC=180°$，

A、B 和 C 三点在一直线上，AC 是圆的直径，所以是半径 AB 的 2 倍。

同样方法重复 n 次，就可以把线段 AB 的长度延长 n 倍。

28 求作中点

不用直尺，只用圆规，作出平面上 A、B 两点的中点 M。

29 拼正方形

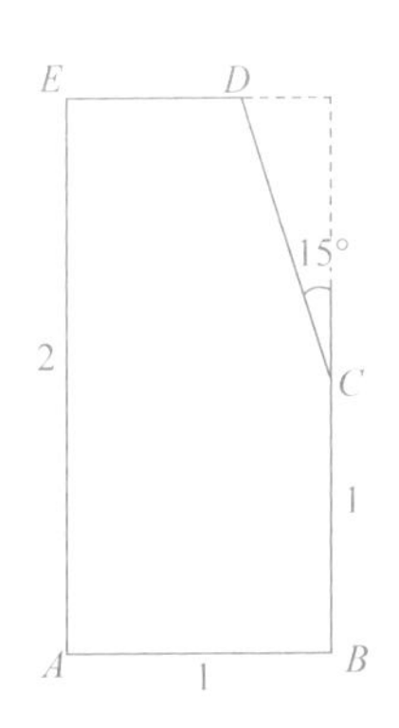

请看右图，长方形缺了一个角。请你把它切成 3 块，然后拼成一个正方形。

提示：要先证明 AE 中点和 CD 中点的连线长度也等于 1。其中一块，要翻过来拼。

30 分成两个正方形

把一个正方形切成 5 块，然后拼成两个正方形，要求一个正方形的面积是另一个的 2 倍。

提示：这是一道几何作图题，要先算出两个正方形的边长。

31 分成 3 个正方形

把一个正方形切成 7 块，然后拼成 3 个相等的正方形。

提示：应用几何作图，先将正方形拼成一个长方形，使长方形的边长为 1∶3，然后将长方形分成 3 个相等的正方形。

第 9 章解答

1. 数三角形

在这个图形中，三角形多达 35 个。一个一个地数，很容易发生重复和遗漏，最好把这些三角形，分成几种类型，再计算每种类型的数目上，这就容易算清楚了。

与$\triangle ABE$ 全等的三角形有 5 个，

与$\triangle ABG$ 全等的三角形有 5 个，

与$\triangle AFG$ 全等的三角形有 5 个，

与$\triangle ACD$ 全等的三角形有 5 个，

与$\triangle ABF$、$\triangle AEG$ 全等的三角形有 10 个，

与$\triangle AHD$ 全等的三角形有 5 个，

一共是 35 个。

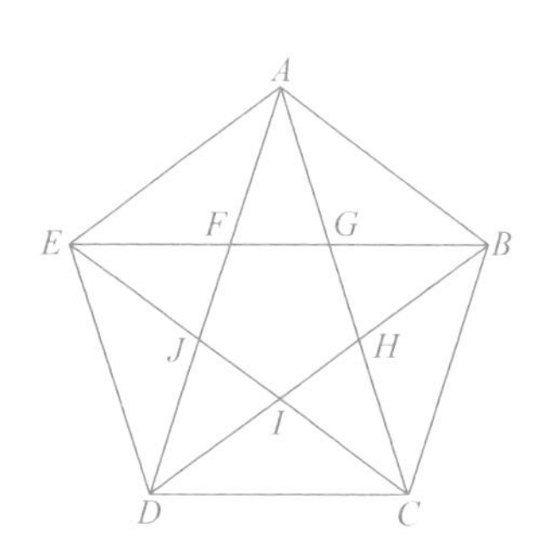

正五边形的一个内角是$\frac{540°}{5}=108°$，$\triangle ABC$ 是等腰三角形，$\angle BAC=\angle BCA=\frac{1}{2}(180°-\angle ABC)=36°$，同理$\angle EAD=36°$。$\angle DAC=108°-\angle BAC-\angle EAD=36°(=\angle BCA)$，故 $AD /\!/ BC$，$ABCD$ 是等腰梯形。与 $ABCD$ 全等的梯形共有 5 个。与 $ABIJ$ 全等的梯形共有 5 个。

$AD /\!/ BC$，同理 $AB /\!/ EC$，又 $AB=BC$，因此 $ABCJ$ 是菱形。与菱形 $ABCJ$ 全等的菱形有 5 个。

菱形和梯形加在一起，共有 15 个四边形。

2. 有多少个正方形

$ABDC$ 那样的正方形有 9 个；

$AEHJ$ 那样的正方形有 4 个；

$DEFG$ 那样的正方形有 4 个；

$AKLI$ 那样的正方形有 2 个；

$DMHN$ 那样的正方形有 2 个；

共有大小不同的正方形 21 个。

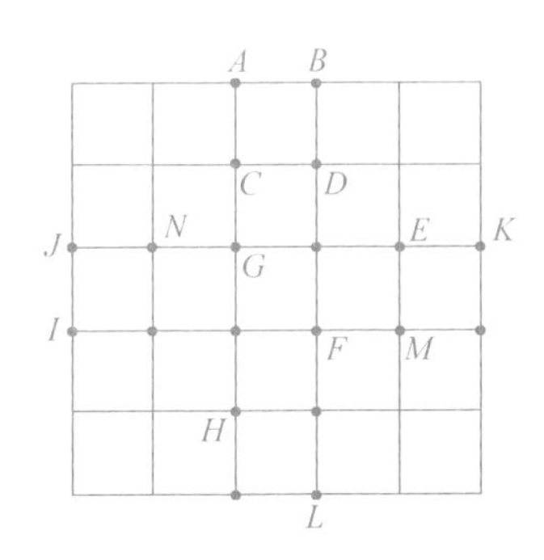

3. 9 棵树

答案见图。

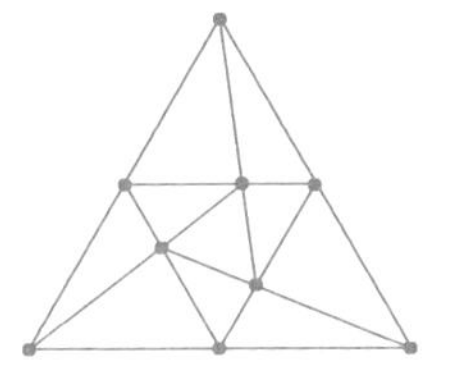

4. 排棋子

答案见图。

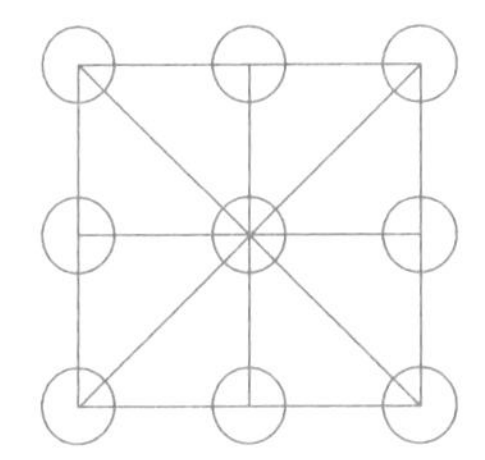

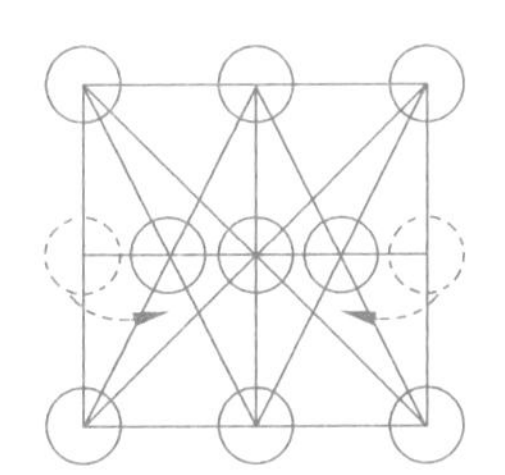

5. 变换图形

答案见图。打“×”表示移掉的点，“△”表示新移来的点。

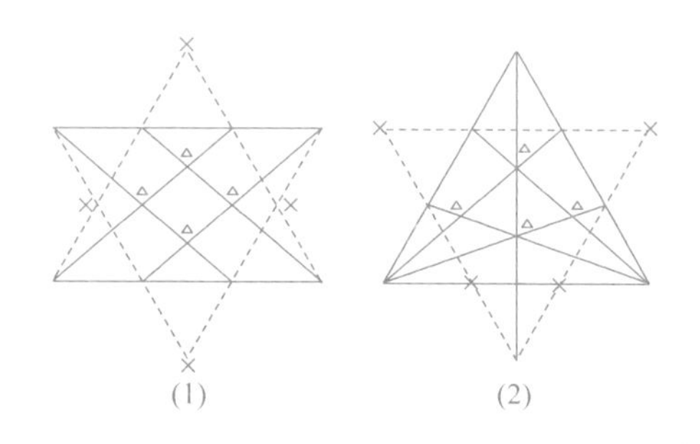

6. 都是等腰三角形

把 5 个点摆成一个正五边形，第 6 个点放在正五边形的(外接圆)中心上。

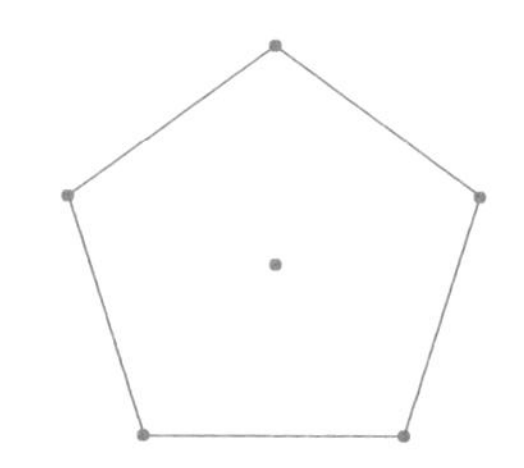

7. 16 个点

答案见图。

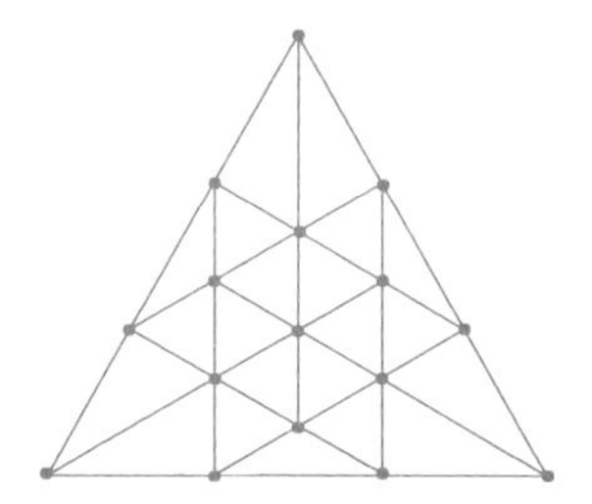

8. 连接的折线

答案见图。

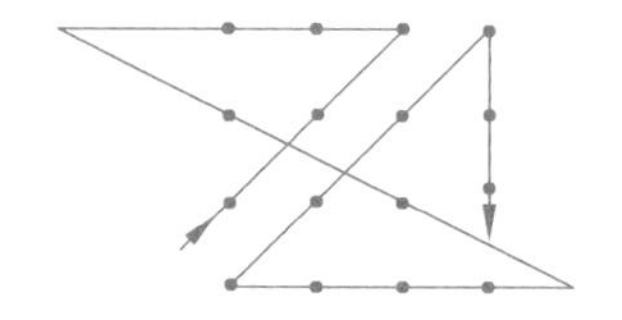

9. 4块木板

按照图(a)的围法,围成的面积最大。根据勾股定理,小长方形的对角线长度是5,因此长方形 $ABCD$ 的面积是 $5\times13=65$,然后扣除两个直角三角形面积(小长方形面积)$3\times4=12$,因此围成面积是 $65-12=53$。

如果按照图(b)的围法,面积是 $4\times13=52$,不如图(a)的围法面积大。其他围法也不如上面围法面积大,不信你可以试一试。

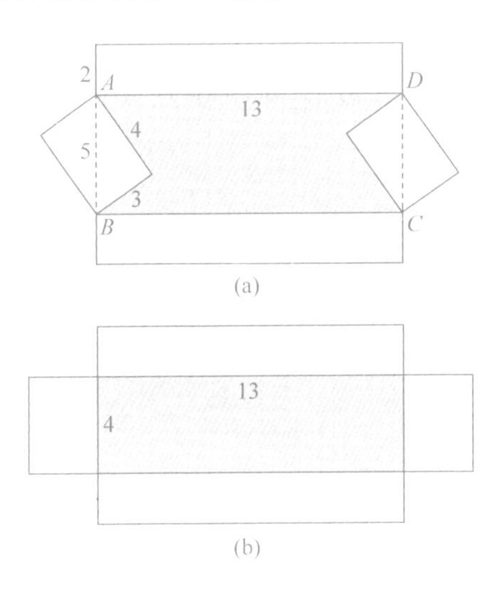

(a)

(b)

10. 巧妙的图形

利用12根火柴,可以摆成一个边长为3、4、5的直角三角形。它的面积是:$\frac{1}{2}\times3\times4=6$。以1根火柴为边组成的正方形面积为1。根据这个特点,可得到 $6-1=5$,$6-2=4$。变换直角三角形,可得到下面的摆法:

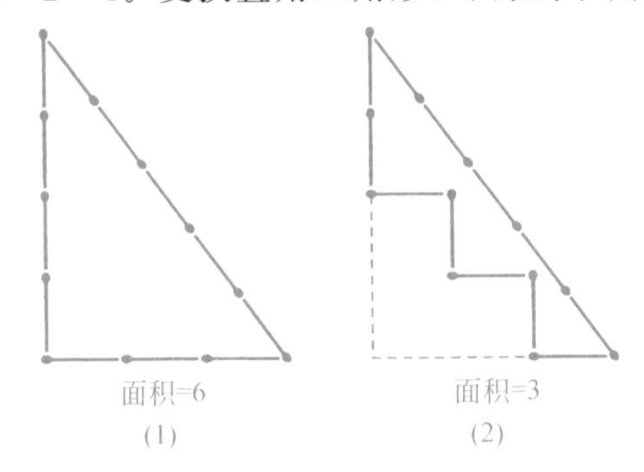

(1)　　(2)

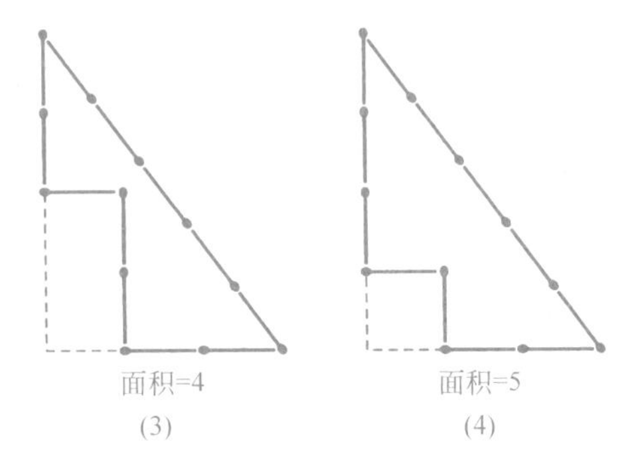

(3)　(4)

面积为 7 和 9 的摆法请看图(5)和图(6)。

面积等于 3 的图形,还有两种比较别致的摆法,一种是图(a)的样子。这里也利用了勾股定理,它的高是 3,底边长是 1,所以面积为 $1\times3=3$。

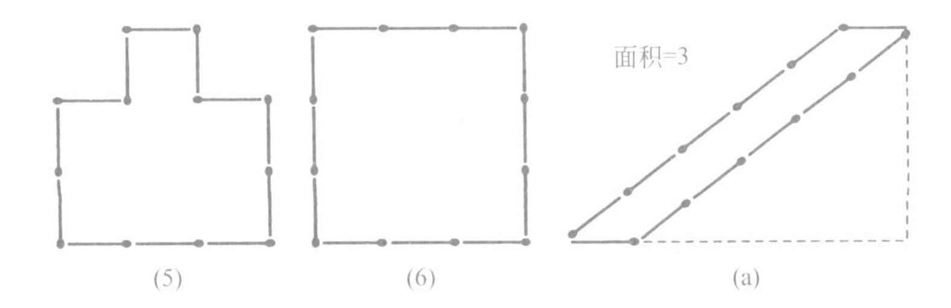

(5)　(6)　(a)

另一种摆法如图(d)。这巧妙的摆法是怎么想到的呢?

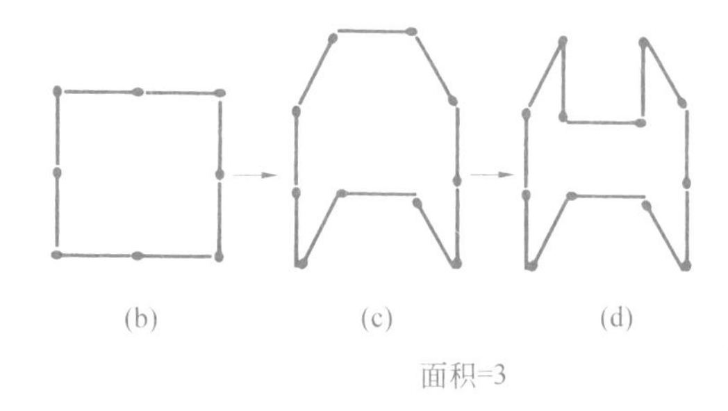
(b)　(c)　(d)

面积=3

(1) 用 8 根火柴摆成面积等于 4 的正方形[图(b)]。

(2) 加入 2 根火柴,摆成图(c)的多边形,面积仍然是 4。

(3) 再加入 2 根火柴,从图(c)中减去一个正方形,小正方形的面积是 1,所以图(d)上多边形的面积为 $4-1=3$。

11. 算题要会找窍门

小林写出3个等式：$370=17^2+9^2$，$74=7^2+5^2$ 和 $116=10^2+4^2$，他发现 $17=10+7$，$9=5+4$，得到了启发。以9和17为直角边作直角三角形 BDC（如图），斜边 $a^2=370$。然后在 CD 上截取 $DE=4$，在 BD 上截取 $DF=7$，作长方形 $AEDF$。连结 A、C，根据勾股定理 $b^2=7^2+(9-4)^2=74$；连接 A、B，$c^2=4^2+(17-7)^2=116$，于是△ABC 正是原来的三角形。

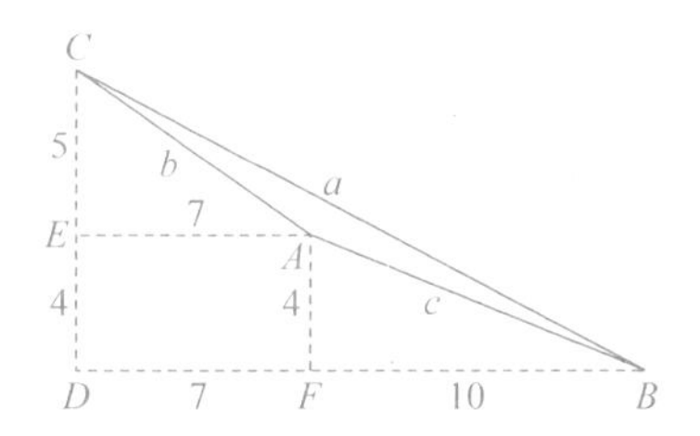

从图上可以看出：

$$\triangle ABC\text{ 面积}=\triangle BDC\text{ 面积}-\triangle ACE\text{ 面积}-\triangle ABF\text{ 面积}-\text{长方形 }AEDF\text{ 面积}$$

$$=\frac{1}{2}\times(9\times17)-\frac{1}{2}\times(5\times7)-\frac{1}{2}\times(4\times10)-(4\times7)$$

$$=11$$

这道题，边长是特殊的数字。特殊性的数字，常常给我们带来算题的捷径，但是，只有平时注意总结经验，做到思路灵活和运算熟练，才会发现这种捷径。

12. 是什么三角形

$AB\leqslant AB$ 上的高 $\leqslant AC$，又 $AC\leqslant AC$ 上的高 $\leqslant AB$，因此 $AB=AC$，并且 $AB=AB$ 上的高 $=AC$ 上的高 $=AC$，△ABC 是等腰直角三角形，从而 $\angle A=90°$，$\angle B=\angle C=45°$。

13. 巡回演出

乍一看，你可能认为甲、乙、丙、丁、戊5个地点构成一个五边形。可是，

一细算就会发现 33＋78＋81＋43＝235。4 条边之和与第五条边相等，说明其他四边和丙、丁这一段重合。实际上，从戊地到丙地是一条直线［见图(1)］，长度是：43＋33＋78＝154km。

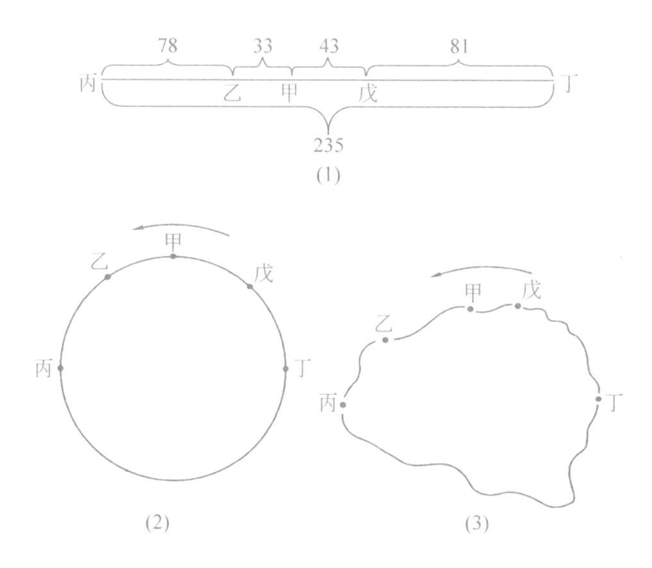

如果道路不是直线，而是曲线［图(2)和图(3)］，那么这 5 个地点在一个封闭的环行路上。因此，从戊地到丙地，也不必绕道丁地，按箭头方向前进，路程仍然是 154km。

14. 拴羊

一个木桩钉在半圆的圆心 A 上，用长度等于半径的绳子把羊拴在木桩上，羊便跑不出圆外。可是，羊还能跑到有麦苗的另一半圆上，可以再想个办法把羊控制住。

从直径 BC 的两端，作 BC 的垂线 BD 和 CE，并使 BD 和 CE 等于半径的长度。分别在 D 点和 E 点打下木桩，两木桩之间拉一条绳子，绳子上穿个铁环。再从铁环拉一条长为半径的绳子把羊拴住。这样，羊左右移动的时候，铁环也随着在绳上左右移动，但是，跑不到有麦苗的另一半圆上。

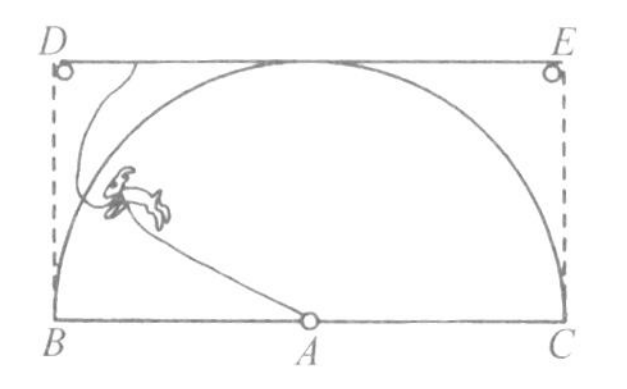

15. 硬币转圈

设所有圆的半径长度是 r。将圆 O 圆周六等分，等分点是 A、B、C、D…开始时，AO_1O_7 在同一直线上，因为 $O_1O_7O_2$ 是等边三角形，$\angle O_7O_1O_2=60°$，所以 $\angle O_2O_1A=120°$。

现在圆 O 沿圆 O_1 的弧 $\overset{\frown}{AB'}$ 旋转 60°，到圆 O' 的位置。我们证明，圆 O' 与圆 O_2 相切，切点就是 C'。因为 $\angle AO_1B'=60°$，$\angle O'O_1O_2=\angle AO_1O_2-\angle AO_1B'=60°$，$O_1O'=O_1O_2=2r$，所以 $\triangle O'O_1O_2$ 是等边三角形，$O'O_2=2r$，说明圆 O' 与圆 O_2 相切，而 $\angle O_1O'O_2=60°$，所以切点是 C'。

从 $C\sim C'$ 位置，说明 O 沿 O_1 的 60°弧旋转，它本身转了 120°，即$\frac{1}{3}$周。

接下去圆 O' 将沿着圆 O_2 的圆周旋转，说明圆 O 沿 O_1 旋转所接触的弧长只有 $\overset{\frown}{AB'}$ 的 2 倍。同理，圆 O 沿每一圆旋转所接触弧是 $120°\left(\frac{1}{3}周\right)$，而它本身转了 $240°\left(\frac{2}{3}周\right)$。因此沿 6 个圆旋转一周，圆 O 本身转了 $6\times\frac{2}{3}$周$=4$ 周。

16. 蚂蚁爬行

把长方体的两个面，摊开在平面上。A、B 间的最短路径是连接这两点的直线，它是直角三角 ABC 的斜边，根据勾股定理：$AB=\sqrt{AC^2+BC^2}=\sqrt{(1+2)^2+4^2}=5$。

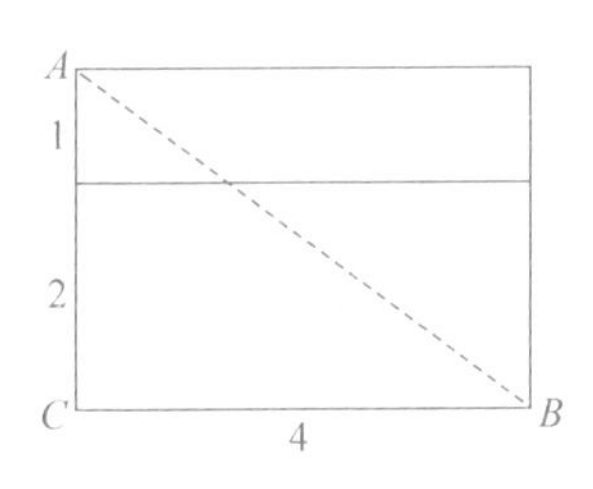

17. 桶外到桶内

我们设想把木桶的圆柱展开成矩形，由于 B 点在背面，不便于作图。但是，可以将 BD 延长到 F，使 $DF=BD$。在几何学上，这是以木桶口沿线作为对称轴，作出点 B 的对称点 F，这就可以用 F 来代替 B，找出最短路程。

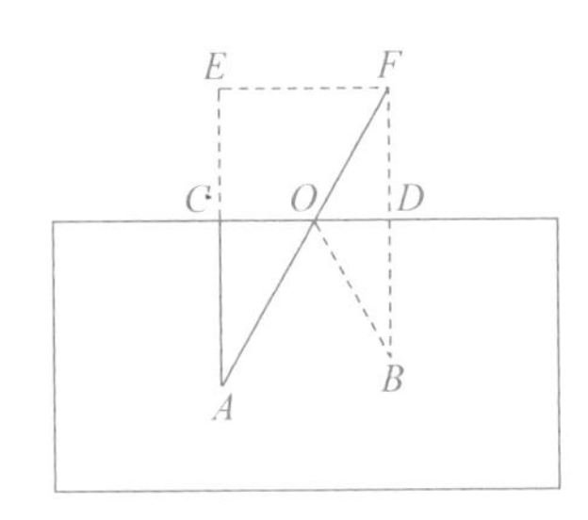

A、F 之间，以直线最短，连结 A、F，与口沿线交于 O。小虫在桶外爬行到 O 点，就应该向桶内 B 点爬去。

这里要说明一下，木桶口沿线是 BF 的垂直平分线，所以 $OF=OB$。A、F 之间的最短距离是：$AF=AO+OF$，因此，A、B 之间最短距离就是 $AO+OB$。

AF 有多长呢？延长 AC 到 E，使 $CE=DF$，不难看出$\triangle AEF$ 是直角三角线，AF 是斜边，$EF=CD$。根据勾股定理：$AF=\sqrt{10^2+(14+10)^2}=26\text{cm}$。

18. 架桥

设甲、乙两个村子是 A、B 两点。

在河上架桥，桥总是垂直于河岸，因此，最短路径必然是条折线。直接找出这条折线很困难，那就需要把折线转化为直线。由于桥的长度相当于河的宽度，又是必不可少的，在作图时怎么办呢？从 A 点作河岸垂线，并在垂线上取 AE 等于河宽，这就相当于把河宽预先扣除，找出 B、E 两点之间的最短路线，也就是 B、A 间的最短路线。因此，连结 E、B，与河岸相交于 D，过 A 点作 DE 的平行线，与另一河岸相交于 C。C、D 就是使两村行程最短的架桥地点。两村的最短行程是：$BD+CD+AC$。

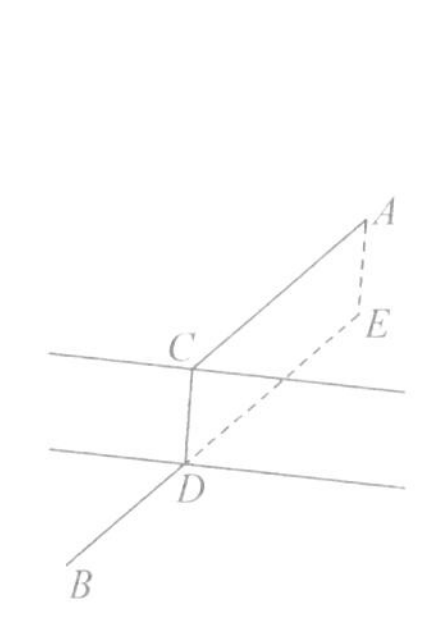

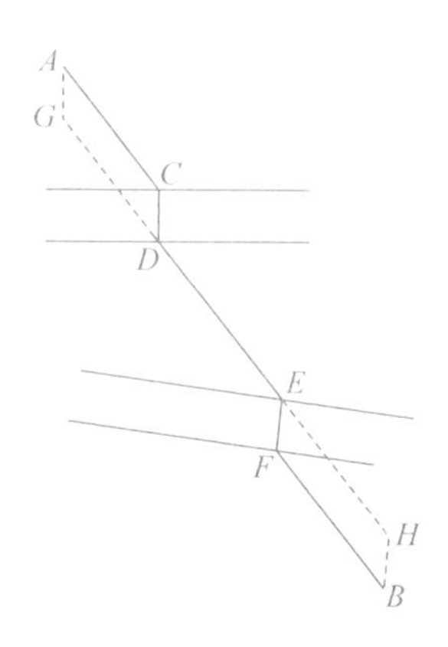

如果两个村子中间隔了两条河，那么，从 A 作第一条河的垂线，并在垂线上取 AG 等于等一条河宽。从 B 作第二条河的垂线，并在垂线上取 BH 等于第二条河宽。连结 G、H，与两条河的河岸分别交于 D 和 E，过 A 作平行于 GH 的平行线，与第一条河另一河岸交于 C，过 B 作 GH 的平行线，与第二条河的河岸交于 F。C、D 是第一条河的架桥地点，E、F 是第二条河的架桥地点。两个村子之间的最短路径是：$AC+CD+DE+EF+FB$。

19. 有几个锐角

凸 n 边形内角之和是 $(n-2)\times180°$，所有外角之和 $=n\times180°-(n-2)\times180°=360°$。因此内角至多只能有 3 个锐角。如果多于 3 个锐角，与这些锐角互补的外角之和就要大于 360°，这是不可能的。

20. 锯正方体

(1) 把每条边都三等分，按右图的虚线锯，共需要锯 6 次，可以分成 27 $(3\times3\times3)$ 块小正方体。

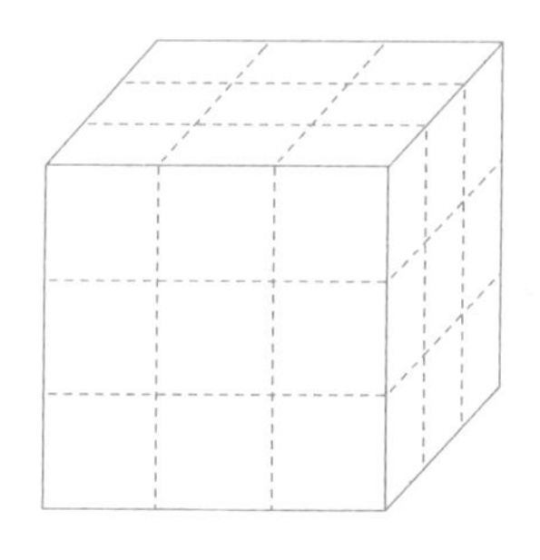

(2) 小正方体是锯开来的，锯开的截面上没有红漆。正方体有 6 个面，每一正方体最少有 3 个截面上没有红漆。所以，四面有红漆的小正方体一个也没有。

(3) 三面有红漆的小正方体，本来是大正方体的顶角。一个正方体有 8 个顶角，所以，三面都有红漆的小正方体有 8 个。

(4) 两面有红漆的小正方体，本来的位置在大正方体每条边的中间。大正方体有 12 条边，所以，两面有红漆的小正方体有 12 个。

(5) 一面有红漆的小正方体，本来的位置在大正方体每一个面的中心。大正方体有 6 个面，所以，一面有红漆的小正方体有 6 个。

(6) 本来在大正方体中心的那一个小正方体，6 个面都是截面，没有红漆。所以，没有红漆的小正方体只有 1 个。

21. 圆和点

几何学上有这样一个结论：AB 是一条弦，C 是圆周上一点，D 是圆内一点，E 是圆外一点，那么 $\angle ADB > \angle ACB > \angle AEB$。

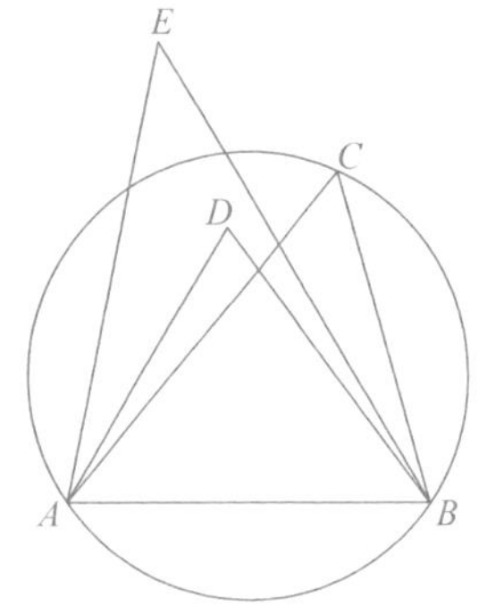

(你会证明这个结论吗?)

设 5 点是 A、B、C、D 和 E，我们在其中选两点使其他 3 点在这两点连线的同一侧。如果这两点是 A、B，由于任意 3 点不在一直线上，C、D 和 E 三点都不会在直线 AB 上。我们比较一下 $\angle ACB$、$\angle ADB$ 和 $\angle AEB$ 的大小，因为任意 4 点不在一个圆上，因此这三个角的大小一定都不一样，我们就选中间的那个角，过它的顶点 C 和 A、B 三点作一个圆，另外两点必然一点在圆内，一点在圆外。

22. 周长最长的三角形

弧的中点 C 与 A、B 两点相连，构成的三角形周长最长。证明这一结论，可以在弧上任意取一点 D 与 A、B 两点相连，一定是 $AC+CB>AD+DB$。

添一些辅助线。延长 AD 到 E，使 $DE=DB$，连结 C、E 和 B、E，连结 D、C，并延长到与 BE 相交。

$\angle 1+\angle 2+\angle CBA=180°$(三角形的内角和)，$\angle 3+\angle 4+\angle 5=180°$(同

在一条直线上)，由于$\angle 1=\angle 3$，$\angle 2=\angle 4$(分别与同一条弧相对)，所以$\angle 5=\angle CBA$。

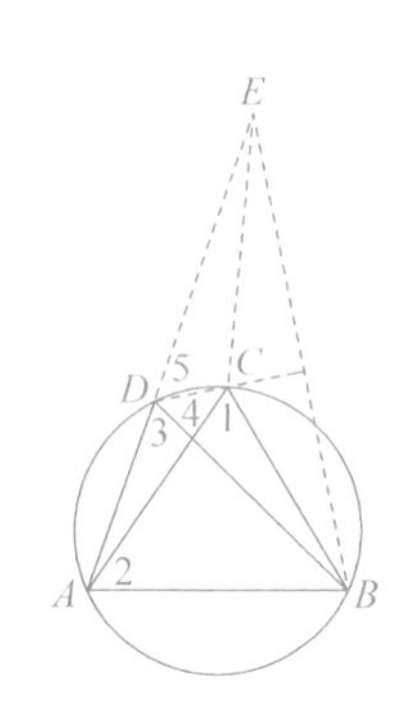

因为C是$\overset{\frown}{AB}$的中心，$\triangle ABC$为等腰三角形，它的底角$\angle 2=\angle CBA$，所以$\angle 4=\angle 2=\angle 5$，$DC$平分$\angle BDE$。而$\triangle BDE$也是等腰三角形，所以，顶角的平分线垂直平分$BE$，于是$CB=CE$。

$AC+CE>AE$(三角形两边之和大于第三边)。

因此$AC+CB=AC+CE>AE=AD+DE=AD+DB$。

23. 只用直尺作垂线

请看图(1)，如果$\angle ABC$小于$90°$，作法如下：

连结A、C和B、C分别与圆周相交于F、E两点。连结A、E和B、F，两线相交于H，连结C、H与AB相交于D，CD就是所求的垂线。

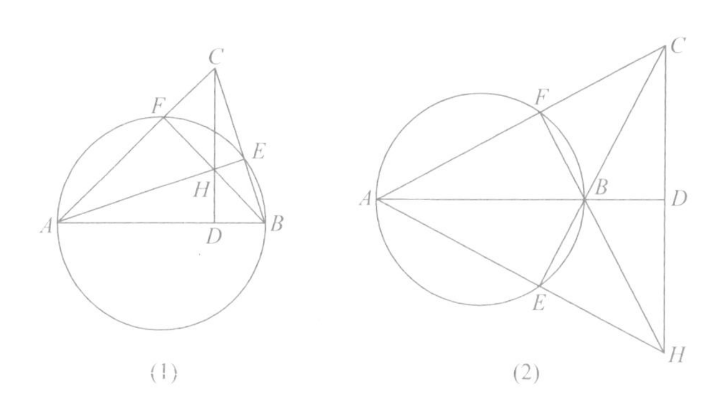

(1)　　　　(2)

证明：因为AB是直径，所以$\angle AEB=\angle AFB=90°$。这就是说，$AE$和$BF$是$\triangle ABC$上$BC$和$AC$两条边上的高。根据三角形的三边上三条高相交于一点，通过交点H的线段CD一定是AB边上的高，也就是$CD\perp AB$。

如果$\angle ABC$大于$90°$，上面作法需要作适当修改。因为连接BC与圆的交点在下半圆上，所以CH只能与AB的延长线相交于D。具体作法请看图(2)。CD还是所示的垂线。

24. 作边长的$\frac{1}{2}$，$\frac{1}{3}$，$\frac{1}{4}$，$\frac{1}{5}$，…

连结 D、F，与 OE 相交于 M_1。因为 $ODEF$ 是平行四边形，所以 DF 平分 OE，即 $OM_1=\frac{1}{2}OE=\frac{1}{2}$边长。

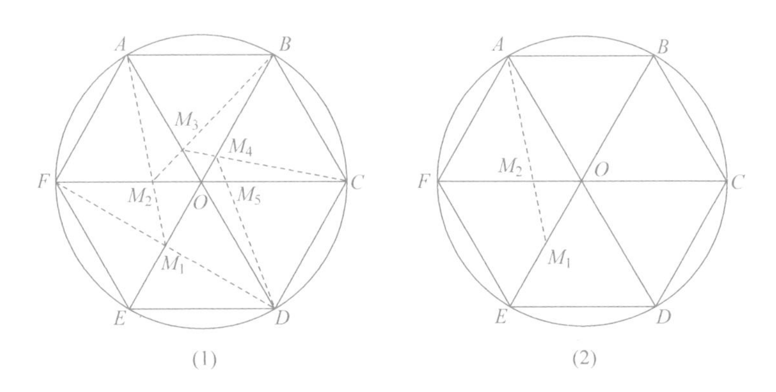

连结 A、M_1，与 OF 相交于 M_2。因为 $AB /\!/ OF$，所以，$\triangle OM_1M_2 \backsim \triangle BM_1A$。于是$\frac{OM_2}{AB}=\frac{OM_1}{M_1B}=\frac{1}{3}$，即 $OM_2=\frac{1}{3}$边长。

连结 B、M_2，与 OA 相交于 M_3。因为 $BC /\!/ OA$，所以$\triangle OM_2M_3 \backsim \triangle CM_2B$。于是，$\frac{OM_3}{BC}=\frac{OM_2}{M_2C}=\frac{1}{4}$，即 $OM_3=\frac{1}{4}$边长。

连结 C、M_3，与 OB 相交于 M_4。类似上述证明，可得出 $OM_4=\frac{1}{5}$边长。

……

这样逐次作下去，可以作出边长的$\frac{1}{6}$，$\frac{1}{7}$，$\frac{1}{8}$，…总之，我们仅用这个作图，就可以作出边长的$\frac{1}{n}$。

25. 求两点的中点

在 l_1 和 l_2 外任取一点 C，连结 A、C 与 B、C，与 l_2 分别交于 F 和 E。连结 A、E 和 B、F，设两线交点是 D，连结 C、D 与 AB 相交于 M，M 就是 AB 的中点。

证明：由于 $l_1 /\!/ l_2$，于是$\triangle AMC \backsim \triangle FHC$，$\triangle BMC \backsim \triangle EHC$，可以推出：

$$\frac{FH}{AM}=\frac{CH}{CM}=\frac{EH}{BM}, \quad 即 \quad \frac{BM}{AM}=\frac{EH}{FH} \tag{1}$$

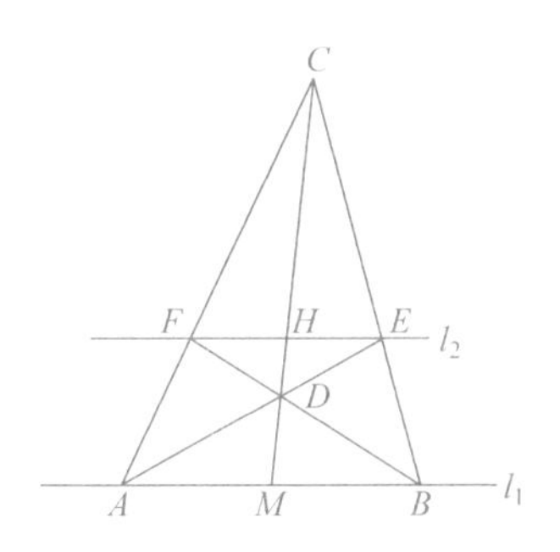

从 $l_1 /\!/ l_2$，又可得出$\triangle AMD \backsim \triangle EHD$，$\triangle BMD \backsim \triangle FHD$。

又可以推出：

$$\frac{EH}{AM}=\frac{HD}{DM}=\frac{FH}{BM}, \quad 即 \quad \frac{BM}{AM}=\frac{FH}{EH} \tag{2}$$

式(1)、式(2)相乘，$\left(\frac{BM}{AM}\right)^2=\frac{EH}{FH}\cdot\frac{FH}{EH}=1$，即 $AM=BM$，M 就是 A 和 B 的中点。

26. 只许用一次圆规

以 B 为圆心，BA 为半径作一个圆。剩下的作图就可以用直尺完成。

延长 AB 得到圆的一条直径 AC，过圆心 B 再任意作一直径 DE，不难看出 $ADCE$ 是矩形。于是 $CE /\!/ AD$，$CD /\!/ AE$，利用上一题的作图就可以分

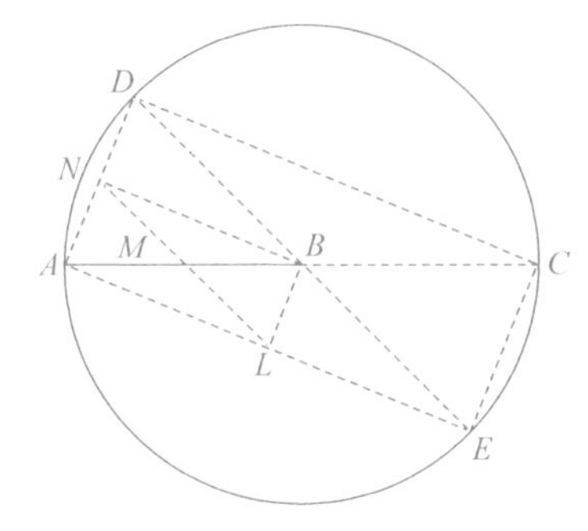

别作出 AD 和 AE 的中点 N 和 L，连结 N、L 与 AB 相交于 M。

因为 $ANBL$ 是矩形(读者可以自己证明一下)，两条对角线 AB 和 NL 互相平分，说明了 M 是 AB 的中点。

27. 将圆四等分

将一个圆四等分，相当于作圆内接正方形。如果圆的半径是 r，圆内接正方形的边长是 $\sqrt{2}r$。因此问题的关键是作出 $\sqrt{2}r$ 的长度。r 是已知的，如果先能有 $\sqrt{3}r$ 长度，从 $(\sqrt{2}r)^2=(\sqrt{3}r)^2-r^2$，就可作出 $\sqrt{2}r$ 的长度。根据上述分析，作法如下：

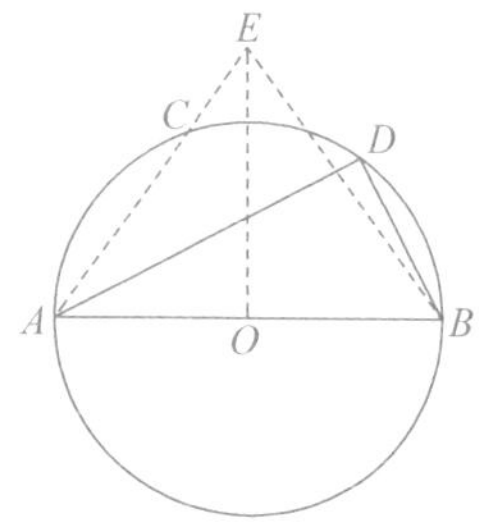

设已知圆 O，在圆周上任取一点 A，用基本作图作 $AB=2OA$，得到直径 AB 的另一端 B。取 $BD=r$，(于是△ADB 是直角三角形，$AD=\sqrt{AB^2-BD^2}=\sqrt{(2r)^2-r^2}=\sqrt{3}r$)分别以 A 和 B 为圆心，AD 长为半径作弧，设两弧交于 E。不难看出，△AEO 是直角三角形，$OE=\sqrt{AE^2-AO^2}=\sqrt{3r^2-r^2}=\sqrt{2}r$。因此用 OE 长度在圆上截取，就可将圆四等分。

28. 求作中点

设已知点是 A 和 B，作法如下：

以 A 为圆心，AB 为半径作圆。用基本作图作 $AC=2AB$，得到 C 点。

以 C 为圆心，CA 为半径作圆弧，与圆相交于 D、E 两点。分别以 D、E 为圆心，DA 为半径作圆弧，设两条圆弧的交点是 M，M 就是 AB 的中点。

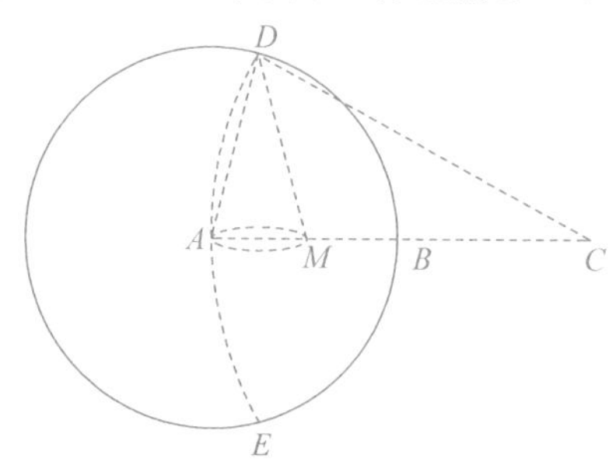

证明：$\triangle CDA$ 和 $\triangle DMA$ 都是等腰三角形，并且有一个公共底角 $\angle DAC$，因此 $\triangle CDA \backsim \triangle DMA$，就推知 $\frac{AM}{AD}=\frac{AD}{CA}=\frac{1}{2}$，即 $2AM=AD=AB$，M 是 AB 的中点。

29. 拼正方形

设 AE 的中点是 F，CD 的中点是 H，先证明 $FH=1$。

作 $\angle LCF=15°$，于是 $\angle LCD=90°-\angle DCG-\angle LCF=60°$。从 $\triangle CDG \cong \triangle CLF$ 看出：$CD=CL$，因此 $\triangle CLD$ 是等边三角形。H 是 CD 的中点，LH 就是 CD 上的高，$\angle LHC=90°$。又由于 $\angle LFC=90°$，于是 L、F、C 和 H 四点都在 CL 为直径的圆上，由此推出 $\angle FHC=\angle FLC$（在圆内对同一圆弧）。$\angle FLC=\angle HCF=75°$，因此 $\angle FHC=\angle HCF$，$\triangle FHC$ 是等腰三角形，就有 $FH=CF=1$。

从 B 作 HF 的垂线，将木板锯成Ⅰ、Ⅱ和Ⅲ三块，就可以拼成正方形，不过拼的时候要将Ⅱ这一块翻过来拼。只要注意拼合处线段相等，并且边上两个角的和是 180°，中间三个角的和是 360°，就很容易证明拼合是可行的。

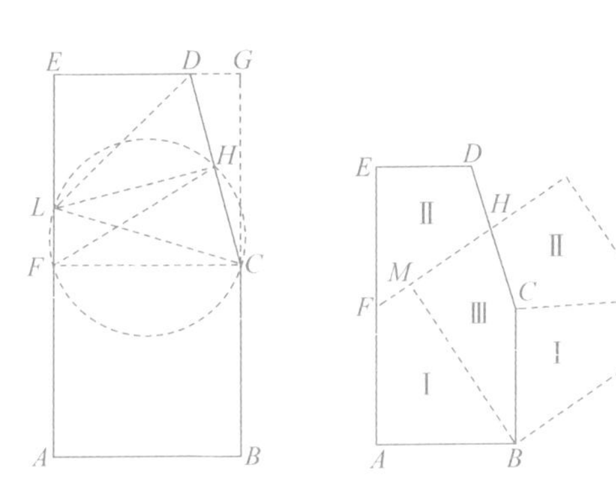

30. 分成两个正方形

设原正方形边长是 a，因此拼成的两个正方形面积应是 $\frac{1}{3}a^2$ 和 $\frac{2}{3}a^2$。换句话说，一个边长应是 $\frac{1}{3}a$ 和 a 的比例中项，另一个边长是 $\frac{2}{3}a$ 和 a 的比例中项。我们在原正方形一边 AB 上，取 $AM=\frac{1}{3}AB$，以 AB 为直径作半圆，过 M 作 AB 的垂线与半圆相交于 N，AN 和 BN 就分别是拼成的两个正方形的边长。

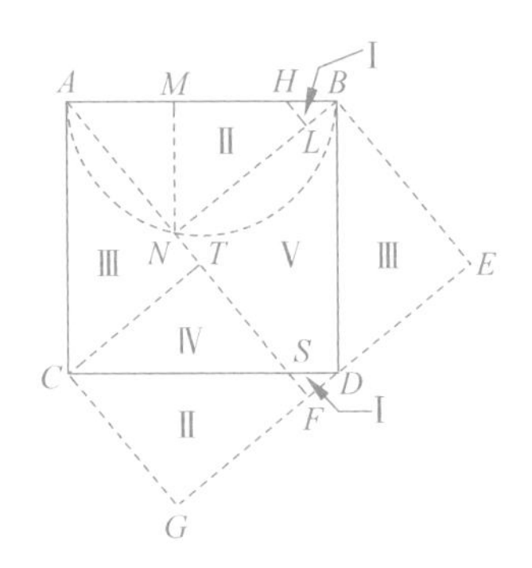

过 D 作 BN 的平行线 GE，与 AN 延长线相交于 F，过 B 作 AF 的平行线与 GE 相交于 E，过 C 作 AF 的平行线与 GE 相交于 G，过 C 作 AF 的垂线与 AF 相交于 T。$BEFN$ 就是拼成的大正方形，$CGFT$ 就是拼成的小正方形。图上的罗马数字已表明了拼合方法。这里，$BH=DS$，$HL\perp BN$。

只要注意 $\mathrm{Rt}\triangle ATC\cong\mathrm{Rt}\triangle BED\cong\mathrm{Rt}\triangle ANB\cong\mathrm{Rt}\triangle CGD$，以及 $\mathrm{Rt}\triangle BHL\cong\mathrm{Rt}\triangle DSF$，就很容易证明拼合是可行的。

31. 分成 3 个正方形

我们先考虑把正方形切拼成一个长方形，这个长方形的两边长度比是 $1:3$。不妨设正方形的边长是 1，长方形的长是 x，宽是 $\frac{1}{3}x$，于是 $\frac{1}{3}x^2=1$，$x=\sqrt{3}$。这就算出了长方形长与宽分别是 $\sqrt{3}$ 和 $\frac{\sqrt{3}}{3}$。

我们知道正方形的对角线长度是 $\sqrt{2}$。将原正方形的一边 DC 延长，截 $CE=BD$（见下页图），于是 $BE=\sqrt{(\sqrt{2})^2+1^2}=\sqrt{3}$ 是长方形的一边。过 A 作 BE 的平行线 AH，与 DE 相交于 L。分别从 B 和 E 作 AH 的垂线，与 AH 相交于 T 和 H，得到矩形 $BTHE$。截取 $EF=DK=CL$，过 K 作 AH

的平行线与AD相交于S。过F作CE的垂线交BE于G。

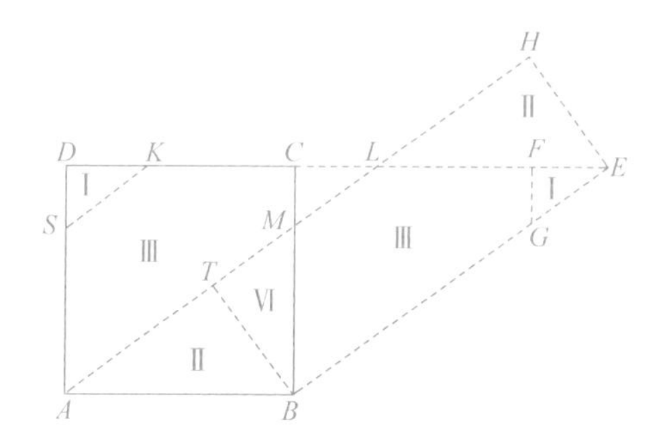

现在我们来证明,原正方形恰好拼合成长方形$BTHE$。由于$ABEL$是平行四边形,$AB=LE$,$TB=HE$,于是$\mathrm{Rt}\triangle ABT\cong\mathrm{Rt}\triangle LEH$。类似可证明$\mathrm{Rt}\triangle KDS\cong\mathrm{Rt}\triangle EFG\cong\mathrm{Rt}\triangle LCM$,$\mathrm{Rt}\triangle ADL\cong\mathrm{Rt}\triangle BCE$。$\triangle ADL-\triangle KDS-\triangle LCM=\triangle BCE-\triangle LCM-\triangle EFG$,因此图中两块Ⅲ是全等的。这样就证明拼合是可行的。读者也许要问,长方形短边长度是否是$\frac{\sqrt{3}}{3}$。即然拼合没问题,长方形面积$=$正方形面积$=1$,$BE=\sqrt{3}$,必定有$BI=HE=\frac{\sqrt{3}}{3}$。

只要把长方形等分为3个正方形,对原正方形的各块作同样切分(请看下图),就得到问题的解答。

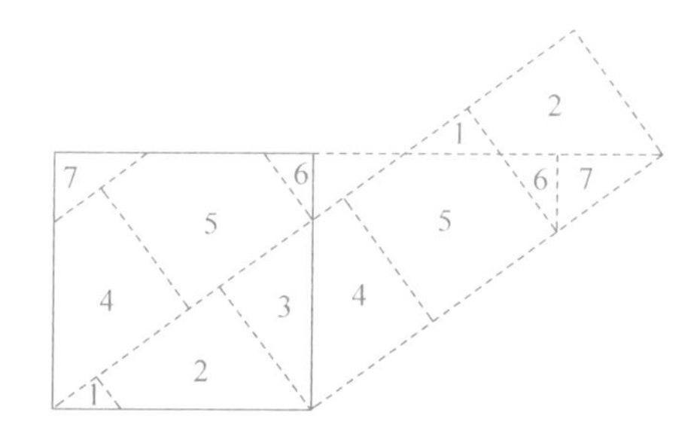

用同样的思路和方法,也可以将一个正方形切拼成4个、5个、6个…相等的小正方形。

第10章　数　字　谜

数字谜，看起来有点像“游戏”。不过，这种“游戏”是愉快的思考，锻炼思维的体操。在猜数字谜的过程中，常常要根据分析作出判断，将会使我们更加熟悉10个数字的特点，这对于学习数学、提高计算能力也是有好处的。

在第1章，大家已经遇到过数字谜。第2章、第7章、第12章，有一部分题目，实际上也是特殊形式的数字谜。这一章的题目，只不过是更集中一些罢了。

1 采集中药

问：这个加法算式表示什么？

答：小张和小李采集了一种中草药，小张采的比小李多。加法表示两个人共采集了多少斤草药。

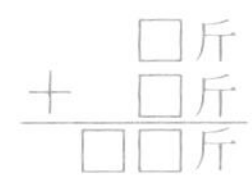

问：除法算式又是什么意思？

答：他们把中药拿到药厂交售，回来算一算每斤中草药的单价是多少。

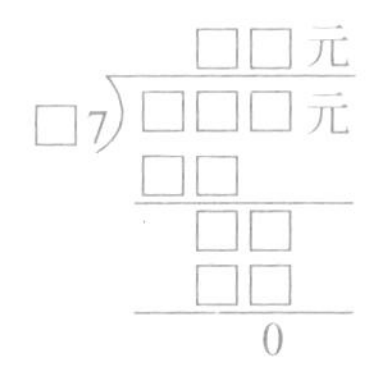

问：两个乘法算式算的什么账？

答：分别算一算小张、小李采集的中草药，价值各是多少？

问：4个算式，只写出7这一个数。要把别的数字都补上去，一定很难吧！

答：不。这道题看起来很难，实际上很容易。只要你找到“突破口”，很快就能把方框里空着的数字补上去。

2 乘法算式(1)

```
      * * *
×     * 2 *
-------------
      * * *
  * * * *
  * 8 *
-------------
* * 9 * 2 *
```

3 乘法算式(2)

```
      * * * 7
×       * * *
---------------
    * * * * 6
  * * 2 0 3
* 3 7 * *
---------------
* * * * * * *
```

4 乘法算式(3)

```
      6 * *
×     * * *
-------------
      * * *
  * * * *
* 5 * 5
-------------
* * 5 * 4 *
```

5 除法算式(1)

```
            * *
       ---------
7 * * ) 8 * * *
        * * 3
       ---------
        * * * *
        * * 6 *
       ---------
              0
```

6 除法算式(2)

```
             * *
       ┌─────────
6 * * )  * * * 1
         * * 7
       ─────────
         * * * *
         * * 6 1
       ─────────
               0
```

7 已知数都是7

```
            * 7 *
      ┌──────────
* * )   * * * * *
        * 7 7
      ───────────
        * * 7 *
        * * 7 *
      ───────────
              * *
              * *
      ───────────
                0
```

8 已知数都是4

```
               * * *
       ┌────────────
* 4 * )  * * * * *
         * * 4
       ─────────────
         * * * *
           * * 4
       ─────────────
             4 * *
             * * *
       ─────────────
                 0
```

9 11+7+2=20(英文数词算式)

```
  e l e v e n
    s e v e n
+       t w o
─────────────
  t w e n t y
```

每一个英文字母代表一个不同的数字,请你把英文字母变成数字,使算式成立。

已知数都是 1

```
               * * *
        ------------
* 1 * ) * * 1 * * *
        1 * * *
        ------------
          1 1 * *
            * * 1
        ------------
            * * * *
            * * 1 *
        ------------
                  0
```

11 只知道一个 7

```
              * 7 * * *
        ----------------
* * * ) * * * * * * * *
        * * * *
        ----------------
            * * *
            * * *
        ----------------
            * * * *
              * * *
        ----------------
                * * * *
                * * * *
        ----------------
                      0
```

上面除法算式只知道一个数 7。怎样去补上其余的数字呢？注意算式中每一层的位数，就能确定商的每一位数字。商完全确定以后，再去估算除数。

只知道三个 5

```
            * * * * * * *
        ------------------
* * * ) 5 * * * * * * * *
        * * *
        ------------------
            a * * *
              * * *
        ------------------
                  5 * *
                  * * *
        ------------------
                  * 5 * *
                  * * * *
        ------------------
                        0
```

这道题已经知道的数只有三个 5，看起来好像很难。其实，不算难题，算

式中的 a 是个“突破口”。

13 难题

```
                   * 6 *
         ┌─────────────────
* * 5 * *) * * 7 * * * * *
           * * * * * 7
         ──────────────────
             * * * * * *
               * * * * *
         ──────────────────
                 * * * * *
                 * * 4 * *
         ──────────────────
                         0
```

在这道题中，被除数中的 7 和最后一行的 4 是关键数字，要很好地利用。解题时，需要对有些数字作出估计，估计精确一些，就能较快地找到答案。

14 汉字和数字

为了庆祝新的千年开始，同学们设计了一个数字谜。

```
              新年好
       ┌──────────────
千禧年 ) 2 □ □ □ □ □
         □ 0 □ □
       ──────────────
           □ 0 □ □
           □ □ 0 □
       ──────────────
             □ □ □ □
             □ □ □ □
       ──────────────
                   0
```

上面除法算式中，有数字：1 个 2 和 3 个 0；还有汉字，其中不同汉字代表不同数字，相同的汉字代表相同的数字。每一个方格，请你补上一个数字，使其成为正确的算式。

只要确定了从除法的哪一层入手，即先思考哪一个已有的零，就会发现“突破口”。

这个数字谜是比较难的，可能会让你多试算几次，排除了不可能的情况，才会找到正确的解答。

注意：先算出除数，再算出商，最后就知道被除数了。

5+2+1=8(英文数词算式)

```
      f i v e
        t w o
+       o n e
-------------
    e i g h t
```

你也许已经看出，题目中的英文是数词，恰好是5+2+1=8。现在的问题是：每一个字母代表一个数字(从0～9)，把字母换成数字，这个算式也是成立的。请你把这些数字猜出来。

请大家注意："o"是英文字母，不是数字中的零。

两个解答

下面这个算式有两个解答，希望你都能找出来。

```
             * * *
     ---------------
* 7 * ) * 1 * * * *
        3 * * *
        -----------
          * * * *
          * 7 * *
          ---------
            1 * * 3
            1 * * 3
            -------
                  0
```

17 40+10+10=60(英文数词算式)

```
    f o r t y
        t e n
+       t e n
-------------
    s i x t y
```

18 又是一个难题

```
              * * *
      ____________
*3*) * 1 * * * *
     * * * 7
     -----------
       * 4 * *
       * * * *
     -----------
           * * *
           * 7 *
     -----------
               0
```

19 7+3+2=12(英文数词算式)

```
     s e v e n
     t h r e e
+        t w o
--------------
   t w e l v e
```

20 3个字母的乘法

```
          a b c
×         b a c
---------------
        * * * *
        * * a
    * * * b
---------------
    * * * * * *
```

请你猜一猜：a＝？ b＝？ c＝？，并且把所有的数字都补上。

21 适合两个算式

```
  n i n e        n i n e
-   t e n      -   o n e
---------      ---------
    t w o          a l l
```

在这一题里，不必注意数词的含义。但是，每个字母代表的数字，应该同时适合两个算式。请你猜一猜，这些字母代表什么数？

22 愤慨之作

1999年，以美国为首的北约导弹袭击我国驻南联盟大使馆，笔者就设计了一个英文字母的数字谜。

```
    N A T O
+   B O M B
-----------
  C R I M E
```

NATO是北大西洋公约组织的英文缩写，BOMB是炸弹，CRIME英文的原义是罪行。

这个题目的解答有26个，请你思考一下怎样才能找出所有的解答？

23 10个字母

```
           g a d
     -----------
f g ) a b c d e
      a c g
      ---------
        h h d
          i a
      ---------
          a j e
          a j e
      ---------
              0
```

这10个字母各代表什么数字？

提示：先突破h、g，其次是a。

24 奇偶数乘法

“奇”字代表 1、3、5、7、9 中的一个数，“偶”字代表 0、2、4、6、8 中的一个数。不同位置的“奇”和“偶”可能是相同的数，也可能是不相同的数。这就是说，只要知道数字的奇偶性，就能把算式中的数都猜出来。请你试一试。

25 质数乘法

```
      * * *
  ×     * *
  ---------
    * * * *
  * * * *
  ---------
  * * * * *
```

算式中每一个数字都是质数，9 以内的质数只有 4 个：2、3、5、7。因此，每一个 * 一定是这 4 个质数中的一个。

26 奇偶数除法

本题的要求与第 23 题完全相同。

```
              奇奇偶
奇奇6 )偶偶奇奇偶
       偶奇偶
       ---------
         奇奇奇
         奇偶偶
       ---------
           偶奇偶
           偶奇偶
       ---------
                0
```

无字算式

将 0～9 十个数字填入，一个空只能填一个数字，使算式成立，最好不要瞎猜，动动脑筋。

$$\begin{array}{rcccc} & & & & \times \\ & & & \times & \times \\ + & & \times & \times & \times \\ \hline & \times & \times & \times & \times \end{array}$$

第10章解答

1. 采集中药

解这类题目,要充分利用已知数。除法算式里的除数,是两个人采了多少斤中药,也就是加法算式里的和。

加法算式就是突破口。因为和的十位数只能是1,和就是17,这就知道两个加数只能是8和9。再把8和9填入乘法算式,由于除法中的商是大于10的两位数,马上可以确定被乘数是11。

```
    □       □□       □□          1 1
+   □     ×  9     ×  8     17 ) 1 8 7
-----     -----    -----         1 7
  1 7       □□       □□          -----
                                   1 7
                                   1 7
                                   -----
                                     0
```

把所有的已知数填入除法算式,很快就可以把所有的数都补上去。

2. 乘法算式(1)

为了方便说明,有一些数字用字母来代替。

```
       * * *              9 8 *
  ×    a 2 b         ×    1 2 1
  -----------        -----------
       g h *              9 8 *
     d f * k            1 9 * k
     e 8 *              9 8 *
  -----------        -----------
   c * 9 * 2 *        1 1 9 * 2 *
```

突破口是a、b、c、d。由于被乘数乘2是四位数,而乘a或乘b都是三位数,得到a=b=1。很明显,c=1,d=1,h=8。

e可能是8或9。如果e是8,则f可能是6或7,而题目要求f+8的个位数是9,说明e=8算式不成立。因此,e=g=9,f=9。

```
          9 8 7
  ×       1 2 1
  -------------
          9 8 7
      1 9 7 4
      9 8 7
  -------------
    1 1 9 4 2 7
```

根据已知数,算式可补上的数字就比较多了。

从 $8+k$ 个位数是 2,可以知道 $k=4$。被乘数的个位数只能是 2 或 7。通过试算,可以确定这个数只能是 7。

3. 乘法算式(2)

部分数字用字母代表。

a 乘 7 的个位数是 6,$a=8$;b 乘 7 的个位数是 3,$b=9$。

应用算式:$\overline{fdc7}\times 9=\overline{**203}$,可以推算出 $c=6,d=4$。

现在已知道被乘数是 $\overline{f467}$,那么,$\overline{f467}\times e=\overline{*37**}$,经过观察和试算,可以知道 $e=8$,即 $\overline{f467}\times 8=\overline{*3736}$,因为 $467\times 8=3736$,说明 $f\times 8$ 的个位数是 0,f 只能是 5。被乘数和乘数都已确定,其他各数一算就知道了。

```
        f d c 7
  ×       e b a
  -------------
      * * * * 6
    * * 2 0 3
  * 3 7 * *
  -------------
  * * * * * * *
```

```
        5 4 6 7
  ×       8 9 8
  -------------
      4 3 7 3 6
    4 9 2 0 3
  4 3 7 3 6
  -------------
  4 9 0 9 3 6 6
```

4. 乘法算式(3)

仍用字母代表部分数字。

```
        6 d b
  ×     c e a
  -----------
        * * *
      * g h f
    * 5 i 5
  -----------
    * * 5 * 4 *
```

很明显,$a=1$。分析 $\overline{*5i5}$,知道 b、c 两个数中,必定有一个是 5。如果 c 是 5,试算一下,无论 d、b 是什么数,都得不出 $\overline{6db}\times 5=\overline{*5*5}$ 的结果。因此 $c\neq 5$,而是 $b=5$,而且 c 是一个奇数。

现在,f 只能是 0 或 5,于是 d 只能是 4 或 9。如果 d 是 9,无论 c 是哪个奇数,$c\times 695$ 都得不到 $\overline{*5*5}$。于是,d 只能是 4,f 是 0,并且 e 是偶数。

再分析 c 是什么数。c 只能是 3、7、9,而只有 $7\times 645=4515$。因此,$c=7,i=1$。

从 i=1 可以估出 g 可能是 2 或 3。如果是 2，h 必须是 9，而 e 是偶数，只有 2×645=1290，才符合十位数是 9，因此 e=2。把剩下的数补全后，算式是：

```
        6 4 5
  ×     7 2 1
  -----------
        6 4 5
    1 2 9 0
  4 5 1 5
  -----------
  4 6 5 0 4 5
```

5. 除法算式(1)

这个算式比较简单，不作详细解答。补全的算式是：

```
          1 2
     ---------
733 ) 8 7 9 6
      7 3 3
      -------
      1 4 6 6
      1 4 6 6
      -------
            0
```

6. 除法算式(2)

```
          1 3
     ---------
687 ) 8 9 3 1
      6 8 7
      -------
      2 0 6 1
      2 0 6 1
      -------
            0
```

7. 已知数都是 7

首先分析 b 和 c，由于 b×c 的个位数是 7，只可能是 1×7 或 3×9。很明显，c 等于 1 和 7 都不合适，c 的范围缩小到 3 和 9。

```
              c 7 d
      -----------
a b ) * * * * *
      * 7 7
      ---------
        * 7 *
        * 7 *
      ---------
            * *
            * *
      ---------
              0
```

如果 c=3,必然是 b=9,而且确定了 a=5。试算一下,59×3=177,看来是可行的。可是,再试算 59×7,结果是 413,与题目中的 $\overline{*7*}$ 不符。因此,c≠3,而应该是 c=9。再按上面的办法试算,知道 b=3,a=5,符合算式要求。最后,确定 d=1。补全的算式是:

```
        9 7 1
   ┌──────────
53 ) 5 1 4 6 3
     4 7 7
   ──────────
       3 7 6
       3 7 1
   ──────────
           5 3
           5 3
   ──────────
             0
```

8. 已知数都是 4

突破口是 a、b、c,从它们的位置可以判断出:a=1,b=0,c=9。

再比较 $\overline{m*4}$ 和 $\overline{c*4}$,已经知道 c=9,而 m≠9,说明两个三位数是不相同的,但是个位数都是 4,这是非常重要的线索。说明 d×f 和 d×g 的个位数都是 4,而 f 和 g 是不相同的数。现在我们将个位数是 4 的各种乘法都列出来:1×4;2×2,2×7;8×3,8×8;6×4,6×9。因为 e 至少是 1,所以 f 和 g 不能大于 7。因此 d×f 和 d×g,只能是 2×2 和 2×7。由于 c=9,m 比 9 小,于是 d=2,f=2,g=7。由 g=7,马上知道 e=1。根据 142×h=$\overline{4**}$,可确定 h=3。补全后的算式如下。

```
          f g h                    2 7 3
      ┌──────────             ┌──────────
e 4 d ) * * * * *         142 ) 3 8 7 6 6
        m * 4                   2 8 4
      ──────────              ──────────
        a b * *                 1 0 3 6
          c * 4                   9 9 4
      ──────────              ──────────
            4 * *                   4 2 6
            * * *                   4 2 6
      ──────────              ──────────
                0                       0
```

9. 11+7+2=20(英文数词算式)

突破口是 e,从千位数相加可以看出 e=8,百位数相加要进位 2,并且 t=9。

$$\begin{array}{r} e\ l\ e\ v\ e\ n \\ s\ e\ v\ e\ n \\ +\quad t\ w\ o \\ \hline t\ w\ e\ n\ t\ y \end{array}$$

从十位数相加,可以看出 w 是 2 或 3。如果 w=2,那么,l+s=11,有两种可能:5+6,4+7,试算一下,只有 5+6 适合。于是 v=7,n=4,o=3,y=1。由于 s、l 可以互换,就有两个解答。

$$\begin{array}{r} 858784 \\ 68784 \\ +\quad 923 \\ \hline 928491 \end{array} \qquad \begin{array}{r} 868784 \\ 58784 \\ +\quad 923 \\ \hline 928491 \end{array}$$

如果 w=3,可得到两个解答。

$$\begin{array}{r} 858682 \\ 78682 \\ +\quad 930 \\ \hline 938294 \end{array} \qquad \begin{array}{r} 878682 \\ 58682 \\ +\quad 930 \\ \hline 938294 \end{array}$$

10. 已知数都是 1

a×b 的个位数是 1,只可能是 3×7,9×9。如果是 9×9,$\overline{ef1}$ 应为四位数,不行。因此,只能是 a=3,b=7 或 a=7,b=3。如果 b=7,那么,c 应该比 7 大,试算一下,都与算式中的 $\overline{**1*}$ 不符合。因此,b≠7,b=3,a=7。$\overline{11**}\div\overline{d17}$ 可以从商为 3 来判断,d 应该是 3,同时也可以确定 e=9,f=5。

因为 h 上面和下面的数都是 1,h 只可能是 0 或 9。c 和 g 至少是 4,需要用 4、5、6、7、8、9 分别试乘 317,从乘积中的十位数,可以确定 g=6,c=7,h=0,从而可以补全算式。

```
          g b c                   6 3 7
d1a ) * * 1 * * *       317 ) 2 0 1 9 2 9
      1 * h *                 1 9 0 2
      -----------             -----------
        1 1 * *                 1 1 7 2
          e f 1                   9 5 1
      -----------             -----------
          * * * *                 2 2 1 9
          * * 1 *                 2 2 1 9
      -----------             -----------
                0                       0
```

11. 只知道一个 7

从算式的最后一层可以看出 $c=0$。$\overline{efg}-\overline{kij}$ 是三位数，而 $\overline{lmnp}-\overline{rst}$ 是两位数，四位数 $\overline{lmnp}$ 显然比三位数 $\overline{efg}$ 大，因此 $\overline{rst}>\overline{kij}$，这样就有 $b>7$。a 和 d 与除数相乘后都得四位数，由此 $a>b$，$d>b$，这样只可能 $b=8$，$a=d=9$。现在已知道商是 97809。

```
              a 7 b c d
      ________________________
* * * ) * * * * * * * *
        * * * *
      ________________________
            e f g
            k i j
      ________________________
            l m n p
              r s t
      ________________________
                x y * *
                * * * *
      ________________________
                      0
```

因为 $\overline{rst}\leqslant 999$，所以除数不能大于 124。$\overline{xy}$ 不能大于 11，应是 10 或者 11，又 $\overline{lmnp}\geqslant 1000$，因此 $\overline{rst}>988$，因为 $123\times 8=984$，所以除数一定大于 123，这样一来除数只能是 124，被除数是 $124\times 97809=12128316$，其余各数也就知道了。下面是补全的算式。

```
              9 7 8 0 9
      ____________________
124 ) 1 2 1 2 8 3 1 6
      1 1 1 6
      ____________________
          9 6 8
          8 6 8
      ____________________
          1 0 0 3
            9 9 2
      ____________________
              1 1 1 6
              1 1 1 6
      ____________________
                    0
```

12. 只知道三个 5

c、d、f 都等于 0，理由请你自己想一想。

从 $\overline{aijk}-\overline{mnr}=5$，可以判断出 $a=1$，$i=j=0$，$m=n=9$。由于 $a=1$，有两种可能：$\overline{l**}$ 为 499 或 $l=5$。如果 $\overline{l**}$ 为 499，499 为质数，$\overline{s**}$ 只能是 499，t 只能是 0，这是不允许的。所以，l 只能是 5。

```
            b c d e f g h
xyz ) 5 * * * * * * * *
      l * *
      ---------------------
            a i j k
              m n r
      ---------------------
                  5 * *
                  s * *
      ---------------------
                  t 5 * *
                  * * * *
      ---------------------
                        0
```

现在的关键是求除数 $\overline{xyz}$，这要从 $\overline{xyz}\times e=\overline{99r}$ 来分析。由于 $\overline{99r}$ 比 $\overline{5**}$ 大，而比 $\overline{t5**}$ 小，可以知道 e 不能是 1 和 9，再结合考虑 r 是什么数。如果 r 是 9，e 只能是 3，即 $333\times3=999$，由于 l=5，除数是 333，行不通。只要作几次类似的试算，就可以排除 r 是 8、7、6、4、3、2、1 的可能性，只有 r=5，除数为 199，即 199×5 才能行通，确定了除数。

到了这一步，确定其他数就容易了。下面的算式是补全了的。

```
            3 0 0 5 0 2 8
199 ) 5 9 8 0 0 0 5 7 2
      5 9 7
      ---------------------
            1 0 0 0
              9 9 5
      ---------------------
                5 5 7
                3 9 8
      ---------------------
                1 5 9 2
                1 5 9 2
      ---------------------
                      0
```

13. 难题

很明显，m=1，n=0，l=9。从 $\overline{9****}$ 能被 6 除，可推算出 a=1，b=6。

从 $f\times d$ 的个位数为 7，f 只能是 1、3、7、9。但是 f 大于 6，只能是 7 或 9。注意 n=0，可判断 e 只能是 6 或 7。从 $\overline{165cd}\times f=\overline{**e**7}$ 来分析，考虑 f 是不是 9，假设 cd 最小为 $\overline{01}$，最大为 99，得到两个乘积 148509、149391，e 比 6 和 7 都大，说明了 $f\neq9$，f=7，并且 d=1。

从 $\overline{165c1}\times7$ 的结果来分析，e 只能是 6，c 只能是 8 或 9。

```
                   f 6 g
ab5cd ) * * 7 * * * * *
          * * e * * 7
        -------------------
            m n * * * *
              1 * * * *
        -------------------
                * * * * *
                * * 4 * *
        -------------------
                        0
```

利用最后一行的 4 来确定 c 是几。g 只能是从 1～6 的六个数之一。在 $\overline{165c1}\times g=\overline{**4**}$ 的算式中，c 的前一位为 5，试算时，只要算一算 $\overline{c1}\times g$，如果 g 为偶数，$\overline{c1}\times g$ 就是后三位数，如果 g 是奇数，只要在乘积的百位数加 5 就行了。先从 c=9，g 为 1、2、3、4、5、6，试算一下，不行。再试 c=8。耐心试一试，就知道 81×6=486 符合百位数是 4，于是 c=8，g=6。补全的乘式如下。

```
                    7 6 6
16581 ) 1 2 7 0 1 0 4 6
        1 1 6 0 6 7
        -----------------
          1 0 9 4 3 4
            9 9 4 8 6
        -----------------
              9 9 4 8 6
              9 9 4 8 6
        -----------------
                      0
```

14. 汉字和数字

十位的位数低，容易具体思考和试算。

从除法第二层的千禧年×年的十位数是 0 入手，逐个考察“年”为 1，2，3，…，9。

例如，“年”=1，“禧年×年”的个位数是 1，不论“禧年”是什么数字，乘 1 后都不能是 0（十位数）。考虑类似情况，（禧，年）只能是（5，2）、（8，7）、（3，8）、（8，9）这 4 对数字。

现在从除法第一层的“千禧年×新”的百位数是 0，来考察上面 4 对数字。

注意：它的千位数是 2。

逐个来看：

152，352，452，652，752，852，952

无论哪一个乘一个小于10的整数，乘积不可能是2与0开头的四位数。

再逐个来看：

238，438，538，638，738，938

也产生不了2与0开头的四位数，在（禧，年）可能的4对数中，只有：

687×3＝2061

689×3＝2067

再看除法的第二层，如果：

千禧年×年＝689×9＝6201

上面被减数千位至少是7，百位是0，减去6201后，余下的数比除数609还大，这是不可能的，所以除数“千禧年”只能是687。

687×7＝4809，上面被减数大于5000，减去4809后，大于191，“好”应大于2，已有“新”是3，“好”至少是4。但被减数最多是5099，相减后一定比3000小，因此，“好”也不能大于4。

687×374＝256938

这个除法算式是：

```
          3 7 4
687 ) 2 5 6 9 3 8
      2 0 6 1
        5 0 8 3
        4 8 0 9
          2 7 4 8
          2 7 4 8
                0
```

15. 5＋2＋1＝8（英文数词算式）

```
    f i v e
      t w o
+     o n e
-----------
  e i g h t
```

从和的首位数来看，e＝1，i为1或者0。无论i为1或0，i＋t＋o都到不了 20,进位最多是 1,就知道 f=9,i=0。

由于 t+o 必须超过 10,而从个位数相加可以看出 t−o=2(因为 e=1),于是,t 和 o 只能是 8、6 和 7、5 两对数。

如果 t=7,o=5,v+w+n 必然要进位 1,则 g=3。这样,剩下的 v、w、n、h 都是偶数,无法使十位相加适合题目要求。因此,t、o 不能是 7、5,而只能是 t=8,o=6,g=5。

还剩下 7、4、3、2 四个数,h 只能是 3,而 v、w、n 可以用 7、4、2 三数任意安排,这就有 6 种不同排法,因此,本题有 6 个解答。下面列出两种:

```
   9071        9021
    846         876
+   621     +   641
-------     -------
  10538       10538
```

16. 两个解答

由于 $\overline{c7a}\times d=\overline{3e**}$,可以估计 c 至少是 3。

a×b 的个位数是 3,只可能是 1×3 或 7×9。由于 c 至少是 3,b 不可能是 7 和 9,同时 b 又不可能是 1。于是 b=3,a=1。由于 b=3,可以估算出 c 最大为 5。

```
         d g b
c 7 a ) f 1 * * * *
        3 e * *
        -----------
          * * * *
          * 7 * *
        -----------
            1 * * 3
            1 * * 3
        -----------
                  0
```

c 的可能性是 3、4、5。

如果 c 是 3,f 只能是 3,e 只能是 0,而且 $371\times d=\overline{30**}$。可是,无论 d 是几,都无法使等式成立。所以,c 不是 3。

如果 c 是 4,f 就必须是 4,通过试算,可以求出 d=8,g=8。

如果 c 是 5,f 就必须是 4,通过试算,可以求出 d=7,g=3。

这两个解答的算式是：

```
          8 8 3                       7 3 3
     ┌───────────               ┌───────────
471  │4 1 5 8 9 3          571  │4 1 8 5 4 3
      3 7 6 8                    3 9 9 7
     ───────────                ───────────
        3 9 0 9                    1 8 8 4
        3 7 6 8                    1 7 1 3
     ───────────                ───────────
          1 4 1 3                    1 7 1 3
          1 4 1 3                    1 7 1 3
     ───────────                ───────────
                0                          0
```

17. 40＋10＋10＝60（英文数词算式）

从 y＋n＋n 个位数是 y，t＋e＋e 个位数是 t，知道 n＝0。从 e＋e＝0，知道 e＝5。从 o 加 1 或 2 以后有进位，知道 i 应为 0 或 1，而 n＝0，则 i＝1，并且 o＝9。x 至少是 2，r＋t＋t 要超过 21，只可能是 8＋7＋7，7＋8＋8。注意，s－f＝1。如果 r＝8，t＝7，则 x＝3，剩下 6、4、2 三个数不能满足 s－f＝1。因此，只能 r＝7，t＝8，x＝4，f＝2，s＝3，y＝6。

```
    f o r t y          2 9 7 8 6
        t e n              8 5 0
+       t e n      +       8 5 0
─────────────      ─────────────
    s i x t y          3 1 4 8 6
```

18. 又是一个难题

由于 a×b 得到的个位数是 7，这只能是 1×7 和 3×9 的结果，b 可能是 1、3、7、9。

```
            b c d
      ┌───────────
e 3 a │* 1 * * * *
       * * * 7
      ───────────
         f 4 * *
         * * * *
      ───────────
             * * *
             * 7 *
      ───────────
                 0
```

从 $\overline{e3a}$×b 为四位数来判断，b 不是 1。如果 b＝9，则 a＝3，d 为小于 9 的数。从 $\overline{e33}$×d＝$\overline{*7*}$，来寻找 d 是什么数，找不出合适的数，说明了 b≠9。如果 b=7，则 a＝1，d 为小于 7 的数。从 $\overline{e31}$×d＝$\overline{*7*}$，来寻找 d 是什么数，也找不出合适的数，说明了 b≠7。现在，b 只能是 3，a 只能是 9。

由于 $d<b$，$b=3$，d 只可能是 1 或 2，很明显，d 不可能是 1，$d=2$。

从 $\overline{e39}\times 2=\overline{*7*}$ 来判断，e 最大是 4。从 $\overline{e39}\times 3=\overline{***7}$ 来判断，e 最小是 3。从而知道 e 不是 4，就是 3。如果 $e=4$，由于 $b=3$，那么 $439\times 3=1317$，则 f 为 7 或 8，这是不对的。因此 $e\neq 4$，$e=3$，$f=1$。从 $\overline{14**}$ 被 339 除，可以推出 $c=4$。补全的算式如下。

```
               3 4 2
339 ) 1 1 5 9 3 8
      1 0 1 7
      -----------
        1 4 2 3
        1 3 5 6
      -----------
          6 7 8
          6 7 8
      -----------
              0
```

19. 7+3+2=12（英文数词算式）

很明显，$t=1$，$w=0$，$h=9$，$s=8$。

```
    s e v e n
    t h r e e
+       t w o
-------------
  t w e l v e
```

从个位数相加，看出 $n+o=10$，有两种可能：3+7，4+6。如果 $n+o=3+7$，还剩下 6、5、4 和 2 四个数，为了满足十位数相加，只能 $e=2$，$v=5$。剩下 6 和 4 就满足不了百位数的相加。因此 $n+o=4+6$，还剩下 7、5、3 和 2 四个数，只能 $e=2$，$v=5$，$r=7$ 和 $l=3$。由于 n 和 o 两数可以互换，本题有两个解答。

```
    8 2 5 2 4          8 2 5 2 6
    1 9 7 2 2          1 9 7 2 2
+       1 0 6      +       1 0 4
-------------      -------------
  1 0 2 3 5 2        1 0 2 3 5 2
```

20. 3 个字母的乘法

从 $c\times a$ 个位数仍然是 a，$c\times b$ 个位数也仍然是 b，可以想到两种可能：

(1) $c=1$。

(2) $c=6$，而 a、b 只可能是 2、4、8。

从 $\overline{abc}\times c$ 是四位数来看，$c\neq1$。这样，$c=6$，由于 $\overline{abc}\times a$ 是三位数，a 只能是 2。如果 $b=4$，246×4 不是四位数，不合题意。所以 $b=8$。

$$\begin{array}{r} 286 \\ \times\quad 826 \\ \hline 1716 \\ 572 \\ 2288 \\ \hline 236236 \end{array}$$

21. 适合两个算式

很明显，$n=1$，$l=0$。

$$(1)\ \begin{array}{r} nine \\ -\quad ten \\ \hline two \end{array} \qquad (2)\ \begin{array}{r} nine \\ -\quad one \\ \hline all \end{array}$$

(1)式中的十位数 $n=1$，需要从 i 借 1，因此 $10+i=2t+1$。t 至少是 6，但不可能是 9。

如果 $t=7$ 或 $t=8$，经过试算，都不能同时适合两个算式。

现在，只有 $t=6$，$i=3$。在(2)式中，$13-o=a$，o 只能是 4、9、5、8。如果 $o=9$，在(1)式中 e 也是 0，不能成立。如果 $o=4$，就有 $e=5$，$w=6$，也不能成立。如果 $o=5$，就有 $e=6$，也不行。只能 $o=8$，并且 $e=9$，$w=2$，$a=5$。因此，本题只有一个解答：

$$\begin{array}{r} 1319 \\ -\quad 691 \\ \hline 628 \end{array} \qquad \begin{array}{r} 1319 \\ -\quad 819 \\ \hline 500 \end{array}$$

22. 愤慨之作

很明显 $C=1$。

T 只能是 0 和 9 两个数字，由 O 和 B 相加后是否进位来确定。O 和 B 各出现两次，又是个位相加，可以作为找到所有解答的入手处。

这个问题有 10 个不同字母，因此 0，1，2，…，9 都要派上用场。在思考时要牢记：不同字母代表不同的数字，相同字母代表相同的数字。

先考虑 T=0。

O 从小到大来考虑,已有 C=1,O 只能从 2 开始,O=2,试算一下就知道,B 不能是 3,因此 O=2,B=4。

$$\begin{array}{r} \mathrm{NA02} \\ +\quad \mathrm{42M4} \\ \hline \mathrm{1RIM6} \end{array}$$

N 可以是 6、7、8、9,试一下,因为 0、1、2 都已用掉,只能 N=9,R=3,就得全部算式。

$$\begin{array}{r} 9502 \\ +\quad 4284 \\ \hline 13786 \end{array}$$

在试的过程中 M 是最后一个留下的数字。虽然有两个 M,但千万不要先去考虑 M。

用上面类似的考虑,对 T=0,我们还可以类似地得到另外 9 个解答如下:

$$\begin{array}{r} 9602 \\ +5235 \\ \hline 14837 \end{array} \qquad \begin{array}{r} 8402 \\ +5295 \\ \hline 13697 \end{array} \qquad \begin{array}{r} 8402 \\ +7237 \\ \hline 15639 \end{array}$$

$$\begin{array}{r} 8603 \\ +4354 \\ \hline 12957 \end{array} \qquad \begin{array}{r} 7603 \\ +5345 \\ \hline 12948 \end{array} \qquad \begin{array}{r} 8203 \\ +6376 \\ \hline 14579 \end{array}$$

$$\begin{array}{r} 8204 \\ +5475 \\ \hline 13679 \end{array} \qquad \begin{array}{r} 8705 \\ +4564 \\ \hline 13269 \end{array} \qquad \begin{array}{r} 7805 \\ +4564 \\ \hline 12369 \end{array}$$

当然,也可以从别的角度来入手,从 O 和 M 入手,可能容易入手。列出所有情况,也是一种很重要的数学方法,在数学上称为“穷举法”或“枚举法”。

再考虑 T=9 的情况,又可得到 16 个解答,此时 O 加 B 一定是进位的,得到解答如下:

$$\begin{array}{r} 5492 \\ +8268 \\ \hline 13760 \end{array} \quad \begin{array}{r} 6893 \\ +7357 \\ \hline 14250 \end{array} \quad \begin{array}{r} 8794 \\ +6436 \\ \hline 15230 \end{array}$$

$$\begin{array}{r} 7495 \\ +8528 \\ \hline 16023 \end{array} \quad \begin{array}{r} 8596 \\ +4674 \\ \hline 13270 \end{array} \quad \begin{array}{r} 7896 \\ +4634 \\ \hline 12530 \end{array}$$

$$\begin{array}{r} 4896 \\ +7607 \\ \hline 12503 \end{array} \quad \begin{array}{r} 2896 \\ +7647 \\ \hline 10543 \end{array} \quad \begin{array}{r} 8697 \\ +3753 \\ \hline 12450 \end{array}$$

$$\begin{array}{r} 4897 \\ +5735 \\ \hline 10632 \end{array} \quad \begin{array}{r} 8297 \\ +6746 \\ \hline 15043 \end{array} \quad \begin{array}{r} 8497 \\ +6706 \\ \hline 15203 \end{array}$$

$$\begin{array}{r} 3697 \\ +8708 \\ \hline 12405 \end{array} \quad \begin{array}{r} 5798 \\ +4834 \\ \hline 10632 \end{array} \quad \begin{array}{r} 4798 \\ +5825 \\ \hline 10623 \end{array}$$

$$\begin{array}{r} 6398 \\ +7807 \\ \hline 14205 \end{array}$$

只要你注意 O 和 M 的逐个变化，就会看出我们是在怎样穷举的，最重要的一点是不能漏掉。

这里也可以换一个角度来说，例如 NATO 四位数从小到大(或者反之)来列举。

N 至少是 2，B 可能是 7、8、9，B=9，R 将是 1 或 2，这是不允许的，再考虑 B 是 8，R 是 0，自然就有 T=9。O 加 B，T 和 M 都要进位，而 A 加 O 不能进位，A 加 O 要小于 9，又不能是 8 和 7，否则 I 将是 9 和 8，数字又要重复出现。这样 B=8 也不行，只能 B=7，现在算式是：

$$\begin{array}{r} 2A9O \\ +\ 7OM7 \\ \hline 10IME \end{array}$$

O 不能是 3、4、5。否则 E 是 0、2，O 最少是 6，其余数字就好确定了，算式是：

$$\begin{array}{r} 2896 \\ +\ 7647 \\ \hline 10543 \end{array}$$

能保证在“NATO”所有值中，最小是2896，如果用这样的办法来列举出所有解答，恐怕不太容易吧！

23. 10个字母

很明显，h=1。

$$\begin{array}{r} g\,a\,d \\ fg\overline{)a\,b\,c\,d\,e} \\ a\,c\,g \\ \hline h\,h\,d \\ i\,a \\ \hline a\,j\,e \\ a\,j\,e \\ \hline 0 \end{array}$$

$\overline{fg}\times g$ 个位数仍然是g，$\overline{fg}\times a$ 个位数也仍然是a，可以知道g=6。并且，a比6小。a只可能是2或4。

如果a=4，从 $\overline{f6}$ 是两位数，f只能是1，但是，16×6就不等于三位数 $\overline{acg}$。于是，a=2。从 $\overline{f6}\times 6=\overline{2c6}$，判断f只能是4或3。f=3，36×6=216，即c=1，可是，从 $\overline{abc}-\overline{acg}$ 的个位数相减来看，就会有11−6=5，与h=1不符合。因此，f≠3，f=4。从46×6=276，看出c=7。从 $46\times d=\overline{2je}$，可以分析出d=5，j=3，e=0。其余各数很容易算出。补全的算式是：

$$\begin{array}{r} 625 \\ 46\overline{)28750} \\ 276 \\ \hline 115 \\ 92 \\ \hline 230 \\ 230 \\ \hline 0 \end{array}$$

24. 奇偶数乘法

从 $\overline{bcd}\times a=\overline{mnp}$ 来分析，由于 $\overline{bcd}$ 与 $\overline{mnp}$ 的奇偶数排列不同，说明a≠1。同时，$\overline{mnp}$ 是三位数，只能是b=2，a=3。

$$\begin{array}{ccccc}
 & & b & c & d \\
\times & & & a & e \\
\hline
 & \text{偶} & \text{奇} & g & f \\
 & m & n & p & \\
\hline
\text{奇} & \text{奇} & \text{奇} & \text{奇} & \text{奇}
\end{array}$$

a×c 的个位数本来是偶数,而 n 却是奇数,说明 a×d 有进位,而且是奇数。再想一想,a=3,d 只能是 5。

c 是什么数呢? 从 m 是偶数来看,a×c 可能没有进位,那就是 3×2,c=2; 也可能进位数是 2,那就是 3×8,c=8。c 只能是 2 与 8。

e 不能是 1,e×5 必然要进位,由于 c 和 g 都是偶数,进位数也要求是偶数,只有 5×5=25,9×5=45。e 是 5 或 9,如果是 5,$5\times\overline{2c5}=\overline{1*gf}$,不成立。于是,e=9。

$$\begin{array}{ccccc}
 & & 2 & 8 & 5 \\
\times & & & 3 & 9 \\
\hline
 & 2 & 5 & 6 & 5 \\
 & 8 & 5 & 5 & \\
\hline
1 & 1 & 1 & 1 & 5
\end{array}$$

回过头再分析 c 是 2 还是 8。如果是 2,则 225×9=2025,不成立。c 是 8,则 285×9=2565,算式成立。

25. 质数乘法

我们仍然用字母来代表数字。

$$\begin{array}{ccccc}
 & & a & b & c \\
\times & & & d & e \\
\hline
 & * & g & h & i \\
* & * & * & j & \\
\hline
* & * & * & * & *
\end{array}$$

i 必须是质数,只可能是 2、3、5、7。而 c 和 e 也在这 4 个数范围之内,c×e 的个位数只能是 5,所以 i=5,j=5。

e 和 c 中最少有一个 5,如果 e=5,c=3,无论 b 是什么质数,h 都不是质数,不成立。如果 e=5,c=7,5×7=35,要进位了,b 必须是 2,2×5=10,进位 1,无论 a 是什么质数,g 都不是质数,不成立。如果 a=5,c=5,只能推出

$\overline{abc}=555$，得到 $555\times5=2775$，无论 d 是什么质数，都不能使算式成立。因此，否定了 $e=5$，说明 $e\neq5$，$c=5$。

现在，e 只可能是 3 和 7。参照上面的办法，可以分析出 $c\neq7$，只能是 $e=3$。

$e=3$，可以推算出 $b=7$，$a=7$。应用同样办法，可得出 $d=3$。于是算式是：

$$
\begin{array}{r}
775\\
\times\quad 33\\
\hline
2325\\
2325\\
\hline
25575
\end{array}
$$

本题只有一个解答。

26. 奇偶数除法

```
              c  d  e
ab6 ) 偶 偶 奇 奇 偶
        f  g  h
      ───────────
           奇 j  k
           m  n  p
      ───────────
              偶 奇 偶
              r  s  偶
      ───────────
                    0
```

$\overline{fgh}$ 和 $\overline{mnp}$ 是不相同的三位数，说明了 c 与 d 既不是 1，也不是 9，也不能是 0。c 和 d，只能是 3、5、7 中的两个数。因此 $a=1$。因为 b 是奇数，$\overline{ab6}\times5$ 的十位数必是偶数，所以 $c\neq5$。如果 $d=5$，则 $p=0$。从算式可看出，$k-p$ 是借前一位的，故 $p\neq0$，因此，d 也不能是 5。只可能是：$c=3$，$d=7$，或者 $c=7$，$d=3$。

从 $\overline{1b6}\times7$ 乘积的十位数是奇数，而 $\overline{ab6}\times3$ 乘积的十位数为偶数，可以判定 $c=7$，$d=3$。

由于 $c=7$，b 不能太大，只能是 1 和 3，试算一次，就知道 $b=1$。

s 是奇数，说明 $6\times e$ 进位的数是奇数。从 $6\times2=12$，$6\times4=24$，$6\times6=36$，$6\times8=48$，可以看出 e 可能是 2 和 6。如果 $e=6$，就有 $r=6$，可是，n

已确定为 4，这就要求在 j－n 的时候向前一位借 1，这就不符合算式。因此，e＝2。除数和商已经知道，整个算式是：

```
          7 3 2
     ┌──────────
116 ) 8 4 9 1 2
      8 1 2
     ──────────
        3 7 1
        3 4 8
     ──────────
          2 3 2
          2 3 2
     ──────────
              0
```

27. 无字算式

0、1、9 位置很明显，其他位置用字母来代表数字，如图

```
        a
      d b
+   9 e c
─────────
  1 0 g f
```

其余 7 个数字分成两部分，加数上 5 个数的和记作 A，即 $A=a+b+c+d+e$；和的个位和十位上的两个数之和记作 B，即 $B=g+f$。其余 7 个数字取自 2,3,4,5,6,7,8，因此 $a+b+c\geqslant 2+3+4=9$，但 9,0 两数字已出现，所以应有 $a+b+c>10$，即有进位，故 $a+b+c-f=10$。$d+e$ 又应有进位，不然百位的 9 不能进位，于是得 $d+e+1-g=10$，即 $d+e-g=9$。

7 个数的和 $A+B=a+b+c+d+e+f+g=2+3+\cdots+8=35$，它们差 $A-B=a+b+c+d+e-(f+g)=10+9=19$，那么 $B=(35-19)\div 2=8$。

只有两种情况：6＋2，5＋3。因此，这个算式的和是 1062，1053，即

```
        2              3
      6 4            7 4
+   9 8 7      +   9 8 5
─────────      ─────────
  1 0 5 3        1 0 6 2
```

加数的个位、十位可轮换，故有 $2\times 2\times 3=12$ 个解答。

第11章 分析和推理

这章的某些题目，看起来似乎和数学的关系不大，可是，这类题目中逻辑思维的特点，分析和推理时所使用的思路和方法，与有些数学问题是类似的。

在数学上，常常要求通过分析和推理来回答“是”与“否”。本章的题目也是着重逻辑推理，往往需要先否定一些错误的可能性，然后得到正确的结论。这对我们提高分析和推理的能力，是有好处的。

1 错在哪里

星期日举行了一次乒乓球单打比赛，有一位同学作了一个统计：15个同学参加了比赛，其中，有5个同学出场5次；4个同学出场4次；3个同学出场3次；2个同学出场2次；1个同学出场1次。

数学老师没有观看过比赛，看到这个统计马上就说统计有错。你知道错在哪里吗？

2 猜红球和白球

3个书包，有一个装着2个红球，另一个装着2个白球，还有一个装着1个红球和1个白球。可是，书包外面的标志都贴错了，标签上写的字与书包里球的颜色不一致。你能不能只从一个书包里摸出1个球，就能说出这3个书包装的是什么颜色的球？

3 再猜红球和白球

张老师拿出4只小口袋，分给甲、乙、丙、丁四位同学，并且说："每只口袋里有3个球，球有红球和白球。口袋上虽然贴了标签，标明口袋里是什么球，可惜全贴错了，没有对得上的。现在，已经知道，每个口袋里装的白球数目都不相同，请你们每人从口袋里摸出两个球来，然后猜一猜第3个球是什么颜色。"

甲先摸出2个红球，对照口袋上贴错了的标签，猜出了第3个球的颜色。乙摸出来的球是一红一白，看了看标签，也猜出了第 3 个球的颜色。丙摸出 2 个白球，可是，还猜不出第 3 个球的颜色，丁已经说话了："我不用再摸球，就能知道我口袋里 3 个球的颜色。"

丁的说法是对的。请大家来想一想，丁那么说的依据是什么？再猜一猜，每人口袋里装的是什么球？

提示：要猜球的颜色，一定是对照贴错了的标签，因此，同时也需要猜一猜标签上写的是什么球。

4 失语者买票

在公共汽车上，一位经常坐车的失语者交给售票员几个硬币，售票员一看就明白了，他要买的是一张 5 分车票，还给他找回了零钱。你猜，失语者交给售票员几个什么样的硬币？

也许很多读者都会想到答案，可是要用充足的理由，说明答案是唯一的，却不一定能做得到。若不信，请试一试。

5 搭档和年龄顺序

体育馆里正在进行一场精彩的羽毛球双打比赛，两位熟悉运动员的观众相互议论：

"关超比李明年轻。"(条件 1)

"赵奇比他的两个对手年龄都大。"(条件 2)

"关超比他的搭档年纪大。"(条件 3)

"李明与关超的年龄差距要比赵奇与张辉的差距更大一些。"(条件 4)

请分析一下他们 4 人的年龄顺序(从小到大)，判断谁和谁搭档。

6 不看就知道

甲、乙、丙、丁 4 人从高到低按次序坐在四级台阶上。旁边有一个人，手里拿着 3 顶蓝帽子、2 顶黄帽子和 1 顶灰帽子，挑出了 4 顶帽子，给他们 4 人

各戴上一顶，让他们猜一猜自己戴的帽子是什么颜色的。坐在后面的人，看得见前面的人戴什么颜色的帽子，可是，甲、乙、丙看了一看，都说猜不出来。丁坐在最前面，别人戴的帽子一顶也看不见，通过分析和推理，却猜出了自己戴的帽子是什么颜色。

为什么丁能猜出来，请你分析一下。

7 猜年龄

张大妈问 3 位青年工人的年龄。

小刘说："我 22 岁；比小陈小 2 岁；比小李大 1 岁。"

小陈说："我不是年龄最小的；小李和我差 3 岁；小李是 25 岁。"

小李说："我比小刘年纪小；小刘 23 岁；小陈比小刘大 3 岁。"

这 3 位青年工人爱开玩笑，在他们回答的 3 句话中，每人故意说错一句。根据这一线索，你能帮张大妈分析出他们 3 人的年龄吗？

8 4 个孩子

老陈和老孙两家都有两个不到 9 岁的男孩，4 个孩子的年龄各不相同。一位邻居向我介绍：

（1）小明比他哥哥小 3 岁；

（2）海涛是 4 个孩子中最大的；

（3）小峰年龄恰好是老陈家一个孩子年龄的一半；

(4) 奇志比老孙家第二个孩子大5岁；

(5) 他们两家5年前都只有一个孩子。

我听了还是弄不清谁是哪一家的孩子，每个孩子年龄究竟几岁。你能帮我弄清吗？

9 谁是工人谁是兵

小王、小张和小李在一起，一位是工人，一位是农民，一位是战士。现在只知道：小李比战士年纪大，小王和农民不同岁，农民比小张年龄小。请你想一想：谁是工人，谁是农民，谁是战士？

10 他们的职业

张明、刘丰、李凯和赵凡，一个是教师，一个是售货员，一个是工人，一个是机关干部。请根据下面的零星情况，判断出每个人的职业是什么？

(1) 张明和刘丰是邻居，每天一起骑车去上班；

(2) 刘丰比李凯年龄大；

(3) 张明正在教赵凡打太极拳；

(4) 教师每天步行上班；

(5) 售货员的邻居不是机关干部；

(6) 机关干部和工人互不相识；

(7) 机关干部比售货员和工人年龄都大。

11 混合双打

刘毅、马宏明、张健3个男孩都各有一个妹妹，6个人在一起打乒乓球，举行男女混合双打。事先规定：兄妹二人不搭档。

第一盘：刘毅和小萍对张健和小英。

第二盘：张健和小红对刘毅和马宏明的妹妹。

小萍、小红和小英各是谁的妹妹？

12 3家人（哪3个人是一家？）

有3家人，每家有一个孩子，他们的名字是：小萍（女）、小红（女）、小虎。孩子的爸爸是老王、老张和老陈，妈妈是刘美英、李玲君和方丽华。

说起这3家人，有人风趣地说：

(1) 老王家和李玲君家的孩子都参加了少年女子游泳队；

(2) 老张的女儿不是小红；

(3) 老陈和方丽华不是一家。

请问，哪3个人是一家？

13 下棋

张、王、李、陈 4 位师傅分别是工厂的工段长、统计员、车工和钳工。

(1) 工段长只找车工下棋,而且总是输给车工;

(2) 李、陈两位师傅是邻居,常在一起下棋;

(3) 钳工和车工都比统计员下得好;

(4) 王师傅比李师傅下得好;

(5) 工段长和统计员是邻居,却不在一起下棋。

问:每位师傅是干什么工作的?

14 乘客和司机们

一列客车上有 3 位乘客:老张、老陈和老孙。蒸汽机车上司机、副司机和司炉恰好和这 3 位乘客同姓。

(1) 乘客老陈家住天津;

(2) 乘客老张是一位老工人,有 20 年工龄;

(3) 副司机家住北京和天津之间;

(4) 机车上的老孙常和司炉下棋;

(5) 乘客之一是副司机隔壁的邻居,他也是一个老工人,工龄恰好是副司机的 3 倍;

(6) 与副司机同姓的乘客家住北京。

根据上面这些情况,你能分析出司机、副司机和司炉姓什么吗?

15 会哪两种语言

在一家国际饭店,甲、乙、丙、丁 4 位朋友相遇,交谈时,发生了语言困难。在中、英、法、日 4 种语言中,每个人只会两种,可惜却选不出一种大家都会的语言,只有一种语言是 3 个人都会的。于是,交谈时可有趣啦:

(1) 乙不会英语,当甲和丙交谈时,却要请他当翻译;

(2) 甲会日语，丁不懂日语，但能相互交谈；

(3) 乙、丙、丁 3 个人想相互交谈，却找不到大家都会的语言；

(4) 没有人能既用日语，又用法语交谈。

甲、乙、丙、丁各会什么语言？

16 3位老师

李明、陈林和孙军是小学老师，在语文、算术、政治、地理、音乐和图画 6 门课中，每人教两门。

(1) 政治老师和算术老师是邻居；

(2) 陈林最年轻；

(3) 李明经常对地理老师和算术老师讲他看的小说；

(4) 地理老师比语文老师年纪大；

(5) 陈林、音乐老师和语文老师 3 人经常一起游泳。

请你分析一下，陈、李和孙三位老师每人教的是哪两门课？

17 4位运动员

4 位运动员分别来自北京、上海、浙江和吉林，在游泳、田径、乒乓球和足球 4 项运动中，每人只参加了一项，除此以外，只知道一些零星的情况：

(1) 张明是球类运动员，不是南方人；

(2) 胡志纯是南方人，不是球类运动员；

(3) 李勇和北京运动员、乒乓球运动员同住一个房间；

(4) 郑永禄不是北京运动员，年纪比吉林运动员和游泳运动员都小；

(5) 浙江运动员没有参加游泳比赛。

根据这些条件,请你分析一下:这 4 位运动员各来自什么地方?各参加什么运动?

18 这一天是星期几

曹、钱、刘、洪 4 个人出差,住在同一招待所。一天下午,他们分别要找一个单位去办事。甲单位星期一不接待;乙单位星期二不接待;丙单位星期四不接待;丁单位只在星期一、三、五这 3 天接待。当然,周末 4 个单位都不接待。

曹:"两天前,我已经去谈了一次,今天再去一次,还可以与老洪同走一段路。"

钱:"今天我一定要去,要不明天人家就不接待了。"

刘:"这星期,前几天和今天我去都能办成事。"

洪:"我今天和明天去,对方都接待。"

爱动脑筋的读者,你们可知道这一天是星期几,他们 4 人各自要去哪个单位办事?

19 网球比赛

在一次全国网球比赛中,来自湖北、广东、辽宁、北京和上海五省市的 5 名运动员相遇在一起。以前,

(1) 李明只和其他 2 名运动员比赛过;

(2) 上海运动员和其他 3 名运动员比赛过;

(3) 陈虹没有和广东运动员交过锋,辽宁运动员和林成比赛过;

(4) 广东、辽宁和北京 3 名运动员相互都比赛过;

(5) 赵琪只与一名运动员比赛过,张辉却相反,除了一名运动员外,与其他运动员都比赛过。

问:张辉、李明、赵琪、陈虹和林成各是哪个省市的运动员,每人各与哪

几位运动员比赛过?

20 住在哪一层

4位外国朋友住在18层高的饭店里,他们分别来自埃及、法国、朝鲜和墨西哥。

(1) A住的层数比C住的层数高,但比D住的层数低;

(2) B住的层数比朝鲜人住的层数低;

(3) D住的层数恰好是法国人住的层数的5倍;

(4) 如果埃及人住的层数增加2层,他与朝鲜人相隔的层数,恰好和他与墨西哥人相隔的层数一样;

(5) 如果埃及人住的层数降低一半,他将恰好在法国人和朝鲜人住的两层之间。

根据上述情况,你能推算出A、B、C、D各是哪国人?住在哪一层吗?

21 列车时刻表

春节期间,某站加开6趟临时客车,分别开往北京、上海、西安、沈阳、武汉和太原。这6趟车的车次是601、602、603、604、605和606,车开时间分别是9:15、9:45、10:30、11:15、11:40和12:00。李健经办本单位的火车票登记,抄了一份火车时刻表,可是不小心将它遗失了,弄不清哪一次车开往什么地方,什么时间开。幸好,有的同志回忆起一些情况:

(1) 去太原的车,恰好比602次早2h;

（2）601次车的开车时间比去上海的车晚45min；

（3）去上海的比604次开得晚；

（4）去北京的车比606次早开25min；

（5）去沈阳的车比去武汉的车晚开，而比603次早开。

你能不能帮助李健重新写出一张火车时刻表来？（要求写出车次、开往地点和开车时间）

第 11 章解答

1. 错在哪里

每场比赛有两个同学出场，所有同学出场次数的总和除以 2，就是比赛的场数，因此出场次数的总和应是偶数。可是 $5\times5+4\times4+3\times3+2\times2+1\times1=55$ 却是奇数，可见这位同学统计错了。

2. 猜红球和白球

题目中有一句话："标签上写的字与书包里球的颜色不一致。"根据这一句话，就可以进行判断。你只能从标签上写"红白"的书包摸出一个球来，如果它是红球(是白球也可以作类似分析)就知道这个书包装的是两个红球，并且贴"两白"标签的书包装的是一个红球和一个白球，贴"两红"标签的书包装的是两个白球。

若从标签上写"两红"(或者"两白")的书包摸一个球，如果摸出的是白球，就有两种可能：这个书包装的是两个白球，或是一个红球和一个白球。你就无法判断了。

3. 再猜红球和白球

题目中有一句话："每个口袋里装的白球数目都不相同"。从这句话，可以分析出 4 只口袋里球的颜色分别是：红、红、红；红、红、白；红、白、白；白、白、白。

丙摸出两个白球后，仍不能确定第 3 个球的颜色，说明剩下那两只口袋的球的颜色是"三白"和"二白一红"。换句话说，甲首先猜中口袋里的球是"三红"，乙猜中口袋里的球是"二红一白"。

甲摸出两个红球，能猜中"三红"，根据标签与内容不符的规定，标签必须是"二红一白"。同样道理，乙能猜中口袋里的球，标签上一定贴的是"二白一红"。

猜到这里，标签只剩两种："三红""三白"。后两只口袋里球的颜色只可能是："三白""二白一红"。而丙摸出来的球是"两白"，如果口袋上的标签是"三白"，按照上面的道理，他马上就可以猜出口袋里的球是一个红球。现在，他猜不出来，说明了口袋上的标签是"三红"。确定这一点以后，马上应该再深想一步，这种情况同时也说明了丁的口袋上的标签是"三白"，那么，丁口袋里的球一定是"二白一红"。有了这个判断以后，反过来就可以知道：丙口袋里的球只能是"三白"，现在已摸出来两个白球，第3个也是白球。

可惜的是丙没有想到这一步，而丁却想到了这一步，因此，不用摸也知道口袋里的球是"二白一红"了。

4. 失语者买票

思考这道题，要注意售票员迅速作出判断这个特点。另外，在所有票价中，失语者递给售票员的钱数以内的票价，只有5分一种。为了说明此题答案的唯一性，可从几种情况考虑：

(1) 失语者递给售票员的钱不可能是5分或5分以下。因为，如果是5分，就不需要找钱；如果是5分以下，就不够买一张票了。

(2) 失语者递给售票员的钱不可能是7分或7分以上。因为，如果是7分，那么就会是5分＋2分、5分＋1分＋1分、2分＋2分＋2分＋1分等一些组合形式，既然失语者能凑成正好的五分，何必要多拿呢？同样道理，失语者递给售票员的钱也不可能是8分、9分、1角或1角以上，否则他拿出的硬币中也一定有多余的。

(3) 既然失语者递给售票员的钱不会是5分或5分以下，也不可能是7分或7分以上，那么，就只能是6分了。这6分钱也不会是5分＋1分或由1分和2分凑成的。因为，如果失语者有5分的或1分的零钱，就会凑成正好的5分交给售票员。所以，失语者递给售票员的钱，只能是3个2分的硬币。

5. 搭档和年龄顺序

从条件1和条件3，明显地看出关超的搭档不是李明。那么，会不会是

赵奇呢？如果是赵奇，从条件 2 看，赵奇比李明年龄大，而关超又比李明年纪轻，那么，赵奇就比关超年龄大。可是，从条件 3 来看，赵奇应该比关超年龄小，发生了矛盾。这就说明关超的搭档不是赵奇，而只能是张辉。

既然关超与张辉搭档，李明的搭档就是赵奇。现在已经知道：关超比李明年龄小，张辉比关超年龄小。再从条件 4 可以看出，李明比赵奇年龄大。于是，4 个人的年龄顺序从小到大是：张辉、关超、赵奇、李明。

6. 不看就知道

如果前面 3 个人戴的是黄帽和灰帽，剩下的全是蓝帽，那么，甲马上可以猜出自己戴的是蓝帽。现在甲猜不出自己头上的帽色，说明乙、丙和丁三个人中有人戴蓝帽。

这个结论，乙、丙、丁也是想得到的。

根据上述结论，乙如果看到前面两人的帽色不是蓝色，他就能断定自己戴蓝帽。现在乙也猜不出自己戴的是什么帽子，可见前面两人（丙和丁）有人戴蓝帽。这一结论，丙和丁也知道。

同样道理，丙猜不出自己帽色，可见丁戴的是蓝帽。因此丁根据后面三人都“猜不出”，就能断定自己戴的是蓝帽。

7. 猜年龄

按照上题的办法，先假设小刘说的“我 22 岁”是真实的，再来判断假设是否成立。

如果小刘说的“我 22 岁”是真实的话，小李说“小刘是 23 岁”就不真实了。因此，小李另外两句应该是真话，从“小陈比小刘大 3 岁”就推出小陈是 25 岁；从“我比小刘年纪小”就推出小李小于 22 岁。可是这样一来，小陈说的三句话中，“小李和我差 3 岁”和“小李是 25 岁”这两句话都不能成立，这与题目的前提（三句话中有两句是真实的）矛盾。因此，小刘说“我 22 岁”是不真实的。

现在就能断定小刘的后两句话是真实的。由此，小李说“小陈比小刘大

3 岁”是不真实的，小李的前两句话却是真实的，另外也知道，小陈说“小李是 25 岁”是不真实的，小陈的前两句话是真实的。因此得出，小刘是 23 岁，小陈是 25 岁，小李是 22 岁。

8. 4 个孩子

从(4)就知道奇志大于 5 岁，从(5)和(2)知道海涛和奇志分别是两家的大孩子，他们比老孙家第二个孩子都至少大 5 岁，从(1)就知道老孙家第二个孩子不是小明，从而老陈家的第二个孩子是小明，老孙家第二个孩子是小峰。

4 个孩子都不到 9 岁，海涛至多 8 岁，奇志至多 9 岁，因此从(4)知道小峰至多 2 岁。再从(3)就知道小明年龄是小峰的 2 倍。如果小峰 1 岁，小明就只有 2 岁，从(1)知道小明的哥哥只有 5 岁，这与(5)不符合，因此小峰是 2 岁，小明是 4 岁，从(4)知道奇志是 7 岁，这正好符合(1)。于是海涛是 8 岁。这是符合所有条件的唯一答案。

9. 谁是工人谁是兵

“小李比战士年纪大”说明了：小李不是战士；小李年纪大于战士年纪。

“农民比小张年龄小”说明了：小张不是农民；小张年龄大于农民年龄。

“小王和农民不同岁”说明了：小王不是农民。

既然小王和小张都不是农民，那么，小李一定是农民。知道了这一点，就知道他们的年纪从大到小的顺序是小张、农民、战士。从这一顺序中可以看到，小张不是战士，他只能是工人，战士当然是小王。

10. 他们的职业

解这类题目，使用填表格的办法比较方便。

	售	工	教	干
张		×	×	×
刘			×	
李				×
赵				

从(4)知道教师步行上班,从(1)知道张和刘是骑车上班,就知道张和刘不是教师。在表上“张”“教”交叉那格和“刘”“教”交叉那格打上“×”。

刘不是教师,再设李是干部,那么刘在四种职业中,不是售货员就是工人。根据(2),刘比李年龄大,而根据(7),李又比刘年纪大,这是矛盾的。因此,李不能是干部。在“李”“干”交点那格打上“×”。

如果张是工人,机关干部不是刘就是赵。根据(6),张应该不认识刘和赵,可是,根据(1)和(3),张是认识他们两人的,是矛盾的。因此,张不是工人,填入表内。

如果张是干部,根据(6),工人必须是李。在四种职业中,刘不是干部、工人和教师,只能是售货员,可是根据(5),刘的邻居不应该是干部张明,说明张不是干部。填入表内。

	售	工	教	干
张		×	×	×
刘	×		×	×
李	×			×
赵	×			

所以张是售货员。根据(5)和(1),刘不能是干部,填入表内。马上可以看出刘是工人,赵是干部。剩下的李必定是教师。

11. 混合双打

张健的妹妹是小萍;刘毅的妹妹是小红;马宏明的妹妹是小英。

12. 3家人(哪3个人是一家?)

从(1)和(2)就知道,李玲君、老张和小萍是一家人。

从(3)就知道,方丽华和老王是一家,从(1)知道他家有一个女儿,并且一定是小红。

最后,还有3个人刘美英、老陈和小虎,自然是一家人。

13. 下棋

题里有两对邻居,从(5)知道工段长和统计员这对邻居不一起下棋,再从(2)知道李、陈这对常在一起下棋的邻居是车工和钳工。

从(3)和(4)就知道王师傅是工段长,从(4)和(1)就知道陈师傅是车工,因此,李师傅是钳工,张师傅是统计员。

14. 乘客和司机们

20 不能被 3 整除，从(2)和(5)就知道乘客老张不是副司机的邻居。从(1)和(3)知道乘客老陈也不是副司机的邻居，因此乘客老孙是副司机的邻居，即乘客老孙是住在天津与北京之间。从(6)知道有一位乘客住在北京，从(1)知道他不是老陈，因此住在北京的是乘客老陈，又从(6)知道副司机姓张。

从(4)知道司炉不姓孙，因此司机姓孙，于是就知道司炉姓陈。

15. 会哪两种语言

根据(2)，“甲、日”这一格填“○”表示肯定，“丁、日”一格打“×”。根据(1)，“乙、英”一格打“×”，甲和丙交谈要人翻译，可见两人各会两门不同的语言，因此丙不会日语，“丙、日”一格打“×”。根据(4)，“甲、法”一格打“×”。结果如表(1)。

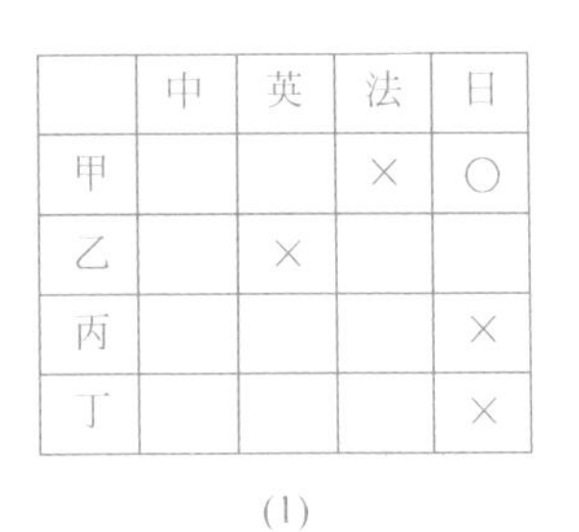

	中	英	法	日
甲			×	○
乙		×		
丙				×
丁				×

(1)

英、中两种语言中，甲还会一种。假定甲会英语。根据(2)，丁也会英语。根据(1)，丙只能会中、法两种语言，而乙必然会中、日两种语言。结果见表(2)。可是，丁如果会中文，就与(3)不符合，丁如果会法语，又与“有一种语言 3 人都会”这一条件不符合。因此假定不能成立，甲只能还会中文。

	中	英	法	日
甲		假定 ○	×	○
乙	○(1)	×		○(1)
丙	○(1)		○(1)	×
丁		○(2)		×

(2)

	中	英	法	日
甲	○	×	×	○
乙	○(1)	×	○(1)	×(4)
丙		○(1)	○(1)	×
丁	○(2)	○		×

(3)

根据(2)，丁也会中文。根据(1)，丙会英、法两种语言，乙必须会法语。根据(4)，乙不会日语，另外，乙必须会中文与(1)符合。现在已有 3 人会中

文，根据“只有一种语言 3 人都会”，丁不能再会法语，只能再会英语。结果如表(3)。

16. 3 位老师

根据(3)，李明不是地理和算术老师。根据(5)，陈林不是音乐和语文老师。根据(2)和(4)，地理老师不是陈林，因此地理老师只能是孙军。

根据(3)，孙军不是算术老师，根据(4)，孙军不是语文老师，由此，算术老师只能是陈林，语文老师是李明。推理到此，就可以列出一个表来。

教师	课目					
	语	政	算	地	音	图
陈林	×(5)		○	×(2)(4)	×(5)	
李明	○		×(3)	×(3)		
孙军	×(4)		×(3)	○		

根据(1)，又知政治老师不是陈林，于是陈林是图画老师。

根据(5)，又知教语文和音乐是两个人，音乐老师不是李明，因此，孙军是音乐老师。最后便确定李明是政治老师。

结合上面分析，得到答案：陈林教算术和图画；李明教语文和政治；孙军教地理和音乐。

17. 4 位运动员

画一张表格，把五条零星情况中否定的条件画一个“×”，便于进一步分析。

省　　市					项　　目			
姓	北京	上海	浙江	吉林	游泳	田径	乒乓球	足球
张		×	×	×	×	×	×	
胡	×		×	×		×	×	×
李	×	×	×		×		×	×
郑	×	×		×	×	×		×

根据(1),张明不是上海和浙江的,不是游泳和田径运动员。

根据(2),胡志纯不是北京和吉林的,不是乒乓球和足球运动员。

根据(3),李勇不是北京的,不是乒乓球运动员。

根据(4),郑永禄不是北京和吉林的,不是游泳运动员。

从表格上可以看出来,张明一定是北京的,那么李勇一定是吉林的。李勇既然是吉林的,从(4)可以知道,他不是游泳运动员,那么游泳运动员一定是胡志纯。情况(5)又说浙江的不是游泳运动员,所以胡志纯一定不是浙江的,而是上海的。最后剩下郑永禄,他一定是浙江的。

从(3)可以知道,北京人张明不是乒乓球运动员,他一定是足球运动员。张明、胡志纯、李勇3个都不是乒乓球运动员,那么乒乓球运动员一定是郑永禄。最后剩下李勇,他一定是田径运动员。

总结以上的推理:张明是北京的足球运动员,胡志纯是上海的游泳运动员,李勇是吉林的田径运动员,郑永禄是浙江的乒乓球运动员。

18. 这一天是星期几

这一天是星期三。曹去乙单位,钱去丁单位,刘去丙单位,洪去甲单位。

因为甲单位星期一不接待,乙和丁两个单位星期二不接待。从刘所说,他去的单位,至少一星期的前两天接待,所以刘去丙单位。

从刘所说,这一天不会是星期一,星期二以后有不接待日子的只有丙和丁,因此钱去丁单位,并知道这一天是星期三。

曹说两天前去过一次,说明曹去的单位星期一接待,因此曹去乙单位,最后确定洪去甲单位。这样与曹和洪二人所说的话也符合。

19. 网球比赛

从(5)和(4)就知道赵琪不是广东、北京和辽宁三省市的运动员,从(5)和(2)就知道赵琪不是上海运动员,因此,赵琪是湖北运动员。

从(3)知道陈虹不是广东运动员,再从(4)知道,他也不是辽宁和北京运动员,于是陈虹是上海运动员,从(3)和(2)知道,他与辽宁、北京和湖北3名

运动员比赛过。

姓	省市				
	上海	湖北	广东	北京	辽宁
张	×	×			
李	×	×	○(1)		
赵	×(2)(5)	○	×(4)(5)	×(4)(5)	×(4)(5)
陈	○	×	×(3)	×(4)	×(4)
林	×	×	×	○	×(3)

从(4)知道广东、北京和辽宁三省市的运动员至少和其他两名运动员比赛过，而北京和辽宁运动员还和上海的陈虹比赛过。从(1)就确定李明是广东运动员。

从(3)知道林成不是辽宁运动员，于是林成是北京运动员，最后确定张辉是辽宁运动员。

综合上面分析(见上表)，得出结论：

张辉：辽宁运动员，与李明、林成和陈虹比赛过；

李明：广东运动员，与张辉和林成比赛过；

赵琪：湖北运动员，与陈虹比赛过；

陈虹：上海运动员，与张辉、林成和赵琪比赛过；

林成：北京运动员，与张辉、李明和陈虹比赛过。

20. 住在哪一层

设法国人住在 x 层，朝鲜人住在 y 层，他们住的两层之间是 $\frac{x+y}{2}$ 层。从(5)知道埃及人的层数的 $\frac{1}{2}$ 是 $\frac{x+y}{2}$，那么，埃及人住 $x+y$ 层。因此，埃及人比法国人和朝鲜人住得高。

根据(4)，由于埃及人比朝鲜人住得高，所以推断墨西哥人比埃及人住得更高。从(2)知道B比朝鲜人住得低，B只能是法国人了。从(1)就知道D是墨西哥人，A是埃及人，C是朝鲜人。

用未知数来表示他们的层数：法国人为x，朝鲜人为y，埃及人为$x+y$，根据(3)，墨西哥人为$5x$。

根据(4)，埃及人住的层数增加2层是：$x+y+2$。由于墨西哥人比朝鲜人住得高，于是，可列方程：

$$5x-(x+y+2)=(x+y+2)-y$$

$$3x-y=4$$

$$y=3x-4$$

但是$y>x$，故$2x-4>0$，即$x>2$。

饭店最高为18层，$5x<18$，x又是整数，所以$x=3$。于是可知，$y=5$，$x+y=8$，$5x=15$。

法国人住第3层，朝鲜人住第5层，埃及人住第8层，墨西哥人住第15层。

21. 列车时刻表

在所有开车时间中，只有11:15和9:15恰好差$2h$，从(1)便知，去太原的车9:15开，602次车11:15开。

在所有开车时间中，只有11:15和11:40差25min，从(4)知道去北京的车是11:15开，而606次车是11:40开。因此去北京的是602次车。

在所有开车时间中，差45min的有11:15与10:30、12:00与11:15、10:30和9:45，从(2)知道去上海是9:45开，601次车是10:30开。再因为比9:45早的，只有9:15去太原的车，从(3)就知道604次去太原。

从(5)知道603次车不是去武汉和沈阳，已知去上海的车开车时间是9:45，因此603次不是去上海的，就确定603次去西安并确定605次去上海。分析到此，结果见下表。

从(5)就很容易断定606次去沈阳，601次去武汉。

车次	去向						开车时间
	太原	上海	北京	武汉	沈阳	西安	
601	×	×(2)	×				10:30(2)
602	×(1)	×	○(4)	×	×	×	11:15(1)
603	×	×(5)	×	×(5)	×(5)	○	
604	○(3)	×	×	×	×	×	
605	×	○	×				
606	×	×	×				11:40(4)

开车时间：去太原 9:15(1)；去上海 9:45(2)

分析所得结论：

601 次　去武汉　10:30 开；

602 次　去北京　11:15 开；

603 次　去西安　12:00 开；

604 次　去太原　9:15 开；

605 次　去上海　9:45 开；

606 次　去沈阳　11:40 开。

第12章 万花镜

有一些不宜放在前面各章的题目，还有一些难度较大的题目，都汇集在这一章里。其中有些题体现了集合论的基本运算，有些题是"抽屉原理"的运用，有些题是有趣的数字排列(这是由幻方演变而来)……由于内容五花八门，本章就用"万花镜"作为标题。

1 4个1

请你用4个1组成一个尽可能大的数,不许用+、-、×、÷符号。这个数不是1111,而是一个非常大的数。你能想出来吗?

2 图形算式

请看下面两个图形算式:

(1) $(\triangle\square)^{\triangle}=\square\Diamond\square$

(2) $(\bigcirc\bigcirc)^{▱}=\bigcirc▱▱\bigcirc$

每一种图形代表一个数字,请把这些数字算出来,使算式成立。

3 两个五边形

请你用7根火柴摆成一个小五边形,用11根火柴摆成一个大五边形,要求小五边形的面积是大五边形面积的1/3。

提示:3根火柴可以摆成一个正三角形。在考虑五边形的面积时,可用这样的三角形作为度量单位。

4 几个砝码

在天平上,左边放砝码,右边就可以称质量。最少应该准备几个砝码,就能称出1~60g不论多少克的质量?这几个砝码的质量分别是多少?

天平两边放砝码

一台天平，要称出1g，2g，…，13g的东西，只要准备3个砝码就够了。这3个砝码应该各是几克重的？

由于砝码少，称东西时，如果在天平两边的盘上同时放上砝码，在计算质量时，就可以有加法、有减法。

如果准备5个砝码，请你想想能称出从1g到多少克之间整克的东西？也就是说，最多能称多少克的东西？

555个砝码

1g，2g，…，555g，555个砝码，请你将它们分成3堆，使每一堆砝码的个数和总质量都相等。

你办得到吗？

粗心的修钟人

小明是位热心人，常常在空闲的时间，帮人修理钟表。有一次，因为有急事，他把时针当成分针，分针当成了时针装在钟上。这样一来，这只钟不准了。

不过，这只钟并不是绝对不准，也有准的时候。请你想一想，在什么时候，装错了指针的钟是准的？

如果正当12点时，这只钟对准了标准时间，24小时内，它将有几次和标准时间是一致的？

8 有多少条路

这是一张交通图。从甲地到乙地，顺着箭头往前走，一共有多少条不同的路线可以走？

乱数一阵，容易漏数或重复，要想想办法，找出规律。这样，可以锻炼机智和细心。

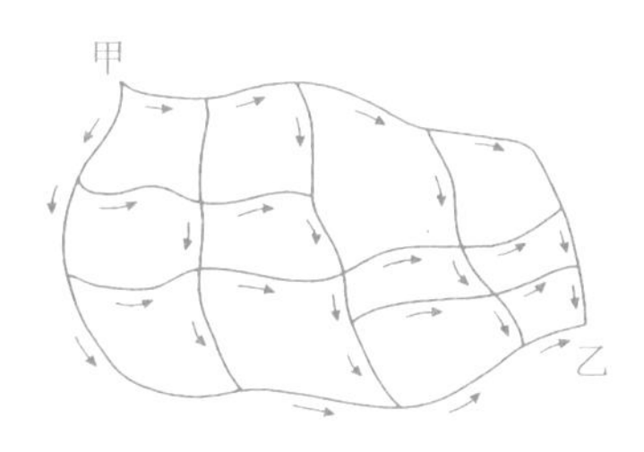

9 搬动苹果

18个苹果装在3个盘子里，每个盘子正好6个。按下面的办法搬动5次，每个盘子里仍然是6个苹果。你能做到这一点吗？

(1) 甲盘不动，把1个苹果从一个盘子里搬到另一个盘子里去；

(2) 乙盘不动，把2个苹果从一个盘子里搬到另一个盘子里去；

(3) 丙盘不动，把3个苹果从一个盘子里搬到另一个盘子里去；

(4) 甲盘不动，把 4 个苹果从一个盘子里搬到另一个盘子里去；

(5) 乙盘不动，把 5 个苹果从一个盘子里搬到另一个盘子里去。

10 两样都会的有多少人

有一个年级里，有人做了一个统计，在 100 个学生当中，会骑自行车的有 83 人，会游泳的有 75 人，骑车和游泳都不会的有 10 人，请问：既会骑自行车又会游泳的有多少人？

11 考试的成绩

一个小组的同学，在数理化三门功课考试中，每人至少有一门功课得优。

全小组中，数学得优的有 7 人；物理得优的有 6 人；化学得优的有 5 人；数学和物理都得优的有 4 人；物理和化学都得优的有 3 人；数学和化学都得优的有 2 人；三门课都得优的有 1 人。

请你算一算，这个小组共有多少人？

12 青年工人

某车间有 25 名青年工人，其中有 17 人会骑自行车，13 人会游泳，8 人

会滑冰，可是没有人三样都会，他们都参加职工业余夜校的学习。除此以外，还有 6 名青年工人也参加夜校学习。

请你算一算：

（1）这个车间共有多少青年工人参加夜校学习？

（2）既会游泳又会滑冰的有几个人？

13 2 个圆和 3 条直线

下图有 2 个圆和 3 条直线，将 1～7 七个自然数放在交叉（黑点）上，使每个圆和每条直线上 3 个数字之和都相等。

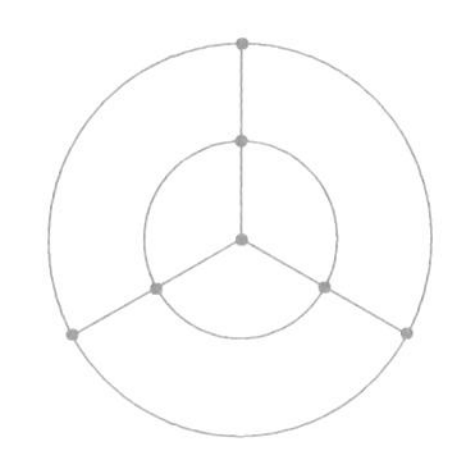

14 3 个圆和 3 条直线

将 1～7 七个数放到图中的黑点上，使每个圆上四数之和与每条直线上三数之和都等于同一个数。

本题有 3 个解答。

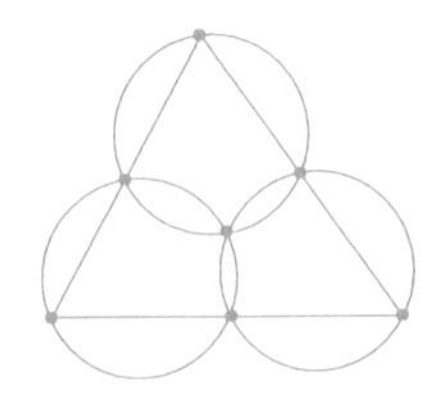

15 正方体顶点上的数字

将 1～8 八个数字分别放在正方体的 8 个顶点上，使每一个面（共有 6 个面）上 4 个数字之和都一样。

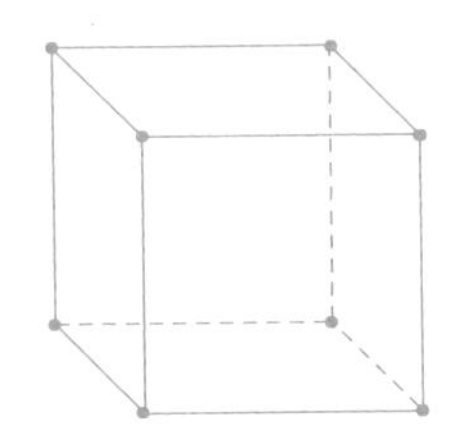

16 不规则的图形

图上有11条直线，将1～11十一个数分别填到11个圈里，使每条直线上的数字之和相等。

提示：确定 A_1 填什么数是解题的"突破口"，由此能推算出每条直线的数字之和应是多少，然后再确定 A_2 和 A_3 填什么数，问题就很容易了。

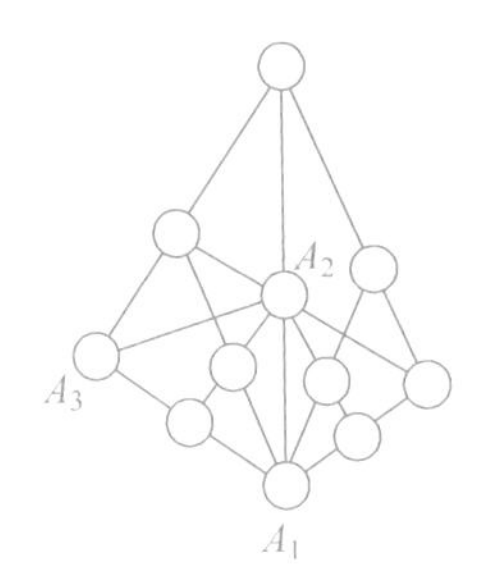

17 过沙漠

一个人通过一片沙漠，得走6天。由于沙漠非常荒凉，他事先必须带够6天的食物和水。可是，一个人最多只能带4天的食物和水，因此，必须有人送他一段路程，为他运送一些食物和水。

送他的人是同时出发的，每人也只能带4天的食物和水，其中除了运送的食物和水以外，还要留一部分自己食用。

你想，要有几个人才能帮助这个人穿过沙漠？

18 深入沙漠

4位地质队员去考察一片沙漠，每人只能带10天的干粮。由于在沙漠

中得不到粮食补充，在干粮吃完以前，必须退出沙漠。这样，他们只能深入沙漠5天的行程。后来，他们决定让3位队员陆续提前退出沙漠，把没吃完的粮食留下来集中使用，保证一位队员有足够的干粮深入沙漠，并且安全返回。请你算一算，这位队员最多能深入沙漠几天的行程？

如果采取别的办法，每位退出沙漠的队员，又带了10天的干粮去接济，那么，最后那位队员能深入沙漠多少天的行程？

当然，还可以想办法让这位深入沙漠的队员再多走1天的行程。你愿意再想一想吗？

19 油存在什么地方好

一辆科学考察车穿越人烟稀少的地区，要行驶414km才能到达加油站。多带点油吧，汽车只能装90L油，刚够行驶270km。司机决定在出发以前，先运一点油贮存在路上，经过计算，知道要设立两个贮油点。那么，这两个贮油点设在什么地方，耗费的汽油最少？

20 称体重

张老师借来一台秤，要给5个小学生称体重。这台秤只能称100斤以上的重量，可是5个小学生没有哪个够100斤的，只好两个学生一起称。张老师安排每个学生都和其他4个学生合称一次，安排下来，一共称了10次。称得的斤数是：

110，112，113，114，115，

116，117，118，120，121。

请你帮张老师把每个学生的体重算出来。

21 赶火车

某机关组织150人到外地参观，约定5点出发，分乘3辆汽车到火车站换乘7点开出的火车。不料由于有紧急任务，调走了两辆汽车，只留下一辆汽车。这辆汽车只能乘50人，还有100人坐不上车，如果改成步行，每小时只能走4km，而机关离车站却有21km，眼看赶不上火车了。后来，他们想到汽车每小时行驶36km，应该充分使用汽车，终于使每个人都在6点55分赶到了火站。

请问：应该怎么使用汽车？

提示：把150人分为3批，想办法让每批人都有机会乘这一辆汽车赶一段路，都能在同一时间赶到车站。

值班

某机关安排节日值班，每个班都是3个人，每人恰好值两次班。任意两个班的名单上，有一个人并且只有一个人是重复的。

请你算一算，一共有几个人参加值班，一共有几个班？

这一道题只有一个答案，你能说明只有一个答案的道理吗？

23 有趣的结论(1)

小王和小李一起在影院看电影,善于思考的小王说:“我突然想到一个有趣的结论:在这个电影院里,一定有两个人,在所有观众中的朋友数目一样多。”

小李说:“你没有问过每个人,怎样知道他们有几个朋友。”

小王说:“我并不知道每个人各有几个朋友,但我的结论是千真万确的。”

小王的结论是正确的,你知道他的理由吗?

24 有趣的结论(2)

请你通过分析和推理,证明命题:

对世界上任何 6 个人来说,下面的两个结论,至少有一个成立:

(1) 其中有 3 个人互相都认识。

(2) 其中有 3 个人互相都不认识。

这样的结论,也许会使读者感到惊讶。其实证明这一命题并不难。把命题换一个样子,就很容易证明它了。

在纸上画出 6 个点,表示 6 个人,如果两人认识,就在代表这两人的两点间连一条红色的直线;如果两人不认识,就在代表这两人的两点间连一条蓝色的直线。这样,6 个点中的任意两点总要连一条直线,不是红线就是蓝线。你只要证明:在这些连线中,一定有一个 3 条边颜色相同的三角形。

25 有趣的结论(3)

$2n(n>1)$个人聚集在一起,并且他们中间每一个人至少与其他 n 个人认识。请证明:一定可以选出 4 个人环绕圆桌坐一圈,以使每个人与两旁的两个人都认识。

26 乘积最大

????×????

用 1~8 八个数字,分别组成 2 个四位数,使这 2 个数相乘后,乘积最大。那么这 8 个数应分别安排在什么位置上?

27 这样的 4 位数有几个

小玲有一个有趣的发现:一个四位数是完全平方数,它的每一位数都减去一个同样的数(如 1111)后,仍是四位的完全平方数。小玲想,这样的四位数有几个呢?她想了又想,算了又算,还是没明确的答案。

你能帮助她解决这个问题吗?

28 有趣的 6 位数

一个六位数,当分别用 2、3、4、5、6 乘它后,得到的数都还是一个六位数,而且仍由原来的 6 个数字组成,仅仅改变了原来数字的顺序。

你能推算出这个六位数吗?

无论多少个1

$1=1^2$ 是一个完全平方数，可是其他用1组成的数：11，111，1111，…不论1有多少个，再也不是完全平方数。这是什么道理？（你能证明这一结论吗？）

提示：要用反证法。

国际数学竞赛试题

3个整数 p、q、r，满足条件 $0<p<q<r$，它们分别写在3张卡片上。A、B、C三人进行某种游戏，每次各摸取一张卡片，然后按卡片上写的数走多少步。在进行 N 次（$N\geqslant 2$）后，A已走了20步，B走了10步，C走了9步。已知最后一次，B走了 r 步，问第一次谁走了 q 步？

这是1974年举行的第十六届国际数学竞赛的试题之一，据报道绝大部分参加者都解出了这道题。现在请大家也试一试吧！

第 12 章解答

1. 4 个 1

$11^{11}=285311670611$。

2. 图形算式

(1) △如果是 3 或比 3 大的数字,等式右边至少是五位数,与题目条件不符。因此,△只可能是 1 或 2。显然,△也不是 1,只能是 2。从□来看,自乘以后仍然是□,这样的数只有三个:1、5、6,如果是 1,有 $21^2=441$,如果是 5,$25^2=625$,算式不能成立。因此,□应代表 6,算式是 $26^2=676$。

(2) ▱如果是 4 或比 4 大的数字,等式右边至少是五位数;▱如果是 2,要求(○○)^2 的乘积是四位数,并且第一位数仍是○,○应是 9 才行,但是 $(99)^2=9801$,与题目要求不符。因此,▱应该是 3,这就很容易推算出○是 1。算式是 $11^3=1331$。

3. 两个五边形

先用 14 根火柴,拼成一个面积相当于 20 个正三角形的平行四边形,然后增加 4 根火柴,将它分成 2 个五边形。使小五边形的面积等于 5 个正三角形,大五边形的面积是 15 个正三角形。

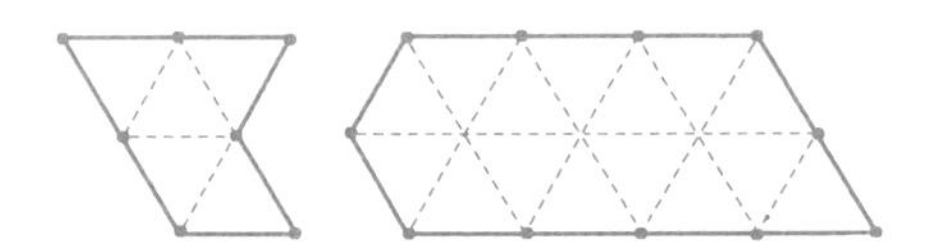

4. 几个砝码

首先必须有 1g 和 2g 两个砝码,这两个砝码,最多能称 3g 重的东西。

第 3 个砝码应该是 3+1=4g。1、2、4 三个砝码,最多能称 7g 重的东西。

第 4 个砝码应该是 7+1=8g。1、2、4、8 四个砝码,最多能称 15g 重的东西。

第 5 个砝码应该是 15+1=16g。1、2、4、8、16 五个砝码，最多能称 31g 重的东西。

第 6 个砝码应该是 32g。所有的砝码可以称 63g 重的东西。

这种计算方法，实际上是根据二进位的原理确定的。

二进位与十进位不同。十进位是逢十进一，而二进位是逢二进一，也就是 1+1=10。

下面，我们用二进位来表示这 6 个砝码：

$1=2^0$…………1

$2=2^1$…………10

$4=2^2$…………100

$8=2^3$…………1000

$16=2^4$…………10000

$32=2^5$…………100000

用二进位可以表示十进位中的任何一个数。比如，59=1+2+8+16+32，用二进位表示，就是：1+10+1000+10000+100000=111011。

5. 天平两边放砝码

按照要求，砝码要尽可能少，能称的克数要尽可能多。选择砝码时，要注意“必不可少”这个条件。

1g 的砝码是不可少的，接着应该选用 3g 的砝码。因为砝码可以在天平两边使用，如果左边放 3g 的，右边放 1g 的，那么，3−1=2，就可以称出 2g 的质量，同时也说明 2g 的砝码是不必要的。两个砝码可称的范围是 1～4g。

且由于 3=1×2+1，这就给我们一个启发，选用第 3 个砝码时，应该是原有砝码的 2 倍再加 1。原有砝码是 1+3=4，4×2+1=9。第 3 个砝码，应该是 9g。使用这 3 个砝码的办法是：

1=1，2=3−1，3=3，4=1+3，

5=9−1−3，6=9−3，7=9−3+1，

8＝9－1，9＝9，10＝9＋1，11＝9＋3－1，

12＝9＋3，13＝9＋3＋1。

根据这个经验，第 4 个砝码应该是(1＋3＋9)×2＋1＝27；第 5 个砝码是(1＋3＋9＋27)×2＋1＝81。由于是 1＋3＋9＋27＋81＝121。因此，这 5 个砝码可以称出从 1～121g 的任何克数。

附带说明一下，这 5 个砝码还与三进位制有关系呢！1、3、9、27、81，可写成 1、3^1、3^2、3^3、3^4，如果改用三进位制来表达，就应该写成 1、10、100、1000、10000。

6. 555 个砝码

直接将 555 个砝码分成三堆，是不容易考虑的。555＝15×37，将所有砝码分组，每组 15 个，共分成 37 组：1～15g，16～30g，31～45g，…，541～555g。

若将每组的 15 个砝码分成个数和总质量相等的三堆，是很容易的。比如：

1～15 十五个砝码分成三堆：

1，4，7，10，13；(总质量 35g)

2，5，8，11，14；(总质量 40g)

3，6，9，12，15；(总质量 45g)

将第一堆中 10 与第三堆中 15 互换，就能使每一堆总质量相等(均为 40g)。

其余 36 组，该怎样分，留给读者自行考虑吧！37 组都分完以后，每组取一堆，组成甲堆，再从每组取一堆，组成乙堆，剩下的都是丙堆，甲、乙、丙三堆砝码的个数和总质量均相等。

7. 粗心的修钟人

当时针和分针重合的时候，钟是准的。

那么，在 24h 以内，两针有多少次重合呢？我们知道，分针走得快，时针

走得慢。这就可以看成是追及问题，每赶上一次，就出现一次重合。在12h内，时针只转一圈，分针转12圈，由于起点和终点是一个点，所以只有11次赶上的机会，两针重合11次。24小时以内，两针重合22次。

8. 有多少条路

要数清楚有多少条路，先得讲讲数路的规则。请看图(1)。从 A 到 D 有1条路，我们就在 D 下面记上1，同样，从 A 到 C 有1条路，也在 C 下面记上1。从 D 和 C 都可以到 E，所以从 A 到 E 有 $1+1=2$(条)不同的路。

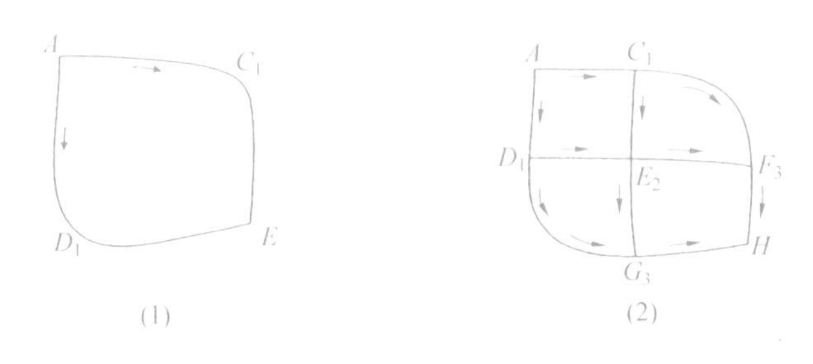

(1) (2)

再看图(2)，从 A 到 D 只有1条路，而从 A 到 E 有2条不同的路，所以从 A 到 G 有 $1+2=3$(条)不同的路。同样，从 A 到 F 也有3条不同的路。而从 A 到 H 可以经过 G，也可以经过 F，所有有 $3+3=6$(条)不同的路。

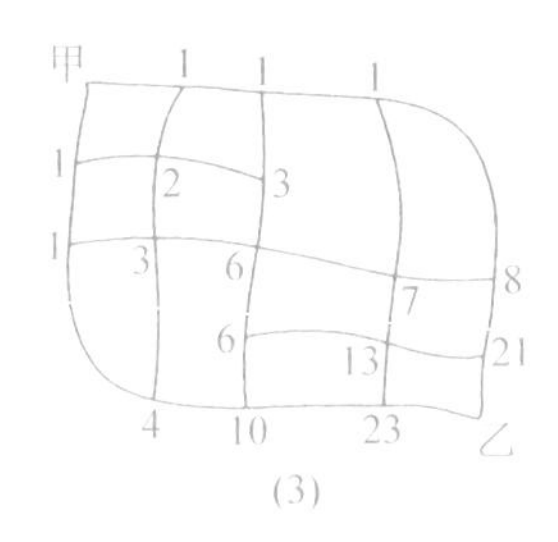

(3)

通过对简单情况的分析，我们已摸索出数路的规则，按照这个规则，在交点记上数字，就可以数出从甲到乙共有44条不同的路。

9. 搬动苹果

解答这个问题，有两种方法。一种方法是从后往前推算，道理比较简单，不多介绍。另一种办法是通过添加正负符号来确定怎么搬动苹果的。

	甲	乙	丙
一	/	1	1
二	2	/	2
三	3	3	/
四	/	4	4
五	5	/	5

(1)

在第1次搬动时，甲盘不动，乙盘和丙盘的苹果数量有变化，不是“+1”，就是“−1”。在不能判断以前，先把绝对值填入表内。按同样办法，第2、3、4、5次的苹果数量变化也填入表内。

然后，再来添加正负符号。先看竖行，每盘的苹果，原来是6个，最后还是6个，那么，5次搬动的苹果数加起来必定是0。根据这个特点，可以添加正负符号。同时，每一横行两个数字之和也必定是0。按此办法，可以看出有两种可能性。

看看这两张表，就知道如何搬动苹果。

	甲	乙	丙
一	/	+1	−1
二	−2	/	+2
三	−3	+3	/
四	/	−4	+4
五	+5	/	−5

(2)

	甲	乙	丙
一	/	−1	+1
二	+2	/	−2
三	+3	−3	/
四	/	+4	−4
五	−5	/	+5

(3)

10. 两样都会的有多少人

解这个题有两种办法。第一种办法是：至少会骑车或者会游泳的有100−10=90(人)。而会骑车的有83人，说明有90−83=7(人)只会游泳、不会骑车。因此，会游泳的75人中，减去只会游泳、不会骑车的7人，就是

两样都会的人，即 75－7＝68(人)。

另一种办法是用画图的方法，图(a)左面的圆表示会游泳的人数，右面的圆表示会骑车的人数。图(b)就表示至少会一样的人数，而图(c)中两圆相交部分，表示两样都会的人数。

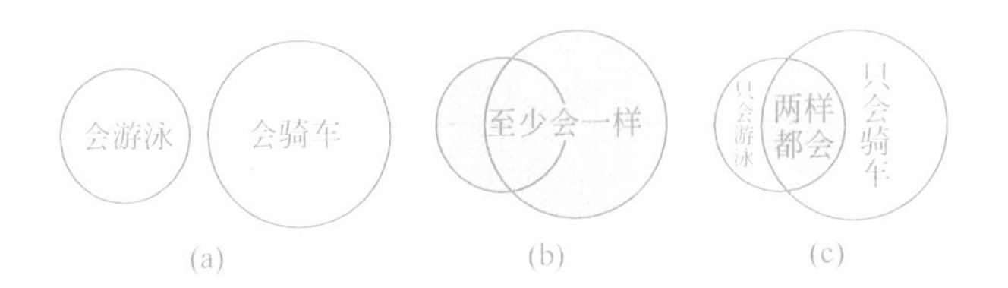

(a)　(b)　(c)

从图(c)可以看出，会游泳＋会骑车＝至少会一样＋两样都会。由此可以得到公式：

两样都会＝会游泳＋会骑车－至少会一样。

因此，两样都会的人数＝75＋83－90＝68(人)。

上面公式的一般化，就是数学上集合论中最基本的公式之一，在高等数学中，大有用处。

11. 考试的成绩

科目	人数									
	1	2	3	4	5	6	7	8	9	10
数学	√	√	√	√	√				√	√
物理	√		√	√	√	√	√			
化学	√	√				√	√	√		

先画一个统计表，然后再依照题中的条件来填表。每一列，表示一位同学得分情况，首先填入三门课得优的 1 人。然后填入两门得优的同学，填的时候要注意，三门得优的那位同学，也应算入两门得优的数字。

填完这部分以后，再算一下数学得优的同学已统计了 5 人，而得优人数为 7 人，再在空格中填入 2 人。物理、化学得优的人数也照此统计。

最后，可以算出这个小组共有 10 人。

12. 青年工人

在青年工人中，会骑车的是17人，会游泳的是13人，会滑冰的是8人，加起来共有38人，远远超过25人的总数，说明了不少人两样都会。如果统计中的38人都属于两样都会的，那么，实际人数至少是38÷2=19(人)。而车间还有6名青年工人参加夜校学习，19加6恰好是25。这说明两点：两样都会的为19人是正确的；车间里全部青年工人都参加了夜校学习。

因为没有人三样都会，所以会游泳又会滑冰的人，一定是不会骑车的人。因此，既会游泳又会滑冰的是19－17=2(人)。

13. 2个圆和3条直线

1～7七个数字之和是28。如果把2个圆和3条直线上的数字相加，中心数要算3次，其他每一数字要算两次，因此相加之和是：2×28＋中心数。但是这个数要被5除尽，中心数只能是4。这样，每个圆或者每条直线上三数之和是(2×28＋4)÷5=12。在这7个数字中，三数之和等于12的，只有7＋4＋1、7＋3＋2、6＋5＋1、6＋4＋2和5＋4＋3五组，因此只有一个解答。

具体的填法，请看右图。

14. 3个圆和3条直线

答案请看图。本题有3种解答，圆圈里的数代表一种解答，正方形和三角形里的数各代表一种解答。

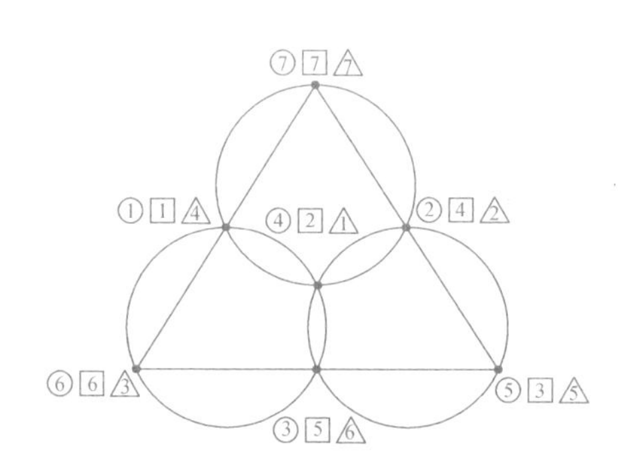

一个圆上4个数之和与直线上3个数之和相等，而这7个数恰好是从1～7的七个数。因此，(1＋2＋3＋4＋5＋6＋7)÷2＝14，既是每一个圆上四数之和，也是每一直线上三数之和。

安排7个数的位置时，首先要考虑7放在哪里。因为7比较大，占14的一半，必须占据一个特殊的位置。7放在中心是不行的，那里是3个圆的交点，肯定会遇到7与6同在一圆的机会，四数之和就超过14了。7如果放在一条边的中点，其他两边所有数字之和(包括一个数算两次)最大只能达到27，不够28，这也不行。因此，7只能放在三角形的顶点。

三数之和等于14，包含7的组合有3种：①7＋6＋1；②7＋5＋2；③7＋4＋3。任取两组作两条边就有一个解答，因此有3个解答。

15. 正方体顶点上的数字

本题有3个解答，请看图。

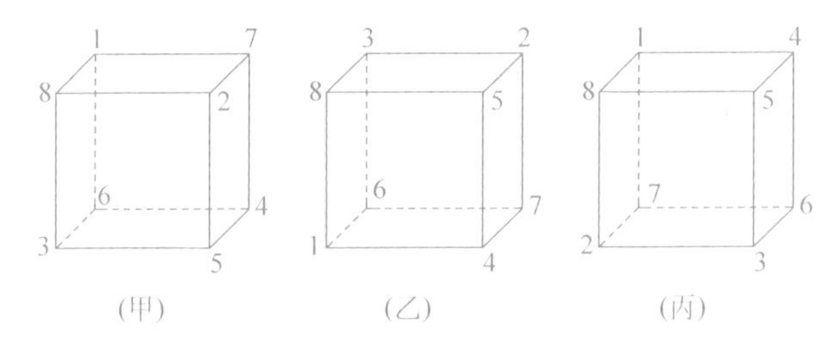

(甲)　(乙)　(丙)

在分析题目时，首先要想到从1～8八个数字之和为36。上下两个面各有4个不同的数字，它们的和相等。所以，每个面上4个数字之和是18。

4个数字之和等于18的组合有好多组，包括8的组合只有4组：

①8＋7＋2＋1；②8＋6＋3＋1；③8＋5＋3＋2；④8＋5＋4＋1。

立方体上包括8的3个面上的数字之和，必是上面4组中的3组。由于每两个面相交于一条线，除8外，必定还有一个数字重合。例如，①和②还有数字1重合；②与③有数字3重合；①与③有数字2重合。因此把①、②和③上的数字分别放在包含顶点8的3个面上，因为还剩下一个数字4，所以还要考虑与4搭配使每一个面上4个数的和都等于18，这样就得到解答(甲)。

用同样思路，从②、③、④三组可以得到解答(乙)；从①、③、④三组可以得到解答(丙)。①、②、④三组中都有数字1，包括8的3个面上是不可能共有第二个数字的。因此本题只有3个解答。

16. 不规则的图形

$1+2+3+4+5+6+7+8+9+10+11=66$。$A_3+A_4$，$A_6+A_5$，$A_7+A_2$，$A_8+A_9$，$A_{10}+A_{11}$，这5对数字的和应该相等，因此$66-A_1$要能被5整除。$A_1$只能是1、6和11三个数之一。

$66-A_{10}-A_{11}$是$A_3+A_6+A_7$、$A_4+A_5+A_2$和$A_1+A_9+A_8$三条线上数之和，$66-A_{10}-A_{11}+(A_1+A_{10}+A_{11})=66+A_1$是四条线上数之和，$66+A_1$应能被4整除，因此$A_1$只能是6。而每条线上数之和应是$(66+6)\div 4=18$。

$A_2+A_3=18$，两数之和为18，只有$11+7$或$10+8$。如果$A_2=11$，就有$A_3=7$，$A_7=1$，$A_6=10$，这样$A_6+A_2+A_{11}$就要超过18，类似地，$A_2=10$或8，也不能使所有线上数之和为18。只有$A_2=7$，才能推算出各圈上应填数字，如图所示。

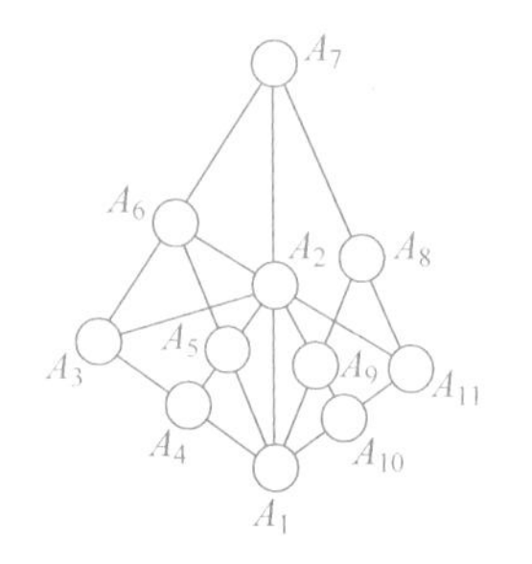

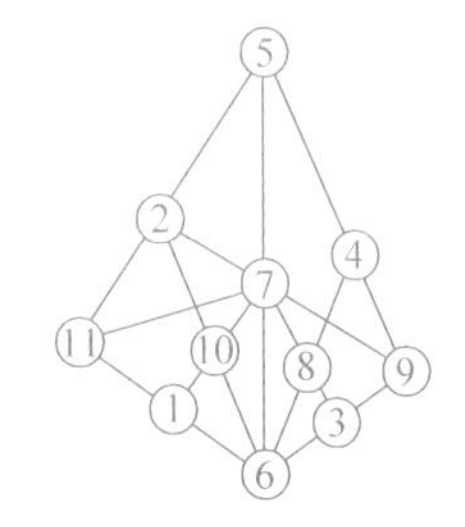

17. 过沙漠

为了便于说明，我们把要通过沙漠的人叫作甲，他过沙漠的出发点是A，1天的行程后到达B点，2天行程后到达C点。甲从C点往前走，还有4天行程，必须有4天的食物和水，也就是说，开始2天的食物和水需要由别人来运送。

如果担任运送任务的是乙，开始 2 天，他一边走一边供给甲食物和水，在到达 C 点后就返回 A 点。因为乙也只能带着 4 天的食物和水，除去运送的外，他自用的食物和水只够 AB 这段路往返食用，因此，需要另一个人运送 2 天的食物和水到 B 点，供乙在 AB 段往返食用。

这样，问题就好办了，只要还有一位丙从 A 点与甲、乙同时出发，到 B 点后，把 2 天的食物和水交给乙，留下 1 天的食物和水，在返回 A 点时自用。

18. 深入沙漠

为了便于说明，把这 4 位地质队员分别称作：甲、乙、丙、丁。他们进入沙漠的头 2 天，集中吃甲带的干粮，4 人 2 天共吃掉 8 天的干粮。甲留着 2 天干粮返回出发点。后 2 天路程中，集中吃乙带的干粮，3 人共吃掉了 6 天的干粮。乙留着 4 天干粮返回出发点。第 5 天、第 6 天集中吃丙的干粮，两人共吃了 4 天的干粮。丙留着 6 天干粮，退出沙漠。现在丁还有 10 天干粮，但是他只能再前进 2 天，留下 8 天干粮，供返回时食用。因此用这样的办法，丁最多能深入沙漠 8 天的行程。

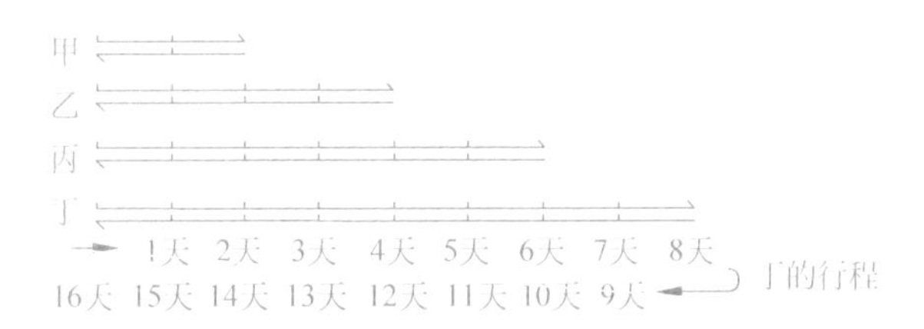

如果队员丁再往前走 3 天路程，共深入沙漠 11 天的行程，那么，他还缺少 6 天的粮食。

怎么解决呢？甲在第 11 天又带着 10 天的粮食，重新进入沙漠，于第 16 天与丁相遇。这样，还剩 4 天的粮食，甲、丁退出沙漠就只缺 4 天的粮食了。

参照第一个行程表，我们就可以画出乙、丙再次带着粮食进入沙漠和返回的时间和路程：

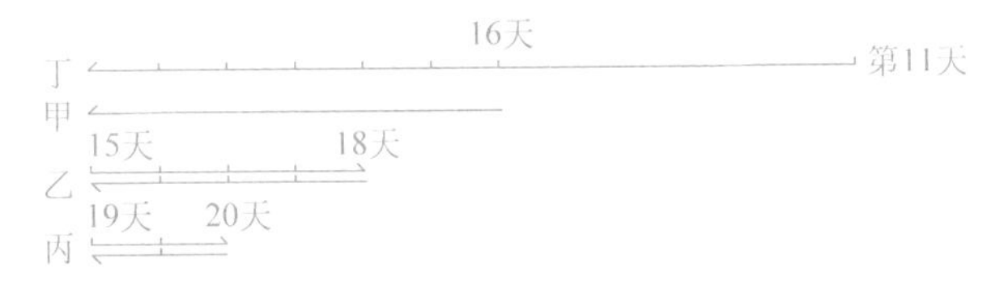

乙在第 15 天重新进入沙漠，4 天后与甲、丁相遇时，还有 6 天的粮食，够 3 人行走 2 天。3 人最后 2 天的粮食，由丙来供应。

如果在离出发点 2 天路程的地方，设立一个贮粮点，队员丁可以深入沙漠 12 天的行程。全过程请参看下面的图表：

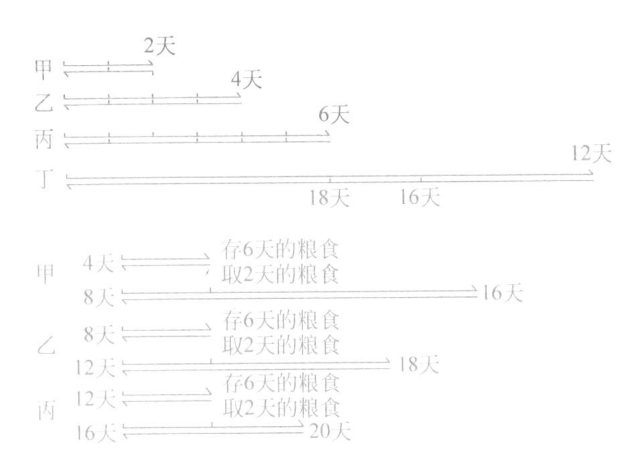

退出沙漠时，还剩 4 天的粮食。

19. 油存在什么地方好

解这样的题目，常常需要画个图帮助我们思考。画一条线 OP 表示要行驶的路程 414km，O 是起点。汽车一次能带 90L 油，最多能行驶 270km，每升油能行驶 3km。在图上取一点 B，$BP=270$km。一个贮油站应设在 B 点，汽车在 B 点装足 90L 汽油就能一次穿越这一地区。这样，问题就转化为怎么把这 90L 汽油运到 B 点。$OB=414-270=144$km，因为从出发到 B 点往返路程超过 270km，直接运输是不行的，OB 间必须设一个贮油点 A，来缩短运输距离。A 点离 B 点多远才好呢？

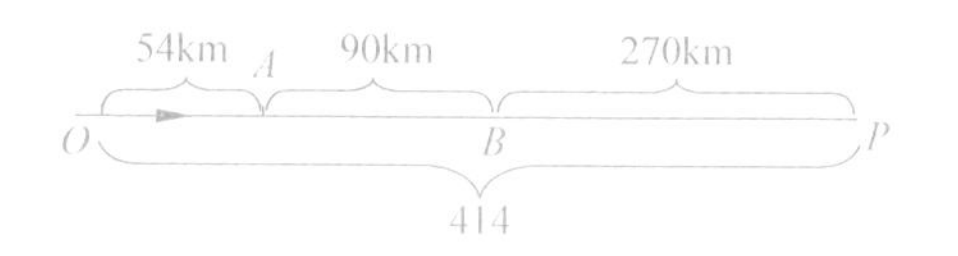

卡车最多只装 90L 油，运输途中又要用去一部分，运到目的地的油肯定比 90L 少，因此必须考虑运送两趟。运两趟，在 A 点存够了油，总共是 180L，需要运送的是 90L，这就剩下 90L 作为运输消耗。运输过程是：加满油后先从 A 到 B，留下返程的油耗后，卸下多余的油，从 B 返回 A，再加满油，又从 A 到 B，全长是 $3AB$，可供运输消耗的汽油是 90L，那么在 A、B 之间行驶，每次用油为 $90\div3=30$L，这就推算出 AB 间的距离是 $3\times30=90$km。这样第一次到达 B 后，卸下 30L 油，第二次到达 B 时，还剩下 60L 油。再加上上次卸下的 30L，就可以行驶 270km。

现在的问题转化成怎么把 180L 汽油运到 A 点。OA 的距离是 $144-90=54$km，行驶 54km 耗油量是 $54\div3=18$L。为了运送 180L 油，卡车最少要在 OA 间来回跑 3 趟，再算算每跑一趟能运多少 L 油：$90-(18\times2)=54$，跑 3 趟可运油 162L，还差 18L，但是，第 3 趟由于卡车到达 A 点后，不必再返回 O 点，这就省下 18L 油，加在一起恰好是 180L，这样问题就解决了。

20. 称体重

我们将 5 个学生的体重从最轻到最重编上号码：a、b、c、d、e。那么，

$110=a+b$

$112=a+c$

$120=c+e$

$121=d+e$

把 10 次称得的体重加起来，$110+112+113+114+115+116+117+118+120+121=1156$(斤)。

因为每一个学生都与其他 4 个学生合称一次，每个学生称了 4 次，所以 1156 斤是 5 个学生体重和的 4 倍，5 个孩子的重量和是 $1156\div4=289$(斤)。

从 286 斤中减去 4 个学生的体重，就是第 5 个学生的体重。由于 $a+$

$b=110$，$d+e=121$，因此，$289-110-121=58$(斤)，58 斤就是 c 的体重。因为 $a+c=112$，因此，$112-58=54$(斤)是 a 的体重。因为 $a+b=110$，因此 $110-54=56$(斤)是 b 的体重。因为 $c+e=120$，所以 e 的体重是 $120-58=62$(斤)。因为 $d+e=121$，所以 d 的体重是 $121-62=59$(斤)。

5 个学生的体重是 54 斤、56 斤、58 斤、59 斤和 62 斤。

21. 赶火车

把 150 人分成 3 批，每一批人都要在 1h55min(115min)内赶到车站。步行速度是 $\frac{4}{60}=\frac{1}{15}$km/min。如果全部时间都步行，只能走 $115\times\frac{1}{15}=\frac{23}{3}$km。全程是 21km，还差 $21-\frac{23}{3}=\frac{40}{3}$km，这段路程必须用汽车代替步行补上。汽车速度是 $\frac{36}{60}=\frac{3}{5}$km/min，每分钟汽车比步行快 $\frac{3}{5}-\frac{1}{15}=\frac{8}{15}$km。要补上 $\frac{40}{3}$km，就要坐车 $\frac{40}{3}\div\frac{8}{15}=25$min，这样，坐车的路程是 $25\times\frac{3}{5}=15$km。步行的路程减少为 $21-15=6$km，步行时间只需要 $6\div\frac{1}{15}=90$min。

算出了每一批人坐车和步行的时间，坐车和步行的路程，下面来具体安排一下：

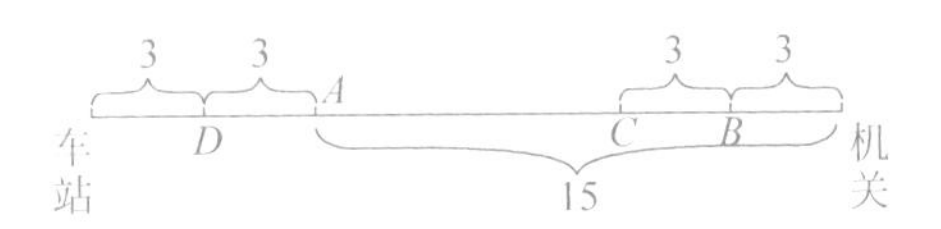

第 1 批人先从机关坐车，25min 后到 A 点下车，利用剩下 90min 步行到车站。

汽车由 A 点返回去接第 2 批人。第 2 批人出发时步行，当汽车到 A 点时，他们已经走了 $25\times\frac{1}{15}=\frac{5}{3}$km，离 A 点 $\left(15-\frac{5}{3}\right)$km。汽车返回 $\left(15-\frac{5}{3}\right)\div\left(\frac{3}{5}+\frac{1}{15}\right)=20$min 后，即 5 点 45 分在 B 点碰上第 2 批人(此时

他们已经走了 3km)，接他们上车，6 点 10 分到达 D 点，很容易算出 D 点离车站还有 3km，因此第 2 批人由 D 点继续步行 45min 就到车站。

汽车由 D 返回去接第 3 批人。6 点 10 分，第 3 批人已步行了 $70\times\frac{1}{15}=\frac{14}{3}$km，离 D 点 $\left(18-\frac{14}{3}\right)$km。汽车返回，于 $\left(18-\frac{14}{3}\right)\div\left(\frac{3}{5}+\frac{1}{15}\right)=20$min 后，即 6 点 30 分在 C 点碰上第 3 批人(此时他们已走了 6km)，接他们上车，6 点 55 分就可到车站。

22. 值班

在值班表上，任意取两个班的名单，必定有一个人名是重复的。为了说明方便，不妨称这两个班是一班和二班，这两个班重复的人是①，一班其他两人是②和③，二班其他两人是④和⑤。

第一班	①	②	③
第二班	①	④	⑤
第三班	②	④	⑥
第四班	⑥	③	⑤

再任意拿一个班(称它为三班吧!)名单；三班一定与一班、二班都有一个人重复，不妨设三班和一班重复的是②，三班和二班重复的是④，还有一个是⑥。因为每人要值两个班，所以在值班表上一定还有一个班有⑥，不妨称这个班是四班。四班和一班也一定有一个人重复，由于①和②都已在两个班有了，四班和一班重复的只能是③。同理，四班和二班重复的是⑤。于是，这 4 个班中，①～⑥六个人都已值两个班、如果值班表还有别的班，就不会和这 4 个班的人重复，因此只有 4 个班，共 6 个人。

23. 有趣的结论(1)

设共有 n 个人看电影，他们在看电影的人中的朋友数目无非是 $0,1,2,\cdots,n-1$，如果有一个人的朋友数是 0，那么不可能有一个人的朋友数是 $n-1$。

因此，朋友数至多只有 $n-1$ 个不同的可能性，对 n 个人说来，就一定有两个人，他们的朋友数一样多。

“多于 n 个苹果，放在 n 只抽屉里，至少有一只抽屉，不少于两个苹果。”这是数学上著名的“抽屉原理”，本题就是这一原理的具体运用。下面两个题也是“抽屉原理”的应用。

24. 有趣的结论(2)

6 个点中任取其中一点 A，它与其他 5 个点有 5 条连线，两种颜色连线数目不会一样，必然有多有少，不妨设蓝色的连线多，那么至少有 3 条。譬如，AC、AD 和 AE 是三条蓝色的连线。CE、CD 和 ED 三条连线中，只要还有一条蓝色的，就有一个三边蓝色的三角形。如果 CE、CD 和 ED 都不是蓝色，那么$\triangle CDE$ 三边的颜色相同，都是红色的。

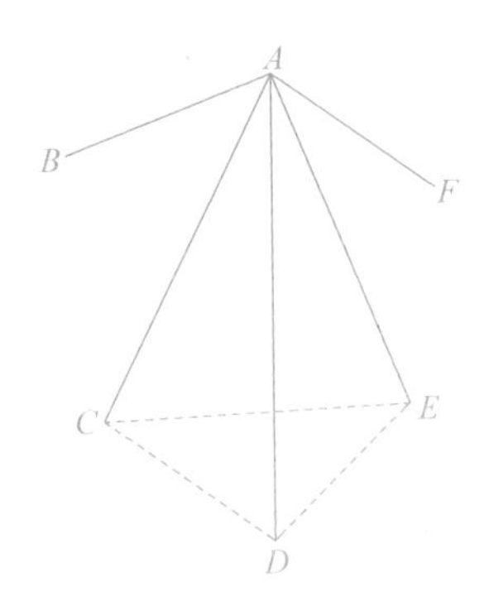

25. 有趣的结论(3)

如果所有的人都互相认识，结论自然成立。不然的话，可以在 $2n$ 个人中选出两个互不相识的人甲和乙。在余下 $2n-2$ 个人中，甲和乙都至少认识 n 个人，因此至少有两个人，丙和丁是甲、乙共同认识的。甲—丙—乙—丁环桌而坐就符合要求证明的结论。

26. 乘积最大

8 和 7 应该作为两个千位数，这是很明显的。6 和 5 应该作为两个百位数，可是 6 放在 8 后面还是 7 后面呢？请注意：$85\times76>86\times75$，一看，你就

会将 6 放在 7 后面。按同样道理，安排后两位数，乘积最大是：

$8531\times7642=65193902$

上述安排原则，可以用下面不等式一般地说明。

如果 $a>b>c>d$，那么：

$$(10a+d)(10b+c)>(10a+c)(10b+d)$$

上面不等式可以证明如下：

左边 $=100ab+10(ac+bd)+cd$

右边 $=100ab+10(ad+bc)+cd$

由于 $(a-b)(c-d)>0$，即 $ac+bd-ad-bc>0$，因此，左边>右边。

27. 这样的 4 位数有几个

设原数是 x^2，每一位数都减去一个相同的数 k 后，就是 $x^2-1111k$，它是完全平方数 y^2。

$$x^2-y^2=(x+y)(x-y)=1111k=101\times11\times k$$

x^2、y^2 是四位数，因此 $32\leqslant x\leqslant99$，$32\leqslant y\leqslant99$。这样 $64\leqslant x+y\leqslant198$；$0<x-y<67$，因此将 $1111k$ 分解成 $x+y$ 和 $x-y$ 两项乘积时，一定是：

$$\begin{cases}x+y=101\\x-y=11k\end{cases}$$

x、y 是整数，k 一定是奇数，且 $k<6$。当 $k=5$ 时，解方程组 $\begin{cases}x+y=101\\x-y=55\end{cases}$，得 $x=78$，$y=23$。可是 $23^2=529$ 不是四位数，这组解不符合题意。

$k=1$ 时，解方程组 $\begin{cases}x+y=101\\x-y=11\end{cases}$，得 $x=56$，$y=45$，即原数是 3136。

$k=3$ 时，解方程组 $\begin{cases}x+y=101\\x-y=33\end{cases}$，得 $x=67$，$y=34$，即原数是 4489。

这样的四位数共有 2 个：3136 和 4489。

28. 有趣的 6 位数

设这个六位数是 $N=\overline{a_6a_5a_4a_3a_2a_1}$,分三步来解这个题。

(1) 如果第一位数 a_6 是 2 以上的数,那么 $6N$ 就是七位数,因此 $a_6=1$。

从 $a_6=1$,就可推知,$2N$、$3N$、$4N$、$5N$、$6N$ 五个六位数的第一位数不能是 0 和 1,并且是 5 个不同的数字。如果有某两个六位数第一位数一样,那么用其中的大数减小数,所得差数的第一位将是 0,可是实际上的差数,应是 N,因此是不可能的。

$2N$、$3N$、$4N$、$5N$、$6N$ 的第一位数字和 1,是组成 N 的 6 个数字,也是组成 $2N$、$3N$、$4N$、$5N$ 和 $6N$ 的 6 个数字,仅仅排列的顺序不同。根据上面的分析和推理,可以得到一条结论:这六个数字是不相同的,其中没有 0,但有 1。

(2) 进一步考虑 a_1 是什么数?

a_1 不能是偶数,不然 $5N$ 最后一位数将是 0;a_1 也不能是 5,不然 $2N$ 最后一位数将是 0;a_1 也不能是 1,否则与前面的结论不符合。

由此 a_1 只可能是 3、7、9 三个数之一。如果 $a_1=3$,从 $3\times2=6$,$3\times3=9$,$3\times4=12$,$3\times5=15$ 和 $3\times6=18$,这些尾数中没有 1,与前面结论不符合。同样,如果 $a_1=9$,乘 2、3、4、5 和 6 尾数都不会是 1,也与前面结论不符合。现在唯一可能的是 $a_1=7$。$7\times2=14$,$7\times3=21$,$7\times4=28$,$7\times5=35$,$7\times6=42$。由此可以看出,如果有这样的六位数,一定由 7、4、1、8、5 和 2 六个数组成。

现在已经知道,N,$2N$,…,$6N$ 六个六位数是 7、4、1、8、5 和 2 六个数组成,仅仅顺序不同。那么是否有可能,两个六位数的同一位数字是一样呢?不可能。如果有两个六位数,某一位数字一样,用大数减小数,所得差数中,这一位数一定是 0 或是 9,可是差数应该是 N,或者是 N 的倍数(也就是六个六位数之一),其中是没有数字 0 和 9 的。

明确了 6 个六位数同一位数都不一样,就有了找到答案的捷径。7+4+

$1+8+5+2=27$，$N+2N+3N+4N+5N+6N=21N$。因为6个六位数同一位数都不一样，它们相加时，每一位数字相加，一定恰好是7、4、1、8、5和2六个数相加，都等于27，因此$21N=2999997$。$N=\frac{2999997}{21}=142857$。这个六位数就是142857。

29. 无论多少个1

如果有某一数$N=11\cdots1$是完全平方数，开平方后它的个位数字一定是1或者9，换句话说，可写成$10a\pm1$的形式。

$(10a\pm1)^2-1=20a(5a\pm1)$，它能被4整除。可是$N-1$后，最后两位数是10，不能被4整除，$N-1$也不能被4整除，两者导致矛盾，从而说明$N$不是完全平方数。

30. 国际数学竞赛试题

根据$N(p+q+r)=39$，显然有$N=3$，$p+q+r=13$，A三次走20步，故$r\geqslant7$，如$r=7$，只能是$7+7+6=20$，这与$p+q+r=13$矛盾，从而$r>7$。B三次走10步，最后一次走r步，因p、$q\geqslant1$，必有$r\leqslant8$，故$r=8$。$p+q=5$，只有$1+4$和$2+3$两种可能的解答，根据A三次走20步，只能是$q=4$，$p=1$。至此，已容易推算出各次每人走的步数如表所示。这样就知道，第一次走q步的是C。

次数	步数		
	A	B	C
一	8	1	4
二	8	1	4
三	4	8	1